司炉读本

(第五版)

辽宁省质量技术监督局特种设备安全监察处

中国劳动社会保障出版社

图书在版编目(CIP)数据

司炉读本/沈贞珉,邢磊主编. —5版. —北京:中国劳动社会保障出版社,2007

ISBN 978-7-5045-6145-9

Ⅰ.司… Ⅱ.①沈… ②邢… Ⅲ.锅炉-技术培训-教材 Ⅳ.TK22

中国版本图书馆 CIP 数据核字(2007)第 108394 号

中国劳动社会保障出版社出版发行

(北京市惠新东街1号 邮政编码:100029)

出版人:张梦欣

*

北京市科星印刷有限责任公司印刷装订 新华书店经销
850 毫米×1168 毫米 32 开本 13 印张 322 千字
2008 年 1 月第 5 版 2023 年 9 月第 18 次印刷
定价:24.00 元

营销中心电话:400-606-6496
出版社网址:http://www.class.com.cn

版权专有 侵权必究

如有印装差错,请与本社联系调换:(010)81211666
我社将与版权执法机关配合,大力打击盗印、销售和使用盗版图书活动,敬请广大读者协助举报,经查实将给予举报者奖励。

举报电话:(010)64954652

第五版修订说明

《司炉读本》自20世纪80年代面世以来，作为全国司炉人员的统一的培训教材，深受广大锅炉使用单位的管理人员、司炉人员和培训机构的关注与爱护，先后修订四版，多次重印，对确保锅炉的运行安全、保证经济建设的顺利进行，发挥了巨大作用。

随着我国社会主义现代化建设的发展和锅炉安全工作的不断加强、环境保护力度的不断加大、能源政策的调整，近几年国家有关锅炉运行方面的法规、标准有了较大变化。因此，为了满足锅炉司炉人员培训的需要，决定对《司炉读本》进行第五次修订。

本次修订全面贯彻了《特种设备安全监察条例》的精神，体现了国家锅炉安全监察主管部门及《锅炉司炉人员考核管理规定》的要求，采用了最新的国家有关规程、规则、规范与标准，包括了《锅炉司炉人员考核管理规定》中的四类锅炉司炉人员的培训考核内容。

作为全国司炉人员培训、考核、发证、管理的规范教材，本次修订充分考虑了广大读者的建议和意见，在保留第四版体系、风格和特色的基础上，按照最新的法规和标准，对部分章节进行了调整和改写，增加了节能和环保方面的内容，加强了科学性、实用性和先进性。又承锅炉专家和培训机构的多次审读，提出了宝贵意见，使本书从内容到形式日臻完善。

本书由沈贞珉、邢磊主编。参与本次修订和提供帮助的专家有沈贞珉、邢磊、许兴炜、刘普明、关士杰、王朝前、王维臣、王谦祥、高扬、刘大伟、李兴荣、方立、时文、陈伟民、王雪、樊利、冯维君、刘清方、甘晓东、姚岩峰、柯振泉、吴旭正、刘建国。

编者

2007年10月30日

内容提要

本书共分8章，依据《锅炉司炉人员考核管理规定》，全面、系统地介绍了司炉人员应掌握的基础知识、各种锅炉的操作维护以及常见故障的排除方法。主要内容有：锅炉基本知识、各类锅炉结构、燃烧设备、锅炉附件及仪表、锅炉辅助设备、锅炉水质处理、锅炉运行操作及维护保养、锅炉常见故障及锅炉事故处理。

本书为考取1、2、3、4类锅炉司炉操作证的统一培训教材，可供各种锅炉的司炉人员、锅炉使用单位、锅炉管理部门、培训机构的相关干部及技术人员学习使用。

目 录

国家质量监督检验检疫总局颁布《锅炉司炉人员考核
管理规定》……………………………………………（ 1 ）

第一章 锅炉基本知识……………………………（ 8 ）

第一节 锅炉参数及容量……………………………（ 8 ）
第二节 水与蒸汽的性质……………………………（ 11 ）
第三节 燃料及燃烧…………………………………（ 12 ）
第四节 锅炉常用名词术语…………………………（ 23 ）
第五节 锅炉构造及工作原理………………………（ 26 ）
第六节 锅炉水循环…………………………………（ 30 ）
第七节 锅炉分类概述………………………………（ 31 ）
第八节 锅炉型号表示法……………………………（ 33 ）

第二章 各类锅炉结构……………………………（ 35 ）

第一节 锅壳锅炉……………………………………（ 35 ）
第二节 水管锅炉……………………………………（ 45 ）
第三节 热水锅炉……………………………………（ 55 ）
第四节 铸铁锅炉……………………………………（ 57 ）

第三章 燃烧设备…………………………………（ 59 ）

第一节 燃烧方式……………………………………（ 59 ）
第二节 固定炉排……………………………………（ 60 ）

· I ·

第三节　固定双层炉排……………………………………（63）
第四节　抽板顶升反烧炉排………………………………（64）
第五节　螺旋下饲式炉排…………………………………（65）
第六节　链条炉排…………………………………………（66）
第七节　倾斜往复炉排……………………………………（76）
第八节　水平往复炉排……………………………………（79）
第九节　水平往复抽条炉排………………………………（81）
第十节　抛煤机……………………………………………（82）
第十一节　鼓泡流化床……………………………………（84）
第十二节　循环流化床……………………………………（87）
第十三节　煤粉燃烧装置…………………………………（88）
第十四节　水煤浆燃烧装置………………………………（95）
第十五节　燃油燃气燃烧器………………………………（96）

第四章　锅炉附件及仪表……………………………（102）

第一节　安全阀……………………………………………（102）
第二节　水封安全装置……………………………………（110）
第三节　压力表……………………………………………（113）
第四节　水位表……………………………………………（117）
第五节　低地位水位计……………………………………（127）
第六节　排污和放水装置…………………………………（129）
第七节　温度测量仪表……………………………………（133）
第八节　流量测量仪表……………………………………（138）
第九节　锅炉自动调节与控制装置………………………（142）
第十节　锅炉保护装置……………………………………（150）
第十一节　锅炉智能报警装置……………………………（158）
第十二节　常用阀门………………………………………（162）
第十三节　管道……………………………………………（177）

第五章　锅炉辅助设备 (183)

第一节　给水设备 (183)
第二节　通风设备 (193)
第三节　上煤设备 (197)
第四节　除渣设备 (200)
第五节　除尘脱硫设备 (202)

第六章　锅炉水质处理 (212)

第一节　天然水中的杂质及对锅炉的危害 (212)
第二节　工业锅炉水质标准及主要水质指标 (217)
第三节　离子交换水处理方法及特点 (223)
第四节　固定床离子交换器的运行及有关计算 (230)
第五节　固定床逆流再生工艺 (236)
第六节　锅内水处理 (241)
第七节　锅炉水垢的形成、危害及清除 (255)
第八节　锅炉排污 (261)

第七章　锅炉运行操作及维护保养 (271)

第一节　锅炉投入运行的必备条件 (271)
第二节　烘炉与煮炉 (277)
第三节　运行前的准备 (281)
第四节　蒸汽锅炉的启动 (287)
第五节　蒸汽锅炉的运行与调节 (293)
第六节　热水锅炉的运行 (299)
第七节　各类燃烧设备的运行操作 (309)
第八节　锅炉的节能 (333)
第九节　辅助设备和安全附件的运行 (339)
第十节　锅炉的停炉和维护保养 (352)

第八章 常见故障及锅炉事故 (361)

第一节 燃烧设备常见故障及改进措施 (361)

第二节 安全附件和阀门的常见故障及排除方法 (382)

第三节 辅助设备常见故障和原因 (388)

第四节 锅炉事故及分类 (391)

第五节 爆炸事故及防止措施 (394)

第六节 缺水事故及处理 (396)

第七节 满水事故及处理 (398)

第八节 汽水共腾及处理 (399)

第九节 水击事故及处理 (400)

第十节 爆管事故及处理 (402)

第十一节 二次燃烧与烟气爆炸事故及处理 (407)

第十二节 热水锅炉汽化及处理 (408)

国家质量监督检验检疫总局颁布
《锅炉司炉人员考核管理规定》

(2001年10月1日起施行)

第一章 总 则

第一条 锅炉是具有爆炸危险的设备,锅炉司炉人员(以下简称司炉)是特种技术作业人员。为了加强和规范司炉的安全技术培训、考核、发证和管理,确保锅炉安全运行,根据《锅炉压力容器安全监察暂行条例》的规定,制定本规定。

第二条 本规定适用于操作下列锅炉的司炉的安全管理:

1. 以水为介质的固定式承压锅炉(按:《小型和常压热水锅炉安全监察规定》规定的小型和常压热水锅炉除外);

2. 有机热载体炉。

本规定不适用于核燃料锅炉司炉的安全管理。

锅炉使用单位及司炉、司炉培训考核单位,均应执行本规定。各级质量技术监督行政部门锅炉压力容器安全监察机构(以下简称安全监察机构)负责监督本规定的执行。

第三条 司炉须经培训、考试合格,并取得地市级以上安全监察机构或经授权的县级安全监察机构发放的司炉证后,方准独立操作相应类别的锅炉。

第二章 司炉的分类、基本条件

第四条 司炉分为四类，见下表：

类别	允许操作的锅炉
Ⅰ	蒸汽锅炉；热水锅炉；有机热载体炉
Ⅱ	工作压力小于等于3.8 MPa的蒸汽锅炉；热水锅炉；有机热载体炉
Ⅲ	工作压力小于等于1.6 MPa的蒸汽锅炉；额定功率小于等于7 MW的热水锅炉；有机热载体炉
Ⅳ	工作压力小于等于0.4 MPa，且额定蒸发量小于等于1 t/h的蒸汽锅炉；额定功率小于等于0.7 MW的热水锅炉

第五条 司炉的基本条件是：
1. 年满18周岁；
2. 身体健康，没有妨碍司炉作业的疾病和生理缺陷；
3. 文化程度要求：Ⅰ、Ⅱ类司炉一般应具有高中以上文化程度，Ⅲ、Ⅳ类司炉一般应具有初中以上文化程度。

第三章 司炉的培训、考核和发证

第六条 司炉的培训和考核由安全监察机构统一管理和监督检查。当地安全监察机构负责检查组织司炉培训考试单位的条件；省级以上（含省级）安全监察机构负责组织对教学大纲和考试题库的统一审定工作；地市级（或经授权的县级）安全监察机构负责审查教学程序、教案，监督检查教学质量，对考试现场及评分进行监督检查等。

第七条 组织司炉培训考核的单位，可以是锅炉检验单位，也可以是司炉数量特别集中的锅炉使用单位。这些单位必须提出组织司炉培训考试的书面申请，经地市级（或经授权的县级）安全监察机构审查其条件，报上一级安全监察机构同意，方可开展这项工作。

电力系统电站锅炉司炉和运行人员的培训和考试工作,可由经省级安全监察机构审核同意的省级以上(含省级)电力公司司炉培训、考核委员会组织进行。

第八条 组织司炉培训考核的单位应当具备下列条件:

1. 具有相应的组织培训和考试的师资力量和管理机构;

2. 具有相应的组织培训和考试的场所、设施及器材;

3. 具有相应的组织培训和考试的教学程序、教案、管理制度。

第九条 司炉培训和考试包括取证培训考试和复审培训考试两种,内容应包括理论知识和实际操作两部分。

第十条 司炉理论培训教师和实际操作的主考人应由培训考核单位聘任,并将聘任人员名单报当地安全监察机构审定同意后,方可担任相应的培训教学和考试工作,其基本条件是:

1. 理论教师须是从事锅炉专业五年以上、中级职称以上的专业技术人员;

2. 实际操作主考人须是从事锅炉运行管理五年以上的专业技术人员或持Ⅱ类以上司炉证且不低于所考类别的司炉人员。

第十一条 司炉首次参加培训前,应填写《锅炉司炉安全技术档案卡》(式样见附录),并提供文化程度证件。

第十二条 司炉培训的时间至少应满足以下要求:

1. 取证考试的培训时间

(1) 理论培训时间:Ⅰ类司炉一般不少于180学时,Ⅱ、Ⅲ类司炉一般不少于120学时,Ⅳ类司炉一般不少于60学时;

(2) 实际操作培训或操作实习时间:Ⅰ类司炉一般不少于6个月,Ⅱ、Ⅲ类司炉一般不少于3个月,Ⅳ类司炉一般不少于1个月。

2. 复审考试的培训时间应予以缩短。

第十三条 司炉考试命题应包括:

1. 理论知识部分

(1) 压力、温度、介质、燃料、燃烧、传热、水循环等方面的基本知识；

(2) 各种锅炉的结构及其特点；

(3) 锅炉安全附件的作用、结构、原理及保证灵敏可靠的注意事项；

(4) 各种热工仪表、自控和联锁保护装置的作用、维护管理要点和操作注意事项；

(5) 锅炉附属设备如给水、水处理、燃烧、通风、除渣、吹灰、消烟除尘等辅机装置及有关循环系统的结构特点、作用及操作要领；

(6) 锅炉水处理基本知识及常用水处理方法；

(7) 锅炉运行的管理和操作要点；

(8) 锅炉常见事故现象、原因、处理方法及预防；

(9) 锅炉停炉维护保养的注意事项；

(10) 锅炉安全法规规章中有关锅炉使用登记、安装、检验、修理改造、事故报告处理及运行管理规章制度的内容。

2. 实际操作部分

(1) 锅炉启动前的检查准备、点火、升压、正常运行、调整、压火、停炉等操作；

(2) 安全附件的检查、维护和调整；

(3) 各种辅机及附属设备的维护和操作；

(4) 事故模拟演习。

第十四条 司炉考试应保证公正、严防作弊，并按下列要求加强管理：

1. 考核单位对工业锅炉司炉的考试应从统一规定的题库中选题；对电站锅炉和特殊类型锅炉司炉的考试，考核单位应先按本规定的基本要求建立理论和实际考试的题库，并报省级安全监察机构审定；

2. 安全监察机构应对考题进行确认；

3. 考场须有严格的考场纪律;

4. 考场须有安全监察机构人员或其授权人员监督检查;

5. 主考人、监考人须在考卷及评分表上签字。

第十五条 司炉培训和考试的有关资料,应与《锅炉司炉安全技术档案卡》一起存档。

第十六条 当地安全监察机构对符合条件和考试合格的司炉,发放司炉证,并注明其类别。

电站锅炉的司炉,由省级安全监察机构发证。

第四章 监督管理

第十七条 司炉须持证上岗,且操作的锅炉应与司炉证类别允许操作的范围一致。

第十八条 持低类别司炉证的司炉要升为高类别时,应经过重新培训和考试,考试合格后更换司炉证。司炉在操作新炉型前,首先应对设备进行熟悉,必要时应进行补充培训。

第十九条 司炉证每四年由当地安全监察机构进行一次复审,复审时应先进行考核,复审不合格或超期未复审的司炉证作废。复审内容如下:

1. 审查司炉证中有无违章记载;

2. 审查复审培训情况和复审考试成绩。

第二十条 司炉证全国通用。司炉跨地区工作时,应持在有效期内的司炉证到当地安全监察机构办理备案手续。

第二十一条 持证司炉应履行以下职责:

1. 司炉必须持有效证件操作;

2. 认真执行国家有关锅炉安全管理规定,严格执行锅炉运行安全管理规章制度,精心操作,确保锅炉安全运行,对因违章操作造成的事故承担责任;

3. 发现锅炉有异常现象和危及安全时,应采取紧急措施并及时报告有关负责人；

4. 对任何有害锅炉安全运行的违章指挥，有权拒绝执行，并报告当地安全监察机构；

5. 努力学习技术业务，不断提高操作水平。

第二十二条 锅炉使用单位应做好以下管理工作：

1. 保证本单位司炉持有有效司炉证，持证司炉人数应能满足正常运行操作和事故应急处理的需要；

2. 加强对司炉的锅炉安全管理教育，定期组织司炉的业务技术学习；

3. 制定锅炉运行操作规程并予督促检查；

4. 改善司炉劳动条件，锅炉房应做到文明生产；

5. 保持司炉队伍相对稳定；

6. 制定并实施司炉奖罚制度。

第二十三条 锅炉使用单位、司炉培训考核单位和司炉违反本规定时，当地安全监察机构应视情节依据有关规定对有关单位和责任人予以处理，对司炉可暂扣或吊销司炉证。

第二十四条 安全监察机构违反本规定或对违反本规定的情况不予制止、不予处理，按有关规定追究安全监察机构的责任。

第五章 附 则

第二十五条 司炉证按有关规定印制。

第二十六条 小型和常压热水锅炉司炉的安全管理由各省安全监察机构根据本地区实际情况自行制定。

第二十七条 本规定由国家质量监督检验检疫总局负责解释。

第二十八条 本规定自2001年10月1日起施行。原劳动人事部1986年2月7日公布的《锅炉司炉工人安全技术考核管理办法》同时废止。

附录

《锅炉司炉安全技术档案卡》式样

锅炉司炉安全技术档案卡

编号：　　　　　　存档日期：　　　　　年　月　日

姓名		出生日期		性别		现工作单位	
文化程度				身份证号码			
培训考试记载	日期	内容		培训时间	考试成绩	考试单位	负责人印
发证记载	发证日期	司炉证类别		司炉证号		发证机关	负责人印
复审记载		日期	验证结论		验证机关		负责人印
备注							

第一章 锅炉基本知识

本章简要介绍锅炉的基础知识,为司炉人员循序渐进地学好以后各章打下基础。

第一节 锅炉参数及容量

锅炉的功能是向热用户输送符合要求品质和数量的蒸汽或热水。表征蒸汽或热水品质特性的是压力和温度,通常称为参数,而表示输送热量的参数称为容量。

一、压力

垂直均匀作用在单位面积上的力,称为压强,人们常把它称为压力,用符号"p"表示,单位是 MPa(兆帕),测量压力有两种标准方法:一种是以压力等于零作为测量起点,称为绝对压力,用符号"$p_绝$"表示;另一种是以当时当地的大气压力作为测量起点,也就是压力表测量出来的数值,称为表压力,或称相对压力,用符号"$p_表$"表示。我们在锅炉上所用的压力都是表压力。

锅炉内为什么会产生压力呢?蒸汽锅炉产生压力的情况与热水锅炉不同。蒸汽锅炉是因为锅炉内的水吸热后,由液态变成气态,其体积增大,由于锅炉是个密闭的容器,限制了汽水的自由膨胀,结果就使锅炉各受压部件受到了汽水膨胀的作用力,而产生压力。热水锅炉产生的压力有两种情况,一种是自然循环采暖系统的热水锅炉,其压力来自高位形成的静压力;另一种是强制循环采暖系统的热水锅炉,其压力来源于循环水泵的压力。

锅炉产品铭牌和设计资料上标明的压力,是这台锅炉的额定工作压力，为表压力。过去的工程计量单位是 kgf/cm² （千克力/厘米²），现在国际计量单位是 MPa（兆帕），因此，司炉人员一定要注意压力表的单位和锅炉额定工作压力的单位，两种压力单位换算关系见表1—1。

司炉人员操作锅炉时，要控制锅炉压力不能超过锅炉铭牌上标明的压力，也就是锅炉表盘上指示的压力不能超过锅炉铭牌上标明的压力。

一些进口锅炉的压力单位是"巴"，即"bar"，它与MPa的换算关系是：

$$1\ \text{bar} \approx 0.1\ \text{MPa}$$

表1—1　　　　　　　压力单位换算表

千克力/厘米² (kgf/cm²)	兆帕 (MPa)	千克力/厘米² (kgf/cm²)	兆帕 (MPa)
1	0.098≈0.1	8	0.784≈0.8
2	0.196≈0.2	9	0.882≈0.9
3	0.294≈0.3	10	0.98≈1
4	0.392≈0.4	13	1.274≈1.3
5	0.49≈0.5	25	2.45≈2.5
6	0.588≈0.6	39	3.82≈3.8
7	0.686≈0.7	60	5.88≈5.9

二、温度

标志物体冷热程度的物理量，称为温度，常用符号"t"表示，单位是摄氏温度（℃）。温度是物体内部所拥有能量的一种体现方式，温度越高，能量越大。

锅炉铭牌上标明的温度是锅炉出口处介质的温度，又称额定温度。对于无过热器的蒸汽锅炉，其额定温度是指锅炉在额定压力下的饱和蒸汽温度；对于有过热器的蒸汽锅炉，其额定温度是指过热器出口处的蒸汽温度；对于热水锅炉，其额定温度是指锅炉出口处的热水温度。

从欧美国家进口的锅炉,有关温度的表示为"℉",这就是"华氏度",它与摄氏度(℃)的换算关系是:

$$t = \frac{t_F - 32}{1.8} ℃$$

$$t_F = 1.8\, t + 32\ ℉$$

式中 t——摄氏温度,℃;

t_F——华氏温度,℉。

例如,一般沸水的温度是100℃,其华氏温度就是

$$t_F = 1.8 \times 100 + 32 = 212℉$$

三、容量

锅炉的容量又称锅炉出力,是锅炉的基本特性参数,对于蒸汽锅炉用蒸发量表示,对于热水锅炉用热功率表示。

1. 蒸发量

蒸汽锅炉长期连续运行时,每小时所产生的蒸汽量,称为这台锅炉的蒸发量。常用符号"D"表示,常用单位是吨/时(t/h)。

锅炉产品铭牌和设计资料上标明的蒸发量数值是额定蒸发量,它表示锅炉受热面无积灰,使用原设计燃料,在额定给水温度和设计的工作压力并保证热效率下长期连续运行,锅炉每小时能产生的蒸发量。在实际运行中,锅炉受热面一点不积灰,煤种一点不变是不可能的,因此锅炉在实际运行中每小时最大限度产生的蒸汽量叫最大蒸发量,这时锅炉的热效率会有所降低。

2. 热功率

热水锅炉长期连续运行,在额定回水温度、压力和额定循环水量下,每小时出水有效带热量,称为这台锅炉的额定热功率(出力)。常用符号"Q"表示,单位是MW(兆瓦)。热水锅炉产生0.7 MW(60×10^4 kcal/h)的热量,大体相当于蒸汽锅炉产生1 t/h蒸汽的热量。

一些进口锅炉的出力不是采用以上单位，而是用"锅炉马力"，即"BHP"或"HP"。它和法定计量单位的换算关系为：
1马力（BHP）＝0.009 81 MW（热水）＝0.015 6 t/h（蒸汽）。

第二节 水与蒸汽的性质

锅炉对热用户的供热是通过蒸汽或热水来实现的，通常称其为工作物质（介质）。为此，必须对水和蒸汽的特性有所了解。

一、水

水在常温下是无色无味透明的液体，具有一定的体积，但没有固定的形状。随温度的变化，水可变成蒸汽，也可变成冰。它们互相的转化关系，见图1—1所示。水在摄氏零度以下，液态可变成固态，这种固态称为冰或雪，如果温度高于零度，固态会变成液态，即变成水，如果再不断加热，水会开始沸腾，液态又会变成气态，称为蒸汽。蒸汽可分饱和蒸汽和过热蒸汽。

二、锅炉水位形成原理

水在连通容器内，当水面上所受的压力相等时，各处的水面始终保持一个平面，如图1—2所示。

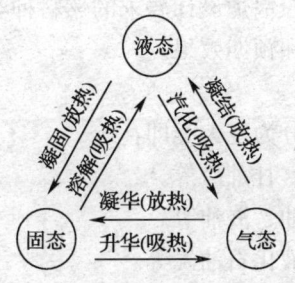

图1—1 水的三态变化

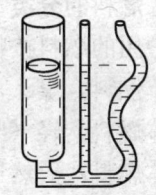

图1—2 连通器

锅炉上的水位表就是利用这一原理设计的。热水锅炉，除蒸汽定压外，整个锅炉内都充满了水，而对蒸汽锅炉需要有一定的蒸汽空间，水位要控制在一定的高度。通过观察上锅筒的水位表，就可知道锅炉里水位的高低，水位线以上为蒸汽，水位线以下为饱和水，饱和水不断加热蒸发，水位将会逐渐向下移，为保持一定的水位，就要给锅炉补水，保持水位的稳定。

三、饱和蒸汽和过热蒸汽的特性

在一定的压力下，饱和蒸汽的温度是恒定的，不同的压力对应一个不同的饱和蒸汽温度值。知道工作压力，查水蒸气性质表即可得到饱和蒸汽温度，也就是要求输出蒸汽的压力实质是要求蒸汽的温度，压力越高其饱和蒸汽温度越高。饱和蒸汽的品质不高，或多或少带有些小水滴。要想得到理想的蒸汽品质，就必须对饱和蒸汽继续加热，提高蒸汽的干度和温度，使饱和蒸汽变为过热蒸汽。只有装置过热器的锅炉，才能将饱和蒸汽通过过热器继续加热成为过热蒸汽。

第三节 燃料及燃烧

锅炉是利用燃料的燃烧来加热水而生成热水或蒸汽的设备。

正确地选择燃料是锅炉经济运行的重要一环，因此必须掌握燃料的特性，了解燃烧原理，按照锅炉设计要求的燃料种类选用燃料，才能使锅炉达到设计要求和预期效果。

一、燃料的分类

锅炉用的燃料按物理状态可分为三大类即：

固体燃料：煤、木柴、稻壳、甘蔗渣等。

液体燃料：轻（柴）油、重油、渣油等。

气体燃料：天然气、煤气、液化石油气等。

1. 固体燃料

锅炉用固体燃料大部分以煤为主，它分为烟煤、无烟煤、贫煤、褐煤、型煤等，还可将煤制成水煤浆；个别地区因资源情况也有选用木柴、稻壳、甘蔗渣等作燃料的。

1）烟煤。因其燃烧时有烟而得名，其中火焰长的又称长烟煤，呈灰黑色或黑色，表面无光泽或有油润的光泽。挥发分较多，可达40%，容易着火，燃烧时火焰长，结焦性强弱均有。

2）无烟煤。又称白煤或柴煤，呈黑色，有时也带灰色，质硬而脆，断面有光泽。挥发分少，在10%以下，不容易着火，初燃阶段发出短蓝色的火焰，燃烧时多不冒烟，燃烧速度缓慢，燃烧过程长，结焦性差，储藏时不易自燃。

3）贫煤。贫煤性质介于烟煤和无烟煤之间，是挥发分最低的烟煤，比较容易着火，不结焦。

4）褐煤。呈褐色或黑色，外表似木质，无光泽。水分高，挥发分也较高，超过40%，容易着火，燃烧时火焰长，不结焦。

5）型煤。就是把经过适当筛分的煤屑或煤末，通过一定的工艺，轧制成形状规则的型煤，供锅炉燃烧（尤如民用煤球、蜂窝煤一样）。如果加入适当添加剂制做，可实现清洁高效燃烧。

6）水煤浆。将煤磨成粉，与水拌成乳状，经雾化而燃烧。

7）木柴。它比起煤来说，灰分少，挥发分高，燃烧速度快，但发热量低。根据我国资源情况，一般在林区就近就地选择一些不能加工用的废材作为燃料。

稻壳、甘蔗渣作为废物利用，把它当做燃料，发热量很低。

2. 液体燃料

锅炉用液体燃料为轻油、重油和渣油，也称燃料油。它的发热量很高，所含杂质很少，不超过千分之几。在正常燃烧时，燃料油的燃烧产物只是气体，而没有焦炭。燃料油含氢量较高，燃烧后产生大量水蒸气。水蒸气容易和燃料中硫的燃烧产物生成硫酸，对金属造成腐蚀，所以燃料油中的硫很有害。

根据我国标准，轻油按凝固点（温度）分为10号～－50号六种规格，重油按黏度增大次序分成20、60、100、200四种规格，各种规格的质量指标见表1—2和表1—3。

3. 气体燃料

燃气就是在常温常压下呈气体状态的气体燃料。因为它是可燃性气体,所以一般称为燃气。

燃气一般按其来源分为三类,见表1—4。

燃气均可做锅炉燃料。特别是它比所有固体燃料,以及燃油都有非常突出的优点:污染小(有"绿色能源"之称)、发热量高(天然气和液化石油气),易于操作调节等,是一种理想的优质锅炉燃料。

表 1—2　　　　　　　　　轻油质量指标

项目			10 号	0 号	—10 号	—20 号	—35 号	—50 号
运动黏度(20℃)	mm^2/s	不大于	3.0～8.0		2.5～8.0		1.8～7.0	
闪点(闭口)	℃	不低于	65		60		45	
凝点	℃	不高于	10	0	—10	—20	—35	—50
灰分	%	不大于	0.02					
水分	%		痕迹					
含硫量	%		1.0					
机械杂质	%		无					

表 1—3　　　　　　　　　燃料油质量指标

指标＼牌号	20 号	60 号	100 号	200 号
恩氏黏度,°E$_{80}$,不大于	5.0	11.0	15.5	27
闪点(开口),℃,不低于	80	100	120	130
凝点,℃,不高于	15	20	25	36
灰分,%,不大于	0.3	0.3	0.3	0.3
水分,%,不大于	1.0	1.5	2.0	2.0
硫分,%,不大于	1.0	1.5	2.0	3.0
机械杂质,%,不大于	1.5	2.0	2.5	2.5

表 1—4　　　　　　燃气按来源分类

种　类	来源及品名
天然燃气	来自自然界（地壳内）的可燃气，如天然气、石油伴生气等
人造燃气	由固体或液体燃料加工而得的可燃气体，如发生炉煤气、水煤气和油制气等
副产燃气	在钢铁、化工生产过程中得到的一种可燃性气体副产品，如焦炉煤气、高炉煤气等
液化石油气	用天然燃气或石油炼制过程中取得的油气经加压液化的燃气。因此，它是一种天然和人造的燃气

二、燃料的分析

为了掌握燃料的主要特性，对燃料要进行元素分析和工业分析，目的是为了在锅炉运行中，调节控制燃料燃烧过程，以达到最佳经济指标。

1. 元素分析

固体燃料（煤）和液体燃料（油）的成分均可用元素分析成分质量百分数来表示。

燃料含有碳（C）、氢（H）、硫（S）、氧（O）、氮（N）等元素及其他杂质，包括水分（W）和灰分（A）。

1) 碳（C）。是燃料中的主要成分，含碳量越高，发热量越高，但碳本身要在比较高的温度下才能燃烧，纯碳是很难燃烧的。所以，含碳量越高的燃料，越不容易着火和燃烧。

2) 氢（H）。是燃料中的又一种主要成分，一般与碳成化合物存在，称碳氢化合物（化学名称叫"烃"），这些化合物在加热时能以气体状态挥发出来，所以含氢量越多的燃料，越容易着火和燃烧。氢在燃烧时能放出大量的热量，年代越久的煤，含氢量越少。

3) 硫（S）。燃料中的硫由两部分组成，一部分为不可燃烧部分，如无机硫，它不参加燃烧，一部分为可燃烧部分，如挥发硫，它可以燃烧放出热量。但硫燃烧后生成二氧化硫（SO_2）和三氧化硫（SO_3），当烟温低于露点时，二氧化硫及三氧化硫与烟气中的水分合成亚硫酸（H_2SO_3）和硫酸（H_2SO_4），对锅炉尾部受热面起腐蚀作用。另外含硫的烟气排入大气，对人体和动植物都有害，因此，对环保来说，煤的含硫量以少为好。为适应环保要求，我国标准按含硫量将煤分为13级，每级相差0.25%。其第1级最好，不大于0.3%，第13级为大于3%。

4) 氧（O）。燃料中的氧不参加燃烧，是不可燃物质，它的量多，燃料中可燃物质就相对减少，从而降低了燃料燃烧时放出的热量。煤生成的时间越长，氧的含量就越低。

5) 氮（N）。是惰性气体，不参加燃烧，是不可燃物质，煤中的含氮量很少，一般为0.5%~2.0%。

6) 灰分（A）。是燃料中不可燃烧的固体矿物杂质，它是在燃料形成时期，开采以及运输中掺入燃料中的。各类燃料的灰分含量相差很大，气体燃料几乎无灰，燃料油中含灰量也极少。相比之下，固体燃料灰分含量较多。燃料中灰分多了，可燃成分就少，燃料燃烧时放出的热量也就少，但灰分带走热量多，使热损失增加。此外，灰分中一部分（飞灰）在锅炉中随烟气流经各受热面和引风机时，造成磨损，排入大气又污染环境，在炉膛内由于灰分的熔化还会引起结渣。一般将灰分大于40%的煤称为低质煤。

7) 水分（W）。是燃料中的有害成分，它吸收燃料燃烧时放出的热量而汽化，因而直接降低燃料放出的热量，使炉膛燃烧温度降低，造成燃料着火困难。它还增加烟气体积，使得排烟带走的热量损失增加。但固体燃料中，保持适当的水分，可以有利于通风，减少固体不完全燃烧损失，在液体燃料中掺水乳化，可以改善燃烧，节约燃料。

2. 工业分析

煤的工业分析项目有挥发分（V）、固定碳（FC）、灰分（A）和水分（W）四项。

1) 挥发分（V）。把煤加热，首先析出水分，继续加热到一定温度时,有碳氢化合物逸出,这种气体可以燃烧,称为挥发分。挥发分是煤分类的主要依据,对着火和燃烧有很大影响,挥发分越高,越容易着火,因为煤中的挥发分析出后,出现许多孔隙,增加了与空气接触的面积。

2)固定碳(FC)。煤中的水分和挥发分全部析出后残留下来的固体物质,包括固定碳和灰分两部分,总称为焦炭。燃料工业分析和元素分析关系见表1—5,煤中的焦炭特性也很重要,焦炭成为坚硬块状叫强结焦煤,焦炭成为粉末状叫不结焦煤,属于两者之间的叫弱结焦煤。结焦严重会增加煤层阻力,阻碍通风,燃烧不能充分完全进行,但焦炭为粉末状时,容易被风吹走而增加了不完全燃烧损失。

表1—5　　　　燃料工业分析和元素分析关系

	可燃成分					灰分	水分
工业分析	挥发分(V)			固定碳(FC)		A	W
元素分析	H	O	CS	C	N	A	W

焦　炭

3. 发热量(Q)

1 kg煤或油完全燃烧时放出的热量,称为发热量,其单位为kJ/kg(千焦/千克)。燃料的发热量有高位发热量和低位发热量两种。所谓低位发热量是考虑到燃料燃烧时,所有的水分都要气化成蒸汽并吸收热量,而这部分热量在锅炉中随烟气排出而无法利用,因此燃料放出的热量中应扣除这部分。包括这部分热量就称为高位发热量。锅炉一般都采用低位发热量来计算耗煤(油)量和热效率。

发热量可通过专门的测热计来实测,也可进行近似计算。

发热量也是煤质的一个重要指标。我国标准将低位发热量低于14 500 kJ/kg和11 000 kJ/kg的烟煤、无烟煤和褐煤划入低质煤范围。

4. 燃气分析

燃气锅炉及生产、生活中使用的各种燃气,实际上是由多种单一的可燃气体和一些不可燃气体组成的混合气体。在燃气技术中,将各单一气体占整个混合气体的份额称为组分。组分的计算方法可按容积进行,即:混合气体中各单一气体的分容积与混合气体总容积之比,并用百分率表示。如已知 1 m³ 的焦炉煤气中有 0.44 m³ 的氢气,则氢气的组分就是

$$\gamma_{H_2} = \frac{V_{H_2}}{V_J} \times 100\% = \frac{0.44}{1.0} \times 100\% = 44\%$$

式中 γ_{H_2}——氢的组分,%;

V_{H_2}——氢的分容积,m³;

V_J——混合气体(焦炉煤气)的体积,m³。

显然,对任何一种燃气,其各自的组分之和就是 100%。

燃气的发热量是 1 m³ 的燃气完全燃烧所放出的热量,单位为 kJ/m³。

燃气的发热量也有高位发热量和低位发热量两种,实用中一般都指低位发热量。

常用的几种燃气的热值见表 1—6。

表 1—6　　　　　常用燃气的热值

燃气名称		低位发热量（kJ/m³）
天然气		35 500～41 900
石油（田）伴生气		43 000～48 400
焦炉煤气		13 200～19 200
发生炉煤气	空气发生	3 700～4 600
	蒸汽发生	10 000～11 300
	混合发生	5 000～7 000
油制气		13 000～36 000
高炉煤气		3 900～4 800
液化石油气		88 000～115 100

一般将发热量低于 13 000 kJ/m³ 的燃气称为低热值燃气；13 000~20 000 kJ/m³ 的称为中等热值燃气；高于 30 000 kJ/m³ 的称为高热值燃气。

三、燃烧的基本条件

燃料中的可燃物质与空气中的氧，在一定的温度下进行剧烈的化学反应，发出光和热的过程称为燃烧。因此，燃烧的基本条件是可燃物质、空气（氧）和温度三者缺一不可。

1. 可燃物质

燃料中可以燃烧的元素是碳、氢和一部分硫，这些元素为可燃物质。

2. 空气

由于各种燃料所含可燃物质的成分和数量不同，燃烧所需空气量也不同，当 1 kg 或 1 m³ 燃料完全燃烧时所需空气量为理论空气量，但实际上燃料中的可燃物质不可能与空气中的氧充分均匀混合，燃烧条件也不可能达到设计的理想程度，因此在锅炉运行中，必须多供给一些空气，即实际空气量比理论计算空气量多的部分称为过剩空气。实际空气量与理论空气量的比值称为过剩空气系数，即：

$$过剩空气系数 = \frac{实际空气量}{理论空气量}$$

在锅炉运行中，过剩空气系数是一个很重要的燃烧指标。过剩空气系数太大，表示空气太多，多余的空气不但不参加燃烧反而吸热，增加了排烟热损失和风机耗电量。过剩空气系数太小，表示空气不足，燃烧不稳定，甚至会熄火，会降低锅炉的热效率。过剩空气系数的大小取决于燃料品种、燃烧方式和运行操作技术。

3. 温度

保持燃烧的最低温度称为着火温度。煤的着火温度大致为：

烟煤450℃、无烟煤700℃、褐煤350℃。重油的着火温度约为100～150℃。燃气的着火温度在500℃左右。温度越高，燃烧反应越剧烈，对提高燃烧速度和热效率有很大的作用。

四、燃料的燃烧

1. 煤的燃烧

煤从进入炉膛到燃烧完毕，一般要经过加热干燥、逸出挥发分形成焦炭、挥发分着火燃烧、焦炭燃烧形成灰渣这四个阶段。

（1）加热干燥阶段

煤进入炉膛加热，煤中水分开始汽化蒸发，当温度升到100～105℃以后，蒸发完毕，煤被完全烘干。水分越多，干燥阶段延续越久。

（2）逸出挥发分形成焦炭阶段

温度继续升高时，烘干的煤开始分解，放出可燃气体，称为挥发分逸出。不同的煤种，挥发分开始逸出的温度也不同，褐煤和高挥发分的烟煤约为150～180℃，低挥发分的烟煤约为180～250℃，贫煤和无烟煤约为300～400℃。挥发分逸出后，剩下的固体物称为焦炭，它除了灰分以外几乎全部是碳，有时还有少量硫，也有把这部分碳和硫称为固定碳。

（3）挥发分着火阶段

当挥发分逸出与空气混合达到一定浓度时，挥发分开始着火燃烧放出大量热，把焦炭加热，为焦炭燃烧创造条件。通常把挥发分着火燃烧的温度粗略地看做煤的着火温度。不同的燃料着火温度不同，烟煤400～500℃、褐煤250～450℃、贫煤600～700℃、无烟煤700℃以上。

（4）焦炭燃烧形成灰渣阶段

挥发分接近烧完时，焦炭开始燃烧，它是固体燃料和空气中的氧之间的化学反应。焦炭燃烧的速度缓慢，燃尽时间较长，约占全部燃烧时间的90%，当焦炭外壳先燃烧掉的部分形成灰妨碍了氧扩散进入焦炭中心时，燃烧就要终止，从而形成了灰渣。

2. 油的燃烧

油进入炉膛到燃烧要经过雾化、油滴的蒸发与化学反应、油与空气混合物的形成、可燃物的着火燃烧四个阶段。

(1) 雾化阶段

由于油本身的紊流扩散和气体对它的阻力造成油雾化,即液流在高压造成的高速流动下所具有的紊流扩散,使油喷成细雾(见图1—3)。雾化质量越高,燃烧效果越好。雾化方法有两种,一种是介质(蒸汽或空气)雾化,一种是机械雾化,雾化质量要求油滴尺寸小和颗粒分布均匀。

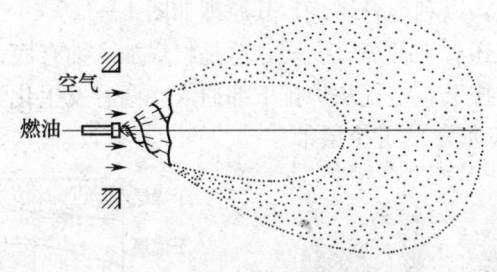

图1—3 油的雾炬

(2) 油滴蒸发与化学反应阶段

油滴受热后发生两个作用,一个是物理作用——蒸发,一个是化学作用——组成烷烃类、烯烃类等碳氢化合物,在受热后发生化学反应。油的蒸发和化学反应进行的快慢与温度有关,与气体的扩散条件有关。气体扩散越强烈,蒸发和化学反应就越强烈,油滴的燃烧就越迅速。对于蒸发出来的低分子烃,燃烧比较容易完成,而高分子烃则不容易燃尽。如果氧气供应不及时不充分,高分子烃在缺氧受热的情况下,就会分解出炭黑,炭黑是直径小于 $1\ \mu m$ 的固体颗粒,它化合性不强,燃烧缓慢,如果炉内燃烧工况不良,就会使大量炭黑不能燃尽,烟囱冒黑烟。

(3) 油与空气混合物的形成阶段

油的燃烧需要一定量的空气,而选择适当的调风装置和选用合适的空气流速,可使风油混合强烈及时,产生可燃气混合物,使得油燃烧良好。

(4) 可燃物的着火燃烧阶段

可燃气混合物吸热升温,当达到油的燃点时,便开始着火燃烧直至燃尽。

3. 气体的燃烧

天然气的主要成分是甲烷。甲烷和重油中的烃一样,在受热着火燃烧过程中,可能产生炭黑,也可能不产生,视氧气供应充分与否及空气与燃气的混合情况而定。为此,常将整股气流分为许多小气流,以利混合燃烧,其原理如图 1—4。

另外,还有一种煤气燃烧,这是将煤加入铺有底火的煤气发生室内的炉排上,空气从炉排下部通入,两者发生化学反应后出现如图 1—5 所示的五个层带。

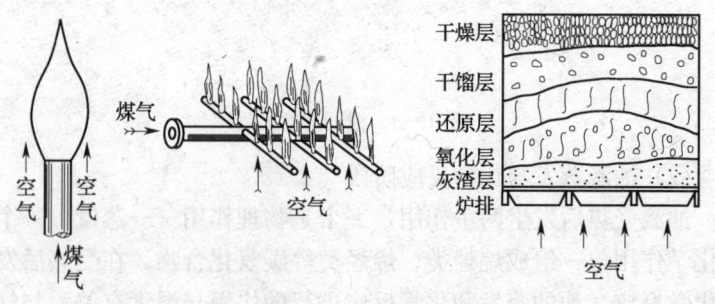

图 1—4 燃气分流　　图 1—5 煤气发生室层带示意图

1) 灰渣层。灰渣层即是炉排上面的铺底灰渣及底火。

2) 氧化层。氧化层在灰渣层上面。由炉排下方来的空气首先与该煤层接触,于是煤中的碳与空气中的氧发生氧化反应,生成二氧化碳,同时放出大量热,而氧气在这里几乎耗尽。氧化层的温度一般可达 1 000~1 200℃。

3) 还原层。还原层在氧化层上面。氧化层中产生的二氧化碳上升到这里与炽热的碳发生还原反应,生成一氧化碳。由于还原反应是吸热反应,因此,还原层的温度逐渐下降。当温度下降至 700～800℃时,还原反应几乎停止。

4) 干馏层。干馏层在还原层上面。此层温度约 400～500℃,煤在这里被加热干馏析出挥发分,同时生成焦炭。

5) 干燥层。干燥层在干馏层上面。此层温度约 100～200℃,煤在这里已不能干馏,只能被干燥蒸发出水分。

对于间断加煤和出渣的煤气发生室,在开始送风 10～20 分钟时间内,产生的气体主要是水蒸气,以及少量的煤气,待全面汽化时,煤气才大量逸出。随着时间的延长,灰渣层逐渐增厚,氧化层逐渐上移,以至露出表面形成明火。但由于煤层厚度及通风量不均匀等原因,氧化层先局部烧穿,然后扩展到整个表面,最后全部烧尽变成灰渣。

综上所述,简易煤气发生室的工作过程,可分为全面气化、局部烧穿和明火燃烧等三个阶段。这三个阶段按时间划分:第一阶段约占 30%,第二阶段约占 50%,第三阶段约占 20%;按放出热量划分:第一阶段约占 30%～40%,第二阶段约占 40%～50%,第三阶段约占 20%左右。小型煤气锅炉加一次煤完全燃烧约需 4～5 小时,但其中只有一部分时间进行汽化,所以简易煤气炉又称为半煤气炉。

第四节　锅炉常用名词术语

一、锅炉类型

1. 工业锅炉

主要用于工业生产和采暖的锅炉。

2. 水管锅炉

烟气在受热面管子外部流动,水在管子内部流动的锅炉称为水管锅炉。

3. 锅壳锅炉

蒸发（加热）受热面主要布置在锅壳（筒）内的锅炉称为锅壳锅炉，又称火管锅炉。

4. 立式锅炉

锅壳纵向轴线重直于地面的锅炉称为立式锅炉。它包括立式水管锅炉和立式火管锅炉，所谓立式水管锅炉就是烟气冲刷管子外部将热量传导给管子内部的水，而立式火管锅炉则是烟气在管子内部流动，将热量传导给管子外部的水，而管子外部的水是包在锅筒里面的。

5. 卧式锅炉

锅壳纵向轴线平行于地面的锅炉称为卧式锅炉。它包括卧式外燃锅炉和卧式内燃锅炉。所谓卧式外燃锅炉就是炉膛设在锅壳的外部，而卧式内燃锅炉则是炉膛（胆）设在锅壳内部。

6. 蒸汽锅炉

将水加热成蒸汽的锅炉称为蒸汽锅炉。一般为生产用锅炉。

7. 热水锅炉

将水加热到一定温度但没有达到汽化的锅炉称为热水锅炉。一般将出水温度低于和高于120℃的分别称为低温热水锅炉和高温热水锅炉。一般为采暖用锅炉。

8. 自然循环锅炉

依靠下降管中的水与上升管中的热水或汽水混合物之间的重度差，使锅水进行循环的锅炉称为自然循环锅炉（见本章第六节）。

9. 强制循环锅炉

除了依靠下降管中的水与上升管中介质之间重度差之外，主要靠循环水泵的压头进行锅水循环的锅炉称为强制循环锅炉。

二、结构及原理

1. 负压燃烧

炉膛出口烟气静压小于大气压力的燃烧方式。

2. 微正压燃烧

炉膛中烟气压力略高于大气压（不超过 0.005 MPa）的燃烧方式。燃油、燃气锅炉大多采用微正压燃烧。

3. 锅炉本体

由锅筒、受热面及其间的连接管道（包括烟道、风道）、燃烧设备、构架（包括平台、扶梯）、炉墙等组成的整体。

4. 锅筒（汽包）

水管锅炉中用以进行蒸汽净化、组成水循环回路和蓄水的压力容器。

5. 锅壳

作为锅炉汽水空间外壳的筒形压力容器。

6. 炉膛

进行燃烧和传热的空间称为炉膛。

7. 受热面

从放热介质中吸收热量并传递给受热介质的表面，称为受热面，如锅炉的炉胆、筒体、管子等。

8. 辐射受热面

主要以辐射换热方式从放热介质吸收热量的受热面，一般指炉膛内能吸收辐射热（与火焰直接接触）的受热面，如水冷壁管、炉胆等（见本章第五节）。

9. 对流受热面

主要以对流换热方式从高温烟气中吸收热量的受热面，一般是烟气冲刷的受热面，如烟管、对流管束以及过热器和省煤器等（见第五节）。

三、指标

1. 锅炉热效率

锅炉输出的有效利用热量与同一时间内所输入的燃料热量的百分比即为锅炉热效率，常用符号"η"表示，其公式表示为：

$$\eta = \frac{输出有效热量}{输入燃料热量} \times 100\%$$

粗略计算时：

$$\begin{matrix}蒸汽锅炉\\ 热效率\end{matrix} \eta = \frac{锅炉蒸发时 \times (蒸汽比焓 - 给水比焓)}{每小时燃料消耗量 \times 燃料低位发热量} \times 100\%$$

$$\begin{matrix}热水锅炉\\ 热效率\end{matrix} \eta = \frac{循环水量 \times (出口水比焓 - 进口水比焓)}{每小时燃料消耗量 \times 燃料低位发热量} \times 100\%$$

2. 燃料消耗量

单位时间内锅炉所消耗的燃料量称为燃料消耗量。

3. 蒸汽品质

表示蒸汽温度和蒸汽的纯洁程度称为蒸汽品质，一般饱和蒸气中或多或少都带有微量的饱和水分，通常把蒸汽的带水量超过标准要求称为蒸汽品质不好。若是过热蒸汽，就表示其与额定温度的偏差值。

4. 排污量

锅炉排除的污水流量称为排污量。

5. 烟气含尘量

单位容积的烟气中所含飞灰量，一般用 mg/m^3 表示。

第五节 锅炉构造及工作原理

一、锅炉的构造

锅炉是一种把燃料燃烧后释放的热能传递给容器内的水，以获得所需要的压力、温度和品质的热水或蒸汽的设备。它由通常俗称的"炉""锅"以及附件仪表和附属设备构成一个完整体，以保证其正常安全运行。

1. 炉

"炉"是由燃烧设备、炉墙、炉拱和钢架等部分组成的。它使燃料进行燃烧产生灼热烟气，烟气经过炉膛和各段烟道向锅炉受热面放热，最后从锅炉尾部进入烟囱排出。

2. 锅

"锅"即是锅炉容纳水和蒸汽的受压部件,它包括锅筒(汽包)或锅壳、水冷壁管、对流管束、烟管、下降管、集箱(联箱)、过热器、省煤器等受压部件,由此而组成完整的水和蒸汽的系统,进行加热和汽化等过程。

(1) 锅筒

锅筒的作用是汇集、储存、净化蒸汽和补充给水。热水锅炉锅筒内全部盛装的是热水,而蒸汽锅炉锅筒盛装的是热水和蒸汽。单锅筒的蒸汽锅炉,锅筒下半部全部是热水,锅筒上半部为蒸汽空间;双锅筒的蒸汽锅炉,下锅筒全部是热水,上锅筒下半部为热水,上半部为蒸汽空间,蒸汽与热水分界的位置叫水位线。

(2) 水冷壁

水冷壁是布置在水管锅炉炉膛四周的辐射受热面。它是锅炉的主要受热面。水冷壁管由光管和管子两侧焊有或带有翼片(又称鳍片)两种管子构成,如图1—6所示。鳍片增大了对炉墙的遮挡面积,可以更多地接受炉膛辐射热量,提高锅炉产汽量,降低炉膛内壁的温度,保护炉墙,防止炉墙结渣。若鳍片间再焊在一起,就构成成片的水冷壁,称为膜式水冷壁。

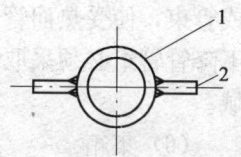

图1—6 水冷壁管翼片
1—水冷壁管 2—翼片

(3) 对流管束

对流管束是锅炉的对流受热面。它的作用是吸收高温烟气的热量,增加锅炉受热面,对流管束吸热情况,与烟气流速、管子排列方式、烟气冲刷的方式都有关。对流管束排列和烟气冲刷管束形式一般有数种,水管对流管束如图1—7所示。

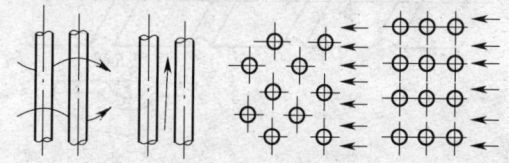

图1—7 烟气冲刷管束形式

(4) 烟管、火管

烟管是锅壳锅炉的对流受热管,它与水管对流管束的作用相同,不同的是水管对流管束烟气流经管外,而烟管是烟气流经管内。

火管有两种情况,直径较大的火管一般称为炉胆(膛),里面可以装置炉排,是立式锅炉和卧式内燃锅炉的主要辐射受热面;直径较小的火管又称为烟管,目前新设计一种螺纹烟管,即管内呈螺纹状,这种烟管传热效果比普通烟管要好,在燃油和燃气锅炉上应用较多,如图1—8所示。

(5) 下降管

下降管的作用是把锅筒里的水输送到下集箱或下锅筒的管组或管束,使受热面管子有足够的循环水量,以保证可靠的运行。下降管管组必须采取绝热措施,下降管束则要布置在受热弱的区域。

(6) 集箱

集箱也称联箱,它的作用是汇集、分配锅水,保证各受热面管子可靠地供水或汇集各管子的水或汽水混合物。集箱一般不应受辐射热,以免内部水产生汽泡冷却不好,过热烧坏。集箱按其布置的位置有上集箱、下集箱、左集箱、右集箱之分。位于炉排两侧的下集箱又俗称为防焦箱。

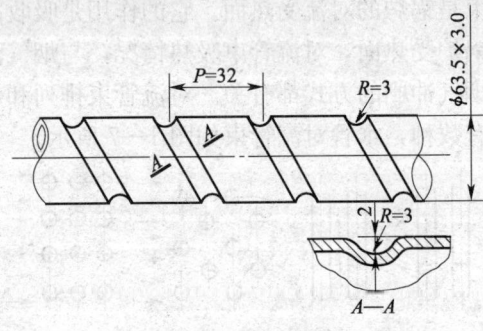

图1—8 螺纹管

(7) 过热器

过热器是蒸汽锅炉的辅助受热面，它的作用是在压力不变的情况下，从锅筒中引出饱和蒸汽，再经加热，使饱和蒸汽中的水分蒸发并使蒸汽温度升高，提高蒸汽品质，成为过热蒸汽。

过热器按结构和装置形式可分为卧式过热器和立式过热器两种，如图1—9和图1—10所示。

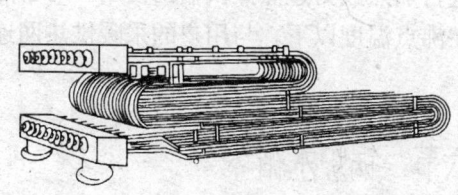

图1—9　卧式过热器　　　图1—10　立式过热器

(8) 省煤器

省煤器是安装在锅炉尾部烟道内，利用排烟的余热来提高给水温度的辅助受热面，作用是提高给水温度，减少排烟热损失，提高锅炉热效率。一般来说，省煤器出口水温每升高1℃，锅炉排烟温度平均降低2～3℃，给水温度每升高6～7℃，省煤1%，一般加装省煤器的锅炉，可节约煤5%～10%。

3. 附件仪表

为保证锅炉的正常安全运行，锅炉上需装置一些附件仪表，有安全阀（包括水封式安全装置）、压力表、水位表（包括双色水位计、高低水位警报器、低地位水位计）、低水位联锁保护装置、温度仪表、超温警报器、流量仪表、排污装置、防爆门、常用阀门以及自动调节装置等。其构造和作用见第四章。

4. 附属设备

附属设备是安装在锅炉本体之外的必备设备，它是供应燃料系统、通风系统、给水系统、除渣除尘脱硫系统等装置设备，如：球磨机、运煤设备、水泵、水处理装置、鼓风机、引风机、除渣机、除尘脱硫及吹灰装置等。

二、锅炉工作原理

锅炉运行时，燃料中的可燃物质在适当的温度下，与通风系统输送给炉膛内的空气混合燃烧，释放出热量，通过各受热面传递给锅水，水温不断升高，产生汽化，这时为饱和蒸汽，经过汽水分离进入主汽阀输出使用。如果对蒸汽品质要求较高，可将饱和蒸汽进入过热器中再进行加热成为过热蒸汽输出使用。对于热水锅炉，锅水温度始终在沸点温度以下，与用户的采暖供热网连通进行循环。

第六节 锅炉水循环

锅炉本体是由锅筒、下降管、水冷壁管、集箱、对流管束等受压部件组成的封闭式回路。锅炉中的水或汽水混合物在这个回路中，循着一定的路线不断地流动着，流动的路线构成周而复始的回路，叫循环回路。锅炉中的水在循环回路中的流动，叫锅炉水循环。由于锅炉的结构不同，循环回路的数量也不一样。有一个循环回路的锅炉如图1—11所示，几个循环回路的锅炉如图1—12所示。

锅炉的水循环分为自然循环和强制循环两类。一般蒸汽锅炉的水循环为自然循环，而直流锅炉水循环为强制循环，热水锅炉水循环大都为强制循环。强制循环是依靠水泵的推动作用强迫锅炉水的循环。自然循环是利用上升管中汽水混合物的密度小、重量轻，下降管中水的密度大、重量较重，造成的压力差，使两段水柱之间失去平衡，导致锅炉的水流动而循环，两者之间的密度差越大，压力差 Δp 就越大，对水循环的推动力也越大。压力差的关系式如下：

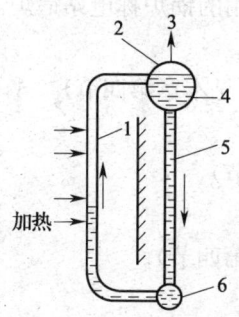 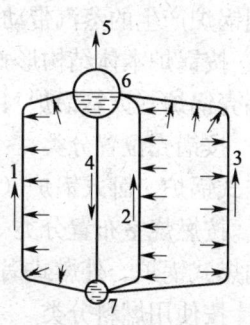

图 1—11 单回路水循环示意图　　　图 1—12 多回路水循环示意图
1—上升管　2—锅筒　3—蒸汽出口管　　1—水冷壁管　2、3—对流管束　4—下降管
4—给水管　5—下降管　6—下集箱　　　5—蒸汽出口管　6—锅筒　7—下集箱

$$\Delta p = H(\rho' - \rho'') \times 9.8 \quad (Pa)$$

式中　Δp——压力差，Pa；

　　　H——上升管汽水混合物水柱的高度，m；

　　　ρ'——下降管中水的密度，kg/m^3；

　　　ρ''——上升管中汽水混合物的密度，kg/m^3。

通过上式可以看出，要使密度差增大，可以加强燃烧，使水冷壁管和对流受热面管中的介质受热加强，汽化加快，从而使汽水混合物中的汽泡比例增大，密度变小，而密度差就增大，循环好。

水循环是锅炉受热面得到良好冷却的保证。运行中锅炉缺水、排污以及热水锅炉启动程序不当等都可能破坏水循环。

第七节　锅炉分类概述

锅炉的类型很多，分类方法也很多，归纳起来大致有以下几种分类：

1. 按用途分类

工业锅炉（见本章第四节）、电站锅炉。

用锅炉产生的蒸汽带动汽轮机发电用的锅炉称电站锅炉。

2. 按锅炉本体结构形式分类

锅壳锅炉（火管锅炉）、水管锅炉（见本章第四节）。

3. 按锅壳位置分类

立式锅炉、卧式锅炉（见本章第四节）。

4. 按燃烧室布置分类

内燃式锅炉、外燃式锅炉（见本章第四节）。

5. 按使用燃料分类

燃煤锅炉、燃油锅炉、燃气锅炉；此外还有电热锅炉。

6. 按介质分类

蒸汽锅炉、热水锅炉（见本章第四节）、汽水两用锅炉。

汽水两用锅炉是既可产生蒸汽又可产生热水的锅炉。

7. 按蒸发量分类

小型锅炉、中型锅炉、大型锅炉。

蒸发量小于 20 t/h 的锅炉称小型锅炉，蒸发量为 20～75 t/h 的锅炉称中型锅炉，蒸发量大于 75 t/h 的锅炉称大型锅炉。

8. 按压力分类

低压锅炉、中压锅炉、高压锅炉。

工作压力不大于 2.5 MPa（25 kgf/cm^2）的锅炉为低压锅炉，工作压力为 3.0～5.0 MPa（30～50 kgf/cm^2）的锅炉为中压锅炉，工作压力为 8～11 MPa（80～110 kgf/cm^2）的锅炉为高压锅炉。

9. 按汽水在锅炉受热面中的流动

自然循环锅炉、强制循环锅炉（见本章第四节）。

10. 按安装方式分类

整装锅炉（快装锅炉）、散装锅炉。

锅炉在制造厂组装后，到使用单位只需接外管路阀门即可投入运行的锅炉称整装锅炉，也叫快装锅炉。锅炉主要受压部件散装出厂，到使用单位进行现场组装的锅炉称散装锅炉。

第八节 锅炉型号表示法

为了区别锅炉结构形式、燃烧方式、设计参数、适应煤种等情况,人们采用锅炉型号来进行说明。

工业锅炉型号由三部分组成,表示方法如下:

第一部分的形式代号、燃烧方式代号以及第三部分的燃料种类代号可通过下列各表查出代号所表明的内容。

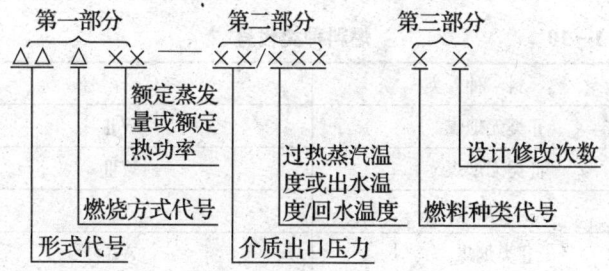

表 1—7　　　　　　　　锅壳锅炉代号

锅炉总体形式	代　　号
立式水管	LS（立水）
立式火管	LH（立火）
立式无管	LW（立无）
卧式外燃	WW（卧外）
卧式内燃	WN（卧内）

表 1—8　　　　　　　　水管锅炉代号

锅炉总体形式	代　　号
单锅筒立式	DL（单立）
单锅筒纵置式	DZ（单纵）
单锅筒横置式	DH（单横）
双锅筒纵置式	SZ（双纵）
双锅筒横置式	SH（双横）
强制循环式	QX（强循）

表1—9　　　　　　　燃烧方式代号

燃烧方式	代号	燃烧方式	代号
固定炉排	G.(固)	滚动炉排	D(滚)
固定双层炉排	C	下饲炉排	A(下)
链条炉排	L(链)	鼓泡流化床燃烧	F(沸)
往复推动炉排	W(往)	循环流化床燃烧	X(循)
抛煤机	P(抛)	室燃炉	S(室)

表1—10　　　　　　　燃料种类代号

燃料种类	代号
Ⅱ类无烟煤	WⅡ
Ⅲ类无烟煤	WⅢ
Ⅰ类烟煤	AⅠ
Ⅱ类烟煤	AⅡ
Ⅲ类烟煤	AⅢ
褐煤	H
贫煤	P
型煤	X
水煤浆	J
木柴	M
稻壳	D
甘蔗渣	G
油	Y
气	Q

　　如果是电加热锅炉,则第一部分就以"DR"表示电加热,第三部分就无燃料代号了。

第二章 各类锅炉结构

本章介绍各种类型锅炉的结构形式、汽水系统和烟气流程，使司炉人员能够初步了解和掌握各种炉型的特点。

第一节 锅壳锅炉

一、立式横水管锅炉

立式横水管锅炉的型号是 LSG（立水固），它分立式大横水管锅炉和立式多横水管锅炉，其结构见图 2—1 和图 2—2。这两种锅炉除水管数量及直径不同之外，其他基本一样。主要由锅壳、炉胆、封头、炉胆顶、横水管、冲天管、下脚圈等部件组成。燃烧设备多为固定炉排，人工投煤。锅炉的容量及参数一般为蒸发量 1 t/h，工作压力小于 0.7 MPa（7 kgf/cm²）。

烟气流程：燃烧火焰直接辐射炉胆，高温烟气向上冲刷横水管，经过冲天管进入烟囱排出。

水循环回路：靠近炉胆和水管壁受热强的锅水向上流动，受热弱的锅水向下流动，形成自然循环。

由于烟气流程短，很大一部分热量被烟气带走，因而这种锅炉热效率较低。

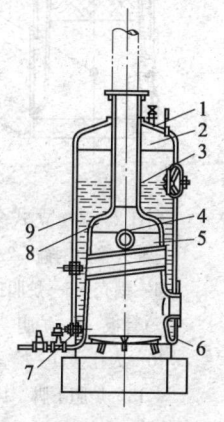

图 2—1 LSG 型锅炉
1—主汽阀接口
2—封头 3—冲天管
4—横水管 5—炉胆
6—U 形下脚 7—手孔
8—炉胆顶 9—锅壳

二、立式横火管锅炉

立式横火管锅炉的型号是 LHG（立横固），它分考克兰锅炉（属于淘汰炉型）、横火管锅炉，其结构见图 2—3。这两种锅炉主要由锅壳、封头、炉胆、炉胆顶、管板、烟管、喉管、下脚圈等部件组成。燃烧设备多为固定炉排，人工投煤。锅炉容量及参数一般为蒸发量 2 t/h、工作压力小于 0.7 MPa（7 kgf/cm²）。

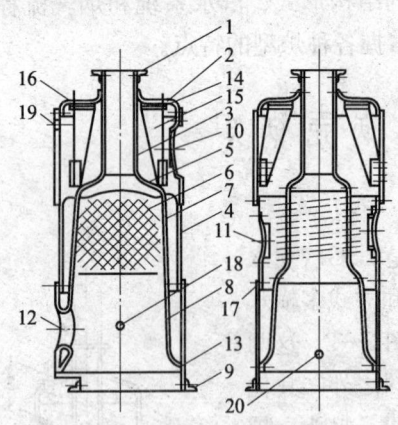

图 2—2　立式多横水管锅炉

1—冲天管角钢箍　2—封头　3—冲天管
4—锅壳　5—炉胆顶　6—横水管
7—管板　8—炉胆　9—底脚角钢箍
10—人孔　11—检查孔　12—炉门
13—炉胆下脚　14—拉撑角钢
15—角板拉撑　16—安全阀接口
17—放水管接口　18—进水管接口
19—压力表接口　20—排污管接口

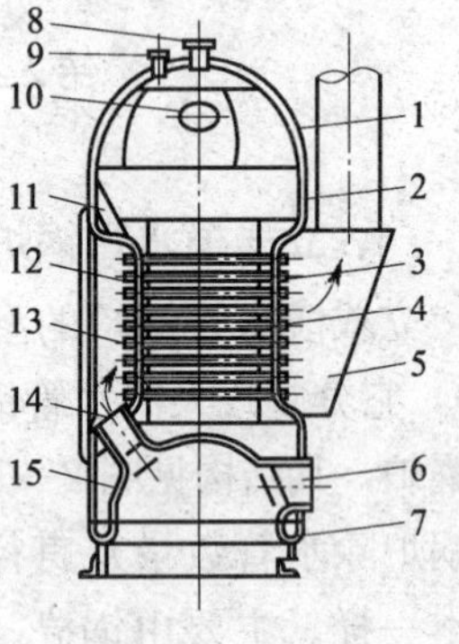

图 2—3　LHG 型锅炉

1—封头　2—锅壳　3—前管板
4—烟管　5—前烟箱　6—炉门
7—U 形下脚　8—主汽阀座
9—安全阀接口　10—人孔
11—角板撑　12—后管板
13—后烟箱　14—烟气出口管
15—炉胆

烟气流程：燃烧火焰直接辐射炉胆，高温烟气从炉胆喉管出来进入烟箱再转弯经平行装置的烟管内，流向前烟箱进入烟囱排出。

水循环回路：靠近炉胆及烟管群受热强的锅水向上流动，受热弱的锅水向下流动，形成自然循环。

这种锅炉结构紧凑，但炉膛水冷程度大，不利于燃烧，排烟温度较高，热效率低。另外，烟管直径较小，容易积灰，如不及时除灰，将会影响效率。

三、立式双回程火管锅炉

立式双回程火管锅炉的型号表示方法与立式横火管锅炉的相同。这种锅炉的结构见图 2—4a、b。主要由锅壳、炉胆、封头、炉胆顶、烟管、喉管、下脚圈组成。它有两种燃烧方式，一种是固定炉排（见图 2—4a），一种是固定双层炉排（见图 2—4b）。双层炉排是在炉胆中部加一组由水管组成的水冷炉排，与水平面成 12°夹角。不论双层炉排还是固定炉排，都是人工投煤。

锅炉的容量及参数一般为蒸发量 1 t/h，工作压力小于 0.7 MPa（7 kgf/cm²）。

烟气流程：图 2—4a 所示的结构，燃烧火焰直接辐射炉胆，高温烟气从炉胆上面的长形室进入第一组烟管，到前烟箱，再折

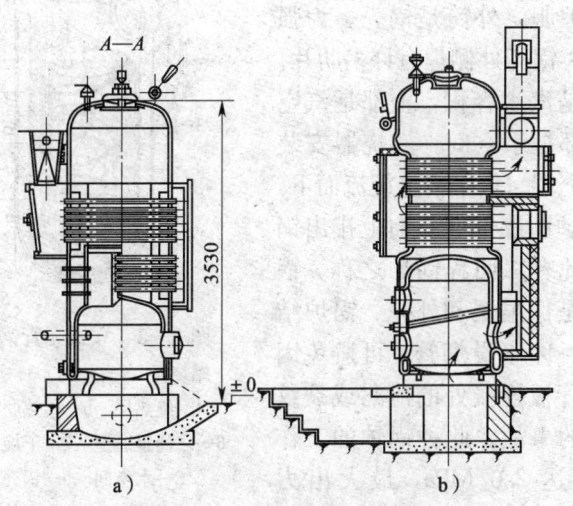

图 2—4 立式双回程火管锅炉

入第二烟管向后流到烟箱经烟囱排出；图2—4b所示的结构，燃料在中间水冷炉排上，自上而下燃烧，由于炉排间隙较大，一部分未燃尽的煤（包括炉渣）漏到下炉排上继续燃烧，高温烟气通过喉管到后烟箱，进入第一组烟管，由后向前流动，到后烟箱再折入第二组烟管向后流动至后部上烟箱，最后经烟囱排出。

水循环回路与立式横火管锅炉基本相同。

由于这种锅炉烟气流程较长，因而热效率较高，特别是选用双层炉排燃烧方式后，消烟除尘效果较好，被誉为节能产品。但由于水冷炉排是采用钢管制成，管中水循环较差，易被烧坏，另外烟管容易积灰，如不及时清除，会影响锅炉效率。

四、立式无管锅炉

图2—5是一种锅炉炉胆和锅壳均为受热面的立式燃油（气）锅壳锅炉。

锅炉本体是"套筒式"结构。内筒是炉胆，外筒是锅壳。为强化传热，锅壳外侧焊有许多肋片。套间就是汽水容积，上部是汽空间，下部是水空间。燃烧器安装在锅炉上端。火焰自上旋流而下，烟气从炉胆底部回转向上排出锅炉，因此有二回程锅炉之称。锅炉外部是保温层和外壳。锅炉结构简单。因不设烟管，可避免因烟管与管板连接处的泄漏或裂纹而发生的事故。此种锅炉的工作压力可达 2.0 MPa，最大出力（相当蒸发量）为 1 560 kg/h，或 1.0 MW。

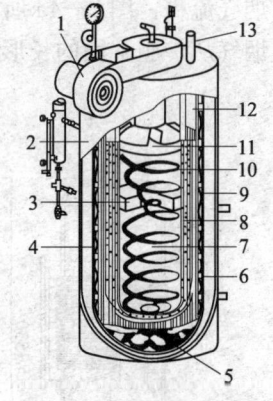

图 2—5 立式无管锅炉
1—燃烧器 2—外壳 3—滞留器
4—绝热层 5—传热肋片
6—二回程通道 7—下旋火焰
8—水空间 9—锅壳
10—炉胆 11—点火装置
12—蒸汽空间 13—蒸汽出口

五、立式直水管锅炉

图 2—6 所示的是一立式直水管锅炉。该锅炉虽然有直水管束,但其燃烧室在锅壳之内,管束布置在上下筒壳之间,也可视为在锅壳之内,因此将其列入锅壳锅炉之列。锅炉本体由封头、上下筒壳、上下管板、炉胆、U形下脚圈、中心大直径下降管和上升管束等组成。燃油(气)在燃烧室内燃烧产生的高温烟气经喉管进入管束,绕中心大直径下降管回转 360°(外围是烟箱)散热后,自烟箱排除。由于烟气横向冲刷管束,所以它比埋头封头式锅炉的烟管传热效果好。因上下筒壳均有人孔,对检查清理管板比较方便。这种锅炉在西方国家原是燃油燃气锅炉。20 世纪 60 年代我国将其用于燃煤,因烟气在回转中将飞灰离心甩在管束外围区域而导致严重积灰,所以逐渐被淘汰。应当说对燃油燃气,这种炉型还是可取的。立式直水管锅炉的工作压力一般不超过 1.0 MPa,出力不超过 2 000 kg/h。

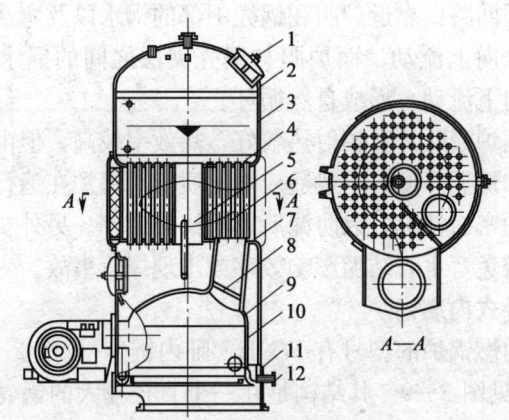

图 2—6 立式直水管锅炉
1—人孔 2—封头 3—筒壳 4—上管板 5—下降管 6—直水管
7—下管板 8—喉管 9—炉胆顶 10—炉胆 11—U形下脚 12—排污管

六、立式弯水管锅炉

立式弯水管锅炉的型号表示方法与立式直水管锅炉的相同,

其结构见图 2—7。主要由锅壳、炉胆、封头、炉胆顶、弯水管、喉管、下脚圈等部件组成。燃烧设备多为固定炉排，人工投煤。锅炉的容量及参数一般为蒸发量 1 t/h，工作压力小于 0.7 MPa（7 kgf/cm²）。

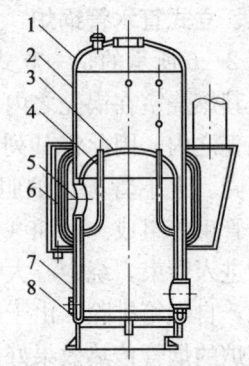

图 2—7　LSG 型锅炉
1—封头　2—锅壳　3—炉胆顶
4—内弯水管　5—烟气出口管
6—外弯水管　7—炉胆　8—U 形下脚圈

烟气流程：燃烧火焰直接辐射炉胆及炉胆内的弯水管，高温烟气从喉管进入烟箱分左右两路，围绕锅壳各旋转半周，横向冲刷外弯水管和锅壳中部，最后汇集烟箱前部进入烟囱排出。

水循环回路：靠近炉胆和锅壳中部的锅水以及弯水管中受热较强的锅水向上流动；而炉胆与锅壳夹层之间的锅水受热比较弱，因此向下流动，形成自然循环。

这种锅炉吸收炉膛辐射热较好，热效率较高，但由于炉膛水冷程度大，炉温降低，一般适应烧优质煤。锅炉在运行时应注意检查烟箱的密封情况，以防漏风影响锅炉效率。另外要搞好锅炉水处理，避免弯水管结垢影响效率或出现爆管事故。

七、卧式内燃锅炉

卧式内燃锅炉的型号有 WNL（卧内链），见图 2—8，WNS（卧内室）见图 2—9。其结构是在一个直径较大的锅壳内布置燃烧室。主要由锅壳、管板、炉胆、烟管等部件组成。燃煤的燃烧设备一般为固定炉排或链条炉排，燃水煤浆、油（气）的设备则是燃烧器。锅炉的容量及参数一般为燃煤不大于 4 t/h，工作压力小于 1.3 MPa；燃油燃气不大于 20 t/h，压力小于 2.5 MPa。

烟气流程：燃烧火焰直接辐射炉胆，高温烟气从炉胆后部进

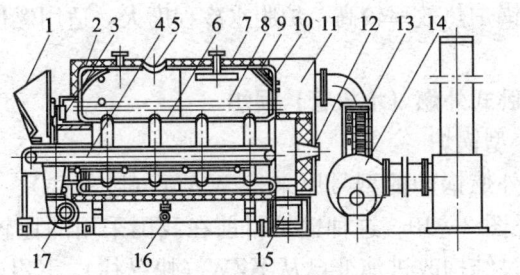

图 2—8 WNL 型锅炉

1—煤斗 2—前封头 3—前烟箱 4—链条炉排 5—人孔 6—炉胆
7—锅壳 8—烟管 9—拉撑 10—后封头 11—转烟室 12—看火孔
13—铸铁省煤器 14—引风机 15—出灰口 16—排污阀接口 17—鼓风机

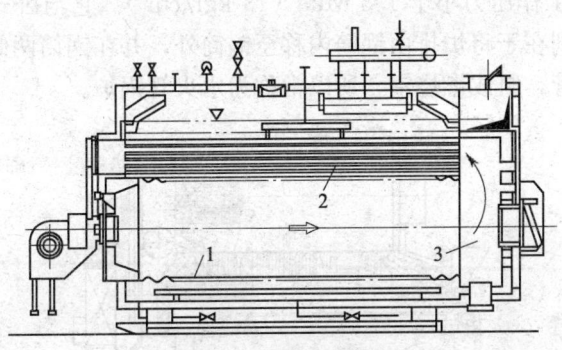

图 2—9 湿背式锅炉

1—炉胆 2—烟管 3—转烟室

入转烟室,然后转入第一束烟管,由后向前流动至前烟箱,再转入第二束烟管,由前向后汇集进入烟囱排出。第一束、第二束烟管布置顺序可先下部后上部,也可先一侧再另一侧。

水循环回路:如果两束烟管布置在炉胆两侧,炉胆上方和第一束烟管周围锅水受热较强,向上流动,第二束烟管周围锅水受热较弱,向下流动,形成循环回路;如果两束烟管按先下后上顺序布置时,炉胆周围锅水受热强,向上流动,离炉胆壁和烟管壁较远的锅水受热弱,向下流动,形成循环回路。

这种锅炉热效率较高,炉胆水冷程度大,适用燃优质煤和燃油燃气。

八、卧式外燃(水火管)锅炉

1. 小型锅炉

卧式外燃锅炉的型号原来是 WWW(卧外往)、WWL(卧外链),见图 2—10。这种锅炉目前在我国采用的比较普遍,它的型号经过结构改进演变已从 KZW(快纵往)、KZL(快纵链)变为现在的 DZW(单纵往)、DZL(单纵链)等。主要由锅筒、管板、烟管、水冷壁管、下降管、后棚管、集箱等部件组成。燃烧设备多为往复炉排或链条炉排。锅炉容量及参数一般为蒸发量 4 t/h、工作压力小于 1.3 MPa (13 kgf/cm^2)。它与卧式内燃锅炉的区别在于将炉排由锅筒内移至锅筒外,并在锅筒两侧加装了水冷壁管,组成燃烧室,所以常称为水火管锅炉。

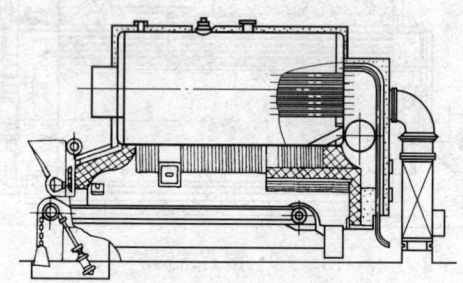

图 2—10 WWL 型锅炉

烟气流程:燃烧火焰直接辐射水冷壁管和锅筒下部,高温烟气从锅炉后部一侧进入第一束烟管,由后向前流入前烟箱,再转入第二束烟管,由前向后流入后烟室进入烟囱排出。有的锅炉烟管布置是上下两束,烟气流动则是先下后上。

水循环回路:分为三组循环回路,一组是锅筒下部的锅水经下降管进入集箱分配给水冷壁管吸收炉膛辐射热后,形成汽水混合物向上流动进入锅筒,形成一组水循环回路;另一组是后棚管受热不同,受热强的管内锅水向上流入锅筒,受热弱的管内锅水向下流动进入集箱再分配给受热强的后棚管形成一组水循环回路；还有一组是第一束烟管周围的锅水受热强，炉水向上流动，第二束烟管周围的锅水受热弱，锅水向下流动，在锅筒内形成循环。

这种锅炉点火升温较快，炉膛较大，适应煤种较广，热效率较高，但因烟管直径较小，容易积灰，如不及时定期清灰，则会影响锅炉效率。卧式外燃锅炉，火焰直接烧锅筒底部，要注意定期排污，否则很容易在锅筒底部起鼓包，另外这种锅炉要求水质软化处理，否则水冷壁管很快就会结垢堵管。

近年来，锅炉制造单位与高等院校合作又新开发出一种新型的锅炉结构，这种结构主要是针对目前卧式外燃锅炉容易出现的管板裂纹、泄漏和肚皮鼓包等问题而设计的，见图2—11。主要由锅筒、管板、螺纹烟管、水冷壁管、下降管、两侧对流管束、集箱、转弯烟室等部件组成。燃烧设备一般为链条炉排和往复炉排。锅炉容量及参数一般为蒸发量小于 10 t/h，额定工作压力小于等于 1.3 MPa。它与原卧式外燃锅炉的主要区别在于锅筒内将光管改为螺纹烟管，炉膛内换热在原辐射换热为主的基础上又增加了对流管束部分，使烟气在锅炉中的流程延长，降低了烟气进入前烟箱的烟气温度，对于防止管板裂纹、肚皮鼓包均有明显的作用。

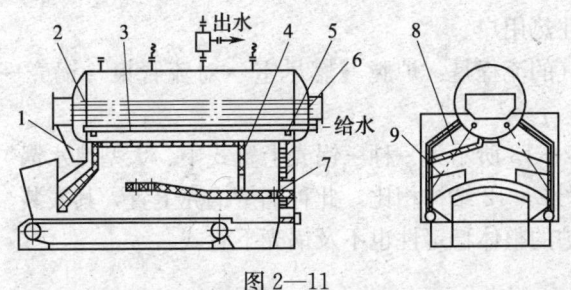

图 2—11

1—前转烟室 2—螺纹烟管 3—回水分配管 4—挡烟墙
5—引射器 6—拱形管板 7—落灰口 8—翼形烟道 9—下降管

2. 中、大型锅炉

图 2—12 所示的是一种双锅壳下置式的中、大型水火管锅炉,其热功率为 14~63 MW。

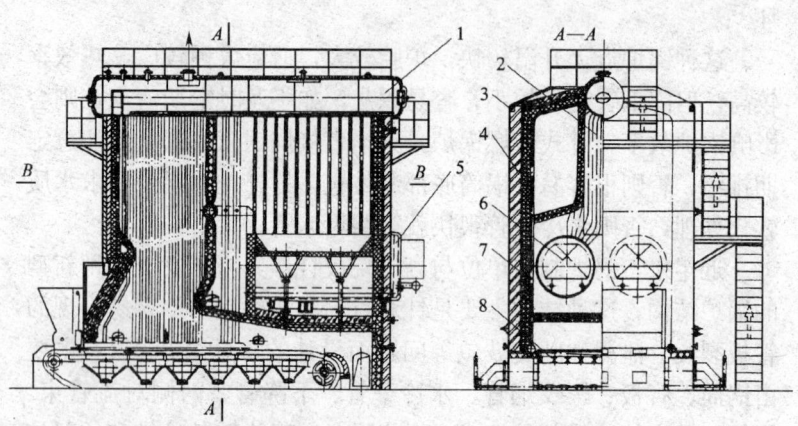

图 2—12
1—锅筒 2—对流管束 3—钢架 4—炉墙 5—外壳
6—下锅壳 7—水冷壁 8—链条炉排

锅水的流程是:回水进入下锅壳后经对流管束上升进入锅筒的后部,然后从燃尽室侧墙管进入下集箱后部,经水冷壁上升进入锅筒中部。进入中部的水,一部分下降后从水冷壁上升汇入锅筒前部,一部分下降后从前墙管上升汇入锅筒前部,最后从锅筒前部送往热用户。

烟气的流程是:炉膛→燃尽室→对流管束→锅壳→出口烟道。

图 2—13 所示为一种三锅壳上置式中、大型热水锅炉。

与图 2—12 结构相比,此种锅炉锅壳上置,其安装、维护不便,锅炉的整体稳定性也不及锅壳下置式。

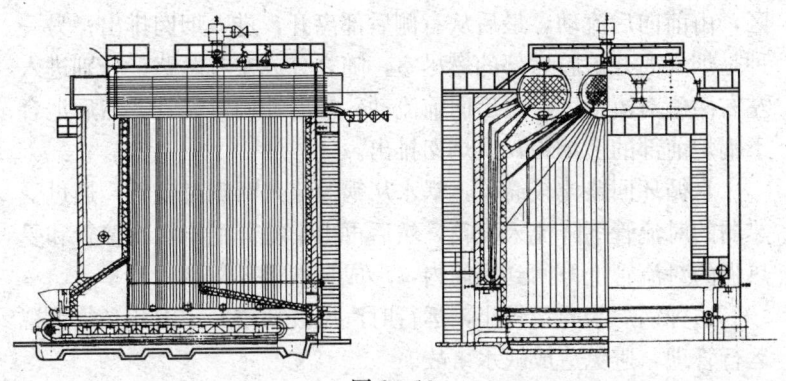

图 2—13

第二节 水管锅炉

一、单锅筒纵置式锅炉

单锅筒纵置式水管锅炉称为 A 字形或人字形锅炉，其型号为 DZW（也可为链条炉排）型，如图 2—14 所示。锅筒布置在上部中央，两侧有两组对流管束和水冷壁管，上端与锅筒连接，下端与集箱连接，锅炉的容量及参数是蒸发量 4 t/h；工作压力小于 1.3 MPa（13 kgf/cm²）。

烟气流程有两种情况，一种是烟气从炉膛后部燃尽室左侧的出口窗，折入左侧对流管区，由后向前流动，横向冲刷对流管，在左侧前端，烟气向上经过锅筒前端转向烟道流入右侧对流管

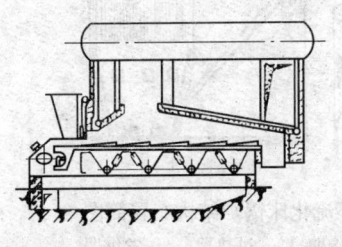 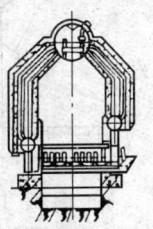

图 2—14 DZW 型锅炉

区,由前向后流动,最后从右侧后部离开,进入烟囱排出;另一种是烟气离开炉膛后部的燃尽室,随之分成左右两路,分别进入左右两侧对流管区,由后向前流动,横向冲刷对流管,然后汇合于锅炉前部的上烟箱,从烟囱排出。

水循环回路比较简单,锅水从锅筒流入两侧对流管,通过受热弱的对流管下降流入集箱,然后再由集箱分配给水冷壁管和受热强的对流管上升回到锅筒内,形成自然循环回路。

这种锅炉水容量较小,运行时汽压波动较大,因此必须重视运行管理,避免造成缺水事故。

二、单锅筒横置式锅炉

这种锅炉的型号为DHX。图2—15所示的是一种单锅筒横

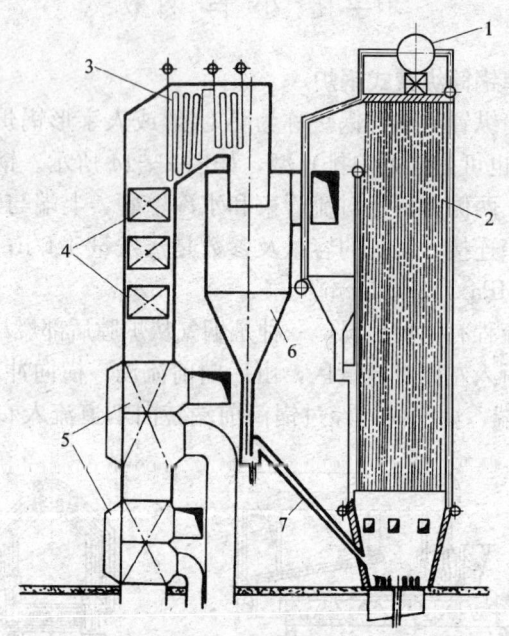

图2—15 循环流化床锅炉结构布置简图
1—汽包 2—水冷壁 3—过热器 4—省煤器
5—空气预热器 6—分离器 7—物料返回管

置式循环流化床锅炉。燃料在炉膛流化燃烧（见第三章第十一节）后，携带大量飞灰和可燃物的高温烟气由炉膛出口进入分离器6。经分离后的烟气进入后部的对流受热面继续放热，而分离出来的灰和可燃物则经物料返回管继续与新煤混合流化燃烧。产生的飞灰和可燃物随烟气再次进入分离器……如此循环往复。

循环流化床锅炉具有燃料适应范围广，低温燃烧，便于脱硫，燃烧效率高等优点。

三、双锅筒纵置式锅炉

双锅筒纵置式水管锅炉是锅筒的纵向轴线平行于炉排运转方向，其结构都是由上下锅筒、水冷壁管、对流管束、集箱、下降管等部件组成。燃烧设备为链条炉排、往复炉排、抛煤机、流化床及室燃等。锅炉容量及参数一般为2、4、6、10、20、35 t/h等；工作压力为0.7、1.3、1.6、2.5 MPa等。不同的结构形式，烟气流程和水循环回路也不同，下面就介绍几种常见锅炉结构及其烟气流程、水循环回路和运行特点。

1. SZ4—1.3型锅炉

双锅筒纵置式锅炉见图2—16。尾部设有省煤器，上下锅筒

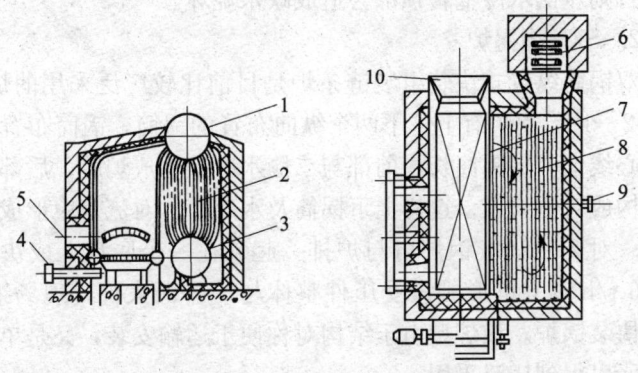

图2—16 SZ4—1.3型锅炉

1—上锅筒 2—隔烟墙 3—下锅筒 4—一次风管 5—拨火孔
6—省煤器 7—水冷壁管 8—对流排管 9—吹灰管 10—灰渣斗

平行纵置在同一垂直面上,锅筒之间用两组对流管束相连接,在排管左前部和中后部设有两道纵向的烟气隔墙。炉膛位于锅炉左侧。

烟气流程:燃烧火焰直接辐射水冷壁管,高温烟气由炉膛后部右侧进入对流管束区,由后向前横向冲刷第一组对流管束,再向右转180°折入第二组对流管束,由前向后横向冲刷,到锅炉尾部流经尾部受热面(省煤器)后,通过除尘器并经烟囱排出。

水循环回路:有三组循环回路,一组是对流管束部分,第一组对流管束受热较强,管内锅水由下向上流动,第二组对流管束受热较弱,管内锅水由上向下流动,将上下锅筒构成了一个循环回路;另两组循环回路是炉膛左右两侧水冷壁管,其上端与上锅筒连通,下端与左右集箱连通,上锅筒下部引出两根下降管分别与左右集箱连通供水,锅水通过集箱分配给水冷壁管,受热后锅水向上流至锅筒,形成循环回路。

这种锅炉的炉排可为各种机械炉排,形状狭而长,有利于燃料的充分燃烧,减少了灰中含碳量。对流管束应注意经常吹灰,以防影响锅炉效率。另外对锅炉水质要求较高,对水位控制较严,否则左侧水冷壁管顶部会造成缺水烧坏。

2. SZL 型锅炉

双锅筒纵置式快装组装链条炉是目前比较广泛采用的炉型,如图 2—17。锅炉有上、下两个纵向布置的锅筒,锅筒布置在锅炉中心线上。上锅筒长,前部与二侧水冷壁构成炉膛,后部与下锅筒构成对流管束。这样上下锅筒及水冷壁和对流管束形成一个整体。对 2~4 t/h 锅炉可与炉排一起装在一个底盘上成快装锅炉;6 t/h 以上可形成该受压件整体与炉排两大件,现场组对,成为快装锅炉。该炉型由于结构对称便于运输安装,又是单层布置,所以得到广泛采用。

3. SZP10—1.3 型锅炉

双锅筒纵置式抛煤机锅炉见图 2—18。尾部设有省煤器。上

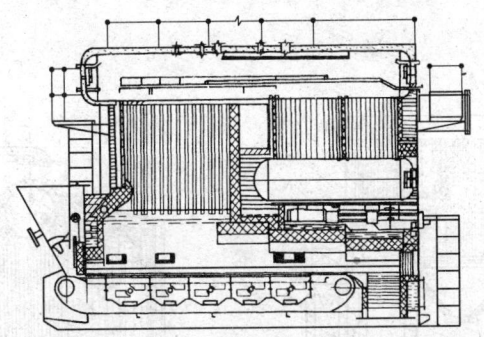

图 2—17 双锅筒纵置式链条炉

锅筒较长,一半在炉膛顶部,炉膛前、后、左、右都布置有水冷壁管,水冷壁管上端与上锅筒连接,下端与集箱连接,上下锅筒之间由对流管束连接。

烟气流程:燃烧火焰在前燃烧室内直接辐射水冷壁管,高温烟气从炉膛右上侧流入对流排管区,顺着两道隔烟墙呈水平"Z"字形路线由前向后弯曲回行,横向冲刷管束,再由炉膛左侧下方进入尾部受热面,最后经过除尘器,由烟囱排出。

水循环回路:有五组循环回路,一组是对流管束部分,由于后部有隔烟墙,使对流管束有的受热强,有的受热弱,将上下锅筒连通进行自然循环的回路。另外四组是前、后、左、右四面水冷壁管,上面与上锅筒连接,下边有四个集箱,由下锅筒引出的下降管将锅水供给四个集箱,然后分配给四组水冷壁管,受热后锅水上升,进入上锅筒形成循环回路。

这种锅炉烟气横向冲刷炉管,传热效果好。对水质要求较高,对水位控制较严,一旦缺水,很容易过热使上锅筒下部发生鼓包。

4. SZS10—1.3型锅炉

双锅筒纵置式室燃锅炉见图 2—19。上下锅筒纵向布置,左侧为炉膛,呈反 D 形。尾部设有省煤器。

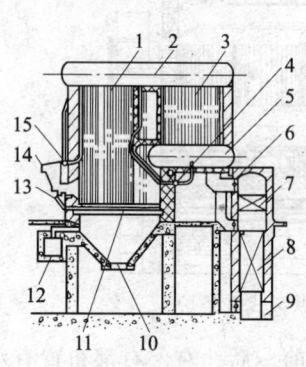
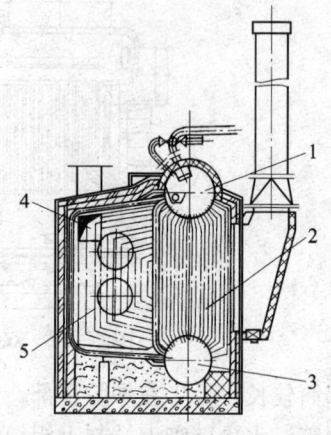

图2—18 SZP10—1.3型锅炉　　　　图2—19 SZS10—1.3型锅炉
1—水冷壁管　2—上锅筒　3—对流排管　　　1—上锅筒　2—对流管束
4—后集箱　5—下锅筒　6—烟道　7—省煤器　　3—下锅筒　4—防爆门
8—空气预热器　9—烟道出口　10—出渣口　　　5—水冷壁管
11—下集箱　12—进风口　13—手摇活动炉排
　　14—抛煤机　15—前集箱

烟气流程：燃烧火焰在炉膛内直接辐射水冷壁管，高温烟气从后右侧进入对流管束区，从后向前横向冲刷对流管束，然后转弯180°冲刷第二组对流管束，经省煤器进入烟囱排出。

水循环回路：由于炉膛水冷壁没有单独的集箱，都是直接与上、下锅筒相连，因此，除了一部分受热弱的对流排管内的水向下流动外，其他供水都由下锅筒引出，经水冷壁管和大部分对流管束流向上锅筒。

这种锅炉燃用渣油，采用微正压燃烧，有较高的炉膛热强度，强化了燃烧，消除了漏风，降低了排烟热损失。启动和升压快，锅炉热效率高。

5. SZS型水煤浆锅炉

图 2—20 是一种双锅筒纵置式燃水煤浆的室燃炉。水煤浆燃烧虽然与燃油相似,但燃烧产物中有大量的灰。所以,其锅炉结构与燃油锅炉的主要区别就是飞灰的分离与集灰清除,如图中 3、18 和 19 的落灰清灰斗、一、二级分离器等。

水煤浆燃烧器安装在前墙中部(水煤浆燃烧装置见第三章第十四节)。

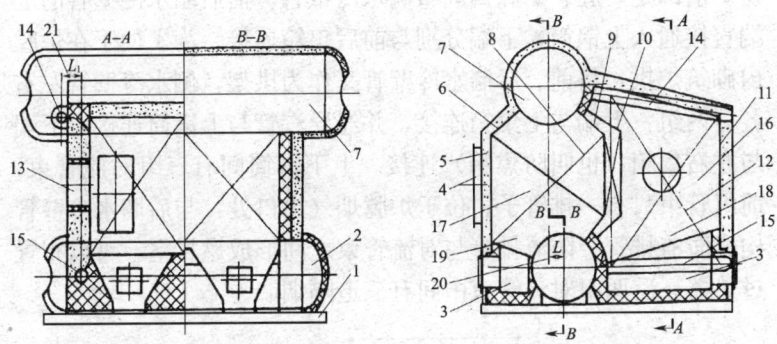

图 2—20 水煤浆锅炉结构
1—底座 2—下锅筒 3—落灰及清灰装置 4—出烟口 5—护板炉墙
6—左膜式壁烟道隔墙 7—上锅筒 8—对流管束 9—中膜式壁烟道隔墙
10—凝渣管束 11—右膜式壁烟道隔墙 12—前、后炉膛膜式壁
13—燃烧器接口 14—上集箱 15—下集箱 16—炉膛及炉膛烟道
17—蒸发受热面烟道 18—烟尘一级分离器 19—烟尘二级分离器
20—上锅筒与下锅筒的偏置距离 L 21—上集箱与下集箱的偏置距离 L_1

四、双锅筒横置式锅炉

双锅筒横置式锅炉的型号较多,常用的锅炉有 SHL(双横链)型和 SHD(双横倒)型等,另外还有 SHS(双横室)型等。不论哪种炉型,其特点都是炉排走动方向与锅筒成丁字布置,即锅筒的轴线与炉排的行走方向垂直,锅筒横向布置;其结构都是由上下锅筒、水冷壁管、下降管、集箱、对流管束等部件组成。燃烧设备多为固定炉排、链条炉排、往复炉排、振动炉排、倒转

炉排等。锅炉容量及参数一般为 10、20、35 t/h 等；工作压力 0.7、1.3、1.6、2.5 MPa 等。不同的结构形式，烟气流程和水循环回路也不同，下面就介绍几种常见锅炉结构及其烟气流程、水循环回路和运行特点。

1. SHL20—1.3 型锅炉

双锅筒横置式链条炉排的锅炉见图 2—21。尾部有省煤器。锅炉前部是炉膛，炉膛四周布满水冷壁管。前后墙水冷壁管的上端直接通入上锅筒，下端分别与前后集箱连接。为了便于在炉膛内砌筑炉拱，将前、后墙水冷壁管又作为拱架，侧水冷壁管左右各分两组：上端与上集箱连接，并经导汽管与上锅筒连接；下端与左右集箱（也叫防焦箱）连接。上下锅筒间有三组对流管束，前组管束只有一排管子，位于炉膛烟气出口处，与后墙水冷壁管构成防渣排管。防渣排管与对流管束之间形成燃尽室，可以布置过热器。后两组对流管束中间有三道隔烟墙。

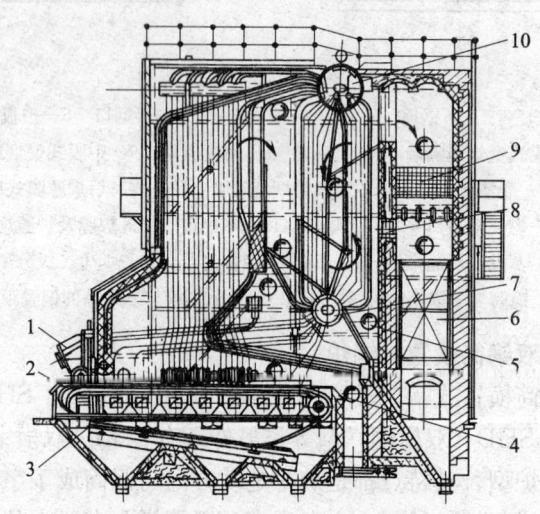

图 2—21 SHL20—1.3 型锅炉

1—煤斗 2—链条炉排 3—风室 4—挡渣铁 5—人孔门
6—空气预热器 7—下锅筒 8—旁路烟道门 9—省煤器 10—上锅筒

烟气流程：燃烧火焰在炉膛内辐射水冷壁管，高温烟气由炉膛后上方进入对流管束区，先向下再向后转180°，呈S形曲折向上冲刷第二、第三组管束，然后从第三组管束的上部向下折入尾部受热面冲刷省煤器和空气预热器。最后烟气通过除尘器进入烟囱排出。

水循环回路：炉膛左右两组水冷壁管各为一组循环回路，由下锅筒引出下降管与左右集箱连通，锅水通过左右集箱分配给左右侧水冷壁管，受热后锅水向上流至上集箱，从上集箱汽水引出管送入上锅筒。上下锅筒靠对流管束进行水循环，前后水冷壁管各为一组循环回路，由下锅筒引出下降管与前后集箱连通，锅水通过前后集箱分配给前后水冷壁管，受热后锅水向上流至上锅筒。

这种锅炉必须进行水质处理，水位要求严格控制，运行状况比较稳定，热效率较高。由于这种锅炉自动化程度较高，故减小了司炉工人的劳动强度。

2. SHS20—1.3型锅炉

双锅筒横置式室燃锅炉见图2—22。尾部有省煤器。上下锅筒横置在同一垂直面上。锅炉前部是炉膛，有两个煤粉预燃室燃烧器对称地布置在侧墙下部。炉膛四壁布满水冷壁管，水冷壁管在炉膛后墙上部烟气出口处排列较稀，形成防渣排管。集箱布置在炉墙外部，便于检查和清洗。对流管束分成三组，第一组只有一排，紧靠防渣排管，第二组第三组中间设有三道隔烟墙。在

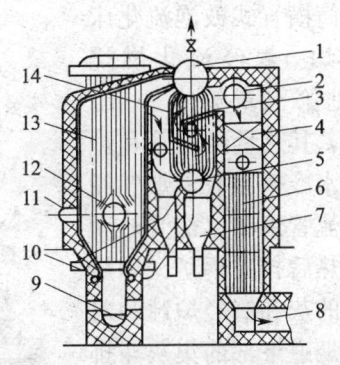

图2—22 SHS20—1.3型锅炉
1—上锅筒 2—检查孔 3—对流管束
4—省煤器 5—下锅筒 6—空气预热器
7—落灰斗 8—烟气出口 9—灰渣室
10—集箱 11—喷煤粉口 12—预燃室
13—水冷壁管 14—隔烟墙

对流管束下面设有落灰斗，利用烟气转弯的离心作用，使飞灰分离沉降。

烟气流程：燃烧火焰直接辐射水冷壁管后，高温烟气由炉膛中部上升，经过防渣管进入第一组对流管束向下流动，再向后转弯180°，由第二、三组对流管束的隔烟墙中曲折回转向上，然后从第三组管束的上部流经尾部受热面后，离开锅炉本体进入除尘器并从烟囱排出。

水循环回路与SHL20—1.3型锅炉相同。

这种锅炉水循环可靠、热效率较高。但炉顶的轻型炉墙容易裂缝，当发生煤粉爆炸时，炉顶容易炸毁。锅炉必须进行水处理，才能防止积垢和腐蚀。炉膛容易结焦，对流管束部分容易积灰，要注意清灰。

3. SHF型锅炉

图2—23是一种双锅筒横置式鼓泡流化床锅炉。煤经流化燃烧（见第三章第十一节）后，其热量经埋管和炉膛水冷壁吸收，烟气经对流管束和尾部受热面放热后排出锅炉。燃烧后的灰和渣经炉膛和对流烟道下部的集灰斗排出。由于流化燃烧的速度高，飞灰又无回燃，所以这种锅炉受热面磨损大，飞灰多，其燃烧效率不高，环保性能差。

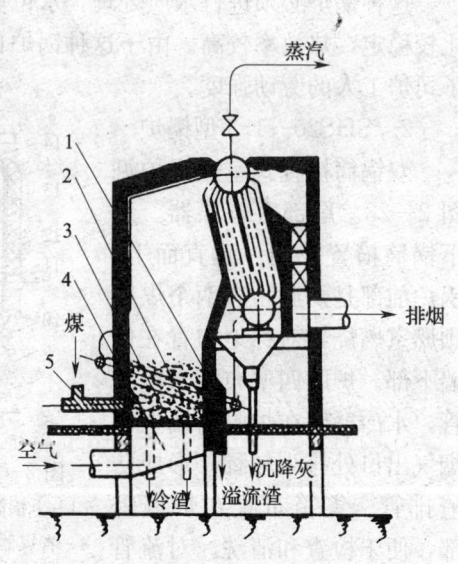

图2—23 鼓泡流化床锅炉结构示意图
1—溢流口 2—埋管
3—布风板 4—风室 5—给煤机

4. SHS 型水煤浆锅炉

图 2—24 是一种双锅筒横置式燃水煤浆的室燃炉。与图 2—20 不同的是，为强化水煤浆燃烧，锅炉炉膛前设置了一个燃烧室，由于四周没布置受热面，所以燃烧温度高，有利于稳定着火燃烧；炉膛出口、对流管束之前实际上可作为燃尽室，需要时可安装过热器。

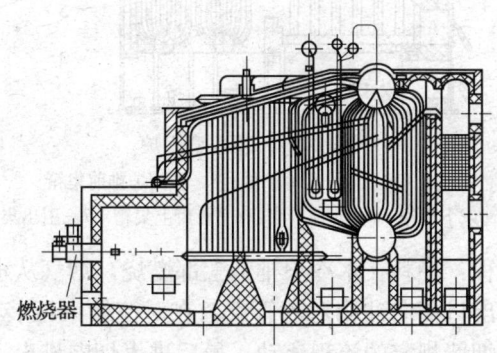

图 2—24　SHS6—1.25/400—J 结构图

第三节　热水锅炉

一、锅壳及水管热水锅炉

本章第一节和第二节所介绍的锅壳和水管锅结构均可制成热水锅炉，只是其水系统要专门有水的流程和水循环回路。烟气流程与蒸汽锅炉基本相同。

二、管架式热水锅炉

这种热水锅炉主要由集箱和管子组成，没有锅筒，强制循环。

1. QXC 型热水锅炉

强制循环双层炉排热水锅炉，其结构见图 2—25。这种锅炉一般为低温热水锅炉。

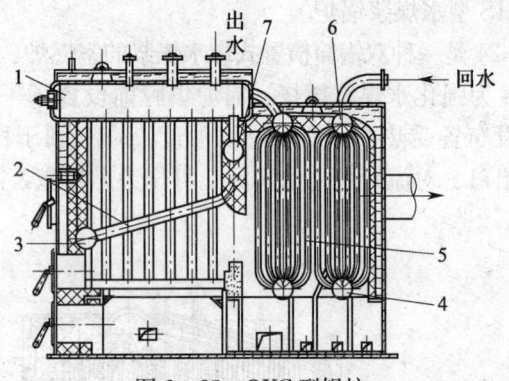

图 2—25 QXC 型锅炉
1—上集箱 2—水冷炉排 3—水冷炉排前集箱
4—管束下集箱 5—对流管束 6—管束上集箱 7—引出集箱

烟气流程：燃料在水冷炉排管上部燃烧，烟气从水冷炉排下部返入炉膛出口横向冲刷对流管束，在对流管束区装有隔烟墙，使烟气按隔烟墙规定的流程流动，最后进入烟囱排出。

水循环流程：回水进入对流管束后部上集箱左侧，在集箱中间有隔板，使回水由一部分管束下行至管束下集箱。循环水由集箱左侧转到右侧沿管束上行，再由集箱的右侧引向对流管束的前上集箱右侧，水沿管束下行再由前下集箱转入左侧管束上行，再返向前燃烧室的集箱，由水冷壁管进入上集箱引出。

2. QX 型热水锅炉

强制循环机械炉排热水锅炉，其结构如图 2—26 所示。这种锅炉一般为高温热水锅炉，出口水温在 130℃ 以上，回水温度为 90℃。在锅炉的左侧为炉膛，右侧为对流排管，由隔烟墙将对流管束隔成两个烟道，烟气流程与反 D 型锅炉（图 2—16）相同。

水循环流程：回水从对流管束下集箱进入，强制循环，逆流布置，经水冷壁管至上集箱引出。整个受热面中的水全部是由下向上流动，有利于排气，对防止锅水中氧腐蚀有利。

另外，热水锅炉还有许多是蒸汽锅炉的炉型带有上锅筒，锅筒的作用与蒸汽锅炉不同，主要是为了增加储水量，使锅炉运行工况较稳定，防汽化能力比管架式热水锅炉好。

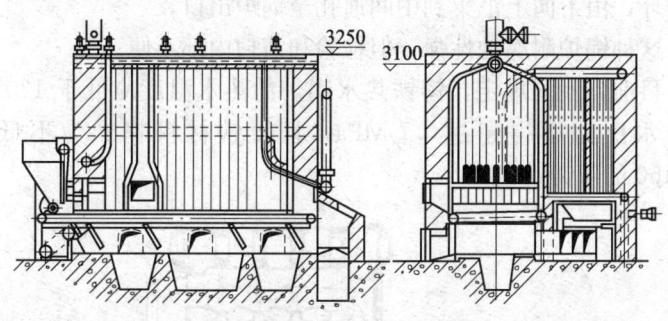

图2—26 QXZ型热水锅炉

第四节 铸铁锅炉

铸铁锅炉主要用于取暖，是一种小容量的热水锅炉，图2—27和图2—28分别为燃煤和燃气（油）铸铁热水锅炉。其结构是由一片片的铸铁锅片连接而成的，每一片铸铁锅片下端都有两个孔，上部正中有一个孔，用于连接各铸铁锅片，使之互相连通，另外，每片铸铁锅片上半部还设有烟道。

烟气流程：炉膛内烟气从后部向上一侧通过烟道由后向前流动，到前烟箱，在前边转180°弯，进入另一侧

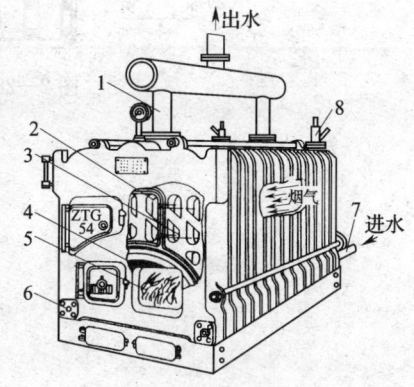

图2—27
1—出水管 2—烟箱 3—烟道
4—耐火砖拱 5—燃煤火床
6—排污阀 7—进水管 8—安全阀

烟道向后流动,由烟囱排出。

水循环流程:回水进入锅炉下部左右两侧通孔,流入每片强制循环,由下向上汇集到中间通孔至锅炉出口。

这种锅炉耐腐蚀性强,但检验和清扫内部不便。

目前,我国规定,铸铁热水锅炉的热水温度应低于120℃,其出水压力不得超过0.7MPa,且铸铁材料牌号为不低于HT150的灰铸铁。

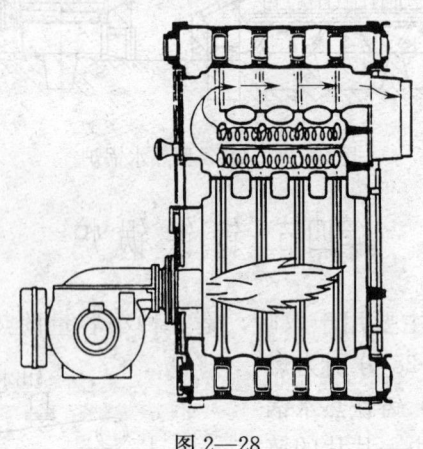

图 2—28

第三章 燃烧设备

本章主要介绍几种燃烧方式和各种燃烧设备的结构及特点，为司炉人员掌握燃烧设备的操作运行和故障的排除打下基础。

第一节 燃烧方式

煤在燃烧设备中的燃烧方式，大致分为层状燃烧、悬浮燃烧、流化床燃烧和气化燃烧四种。

一、层状燃烧

层状燃烧又称火床燃烧，是将燃料以一定厚度分布在炉排上进行燃烧的一种方式，仅适用于固体燃料，但对颗粒的大小一般无特殊要求。层状燃烧能适应不同煤种（包括型煤），只要空气与煤层混合良好，并有一定的燃烧温度，就能达到理想的燃烧。但如果空气与煤层混合得不好，或局部空气供应不足，都会使燃烧不完全，燃烧效率降低，冒黑烟。

二、悬浮燃烧

悬浮燃烧又称火室燃烧，是将煤以粉状，水煤浆、油以雾状或燃气气态随同空气喷入炉膛中进行燃烧的一种燃烧方式。

悬浮燃烧着火迅速，燃烧反应完全、热效率较高，容易实现自动化操作，适应外界负荷变化的能力较强，对燃料的适应性强。但对固体燃料必须预先粉碎研磨加工。对一些液体燃料也必须预热到一定温度。运行要求高，并不宜间断运行。

三、流化床燃烧

流化床燃烧又称沸腾燃烧，是燃料在适当流速空气的作用下，在沸腾床上呈流化沸腾状态进行燃烧的一种方式，故又称鼓泡床。

沸腾燃烧适用于各种煤，特别是劣质煤，如石煤、煤矸石等。这种燃烧方式对煤块的颗粒大小有一定的要求，燃烧时必须将煤块加工破碎成平均直径约 2 mm 的颗粒，由给煤设备送入炉膛。

在上述燃烧的基础上，又发展成循环流化床燃烧方式，其炉膛底部在沸腾床后侧往往又加一副床。运行时主床上形成泡状气流托起燃料上升燃烧，气流挟带燃烧物颗粒流出炉膛数量较多，在炉膛后部设置的装置中再把这些颗粒分离回收，沿流道反回炉膛副床上，再逐渐送至主床循环燃烧。这种燃烧，温度至1 000 ℃以下，可以大大减少严重致癌物质（如氮的氧化物）的生成，并可方便地采取脱硫措施，从而利于保护环境，故大有发展前途。

四、气化燃烧

气化燃烧主要是指投入炉膛内的煤进行气化并直接燃烧，这种燃烧方式不适用于低挥发分的煤。

第二节　固 定 炉 排

一、固定炉排（代号 G）的结构

固定炉排通常由条状炉条组成，少数由板状炉条组成。因为铸铁能耐较高的温度，不易变形，价格便宜，所以炉条都用普通铸铁或耐热铸铁制成。

条状炉条可由单条、双条或多条组成，如图 3—1 所示。立式锅壳锅炉的炉排外形是圆的，为便于装卸，大多用三条大炉条拼成。炉排的通风截面积比（炉排的通风孔隙面积之和与炉排总面积之比）约为 20%～40%，冷却条件较好，适于燃烧高挥发分、有黏结性的煤。由于孔隙大，通风阻力小，一般无须送风机，但漏煤较多。

板状炉条是长方形的铸铁板,如图3—2所示。板面上开有许多圆形或长圆形上小下大的锥形通风孔,以减少嵌灰和漏煤,板下部有增加强度和散热的筋。炉排的通风截面积比约为10%～20%,适于燃烧低挥发分、低熔点的煤。

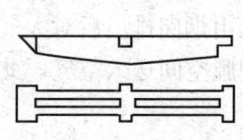

图3—1 条状炉条(双条)

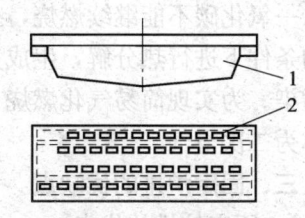

图3—2 板状炉条
1—加强筋 2—通风孔

二、固定炉排的燃烧特点

煤在炉排上的燃烧分层情况如图3—3所示。空气从炉排下部进入炉膛(称一次空气),首先接触到具有一定温度的炉排,起到冷却炉排的作用,同时本身受到加热。然后,空气穿过灰渣层,温度继续提高,接着与赤热的焦炭相遇,空气中的氧与碳

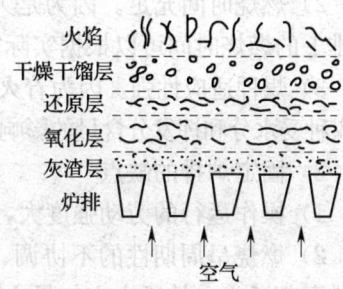

图3—3 手烧炉的燃烧分层

化合成二氧化碳,同时放出大量热量,这一层称为氧化层。燃烧生成的二氧化碳继续上升,与上面赤热的焦炭发生还原反应,生成一氧化碳,这一层称为还原层。还原层生成的一氧化碳仍是可燃气体,与煤中的挥发分共同升到炉膛空间继续燃烧。在还原层上部,是刚刚投入的新煤。当煤层较厚(大于200 mm)时,还原层增加,产生大量一氧化碳在炉膛燃烧,这就形成了所谓简易气化燃烧。

实际上，燃烧分层的界限并不像图 3—3 所示的那样明显。当空气量充足时，还原层很薄，产生的一氧化碳很少，炉膛空间主要是煤中挥发分的燃烧。当空气量较少时，氧化层不能使碳与氧很好化合，生成较多的一氧化碳。当炉膛空间空气量严重不足时，一氧化碳不能继续燃烧，挥发出来的碳氢化合物就在高温缺氧的条件下进行热分解，生成大量炭黑，由烟囱排出后对大气造成污染。为实现简易气化燃烧，就要往炉膛空间送入空气，此空气称为二次空气。

三、固定炉排的优缺点

1. 固定炉排的优点

1）着火条件优越。新煤下部受燃烧层的高温加热，上部受炉膛烟气和砖墙的辐射热加热，温度很快升高，首先蒸发出水分，继之分解出挥发分，并开始着火燃烧。

2）燃烧时间充足。因为是人工投煤和定期除渣，所以煤在炉排上的燃烧时间可以根据实际需要确定，以利完全燃烧。

3）煤种适应性强。因为着火条件优越，燃烧时间又充足，所以煤种受水分和挥发分含量的影响小，一般都可以较快着火燃烧。

2. 固定炉排的缺点

1）操作运行的劳动强度大，只适用于低压小容量锅炉。

2）燃烧呈周期性的不协调、冒黑烟。燃烧所需空气主要从炉排下部通入，故通入空气量主要取决于煤层的厚度。但是，手烧炉是间断投煤，煤层的厚度经常改变。当新煤刚投入时，煤层最厚，通风阻力很大，进入炉膛的空气量就少。但这时煤中分解出来的可燃气体和焦炭的燃烧，却需要较多的空气量，因此空气量供不应求，造成燃烧不完全，出现烟囱冒黑烟的现象。随着挥发分和焦炭的不断燃烧，煤层逐渐减薄，所需空气量较少，但这时通风阻力却相应减小，炉排进入空气量增多，所以又出现了空气过剩。由于进入的空气量与所需要的空气量周期性地不协调，造成不完全燃烧损失过高，从而降低锅炉热效率。

因此，从改善劳动条件、节约燃料、消烟除尘等方面考虑，手烧炉的使用应严格限制。蒸发量大于和等于 1 t/h 的锅炉，国家规定要采用机械燃烧，使之符合高效、低耗、文明生产的要求。

第三节 固定双层炉排

一、固定双层炉排（代号 C）的结构

固定双层炉排常简称为双层炉排。炉排在炉膛内布置上、下两层，如图 3—4 所示。上层炉排一般由直径 51～76 mm 的钢管组成水冷炉排，管子间隙约 25 mm。炉排前低后高与水平倾斜 10°～15°角。对于卧式锅炉，炉排的上管端与锅筒连接，下管端与前集箱连接，构成单独的水循环回路。对于立式锅炉，炉排的上管端与下管端均与炉胆连接。下层炉排为固定炉排，由普通铸铁炉排片组成，如图 2—4b 和图 3—4 所示，它的下面是灰坑。两层炉排之间为燃烧室。在下部设置烟气出口，其后部为燃尽室。

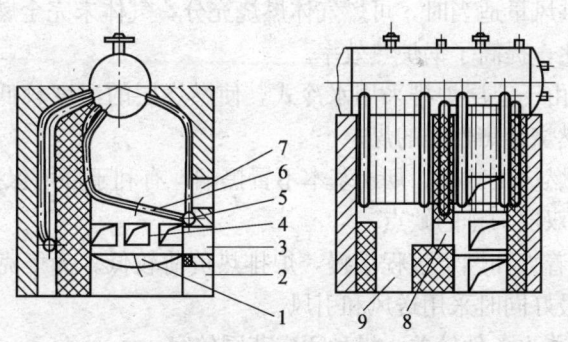

图 3—4 卧式锅炉固定双层炉排
1—下层炉排 2—除灰门 3—下炉门 4—燃烧室 5—集箱
6—上层炉排 7—上炉门 8—烟气出口窗 9—燃尽室

在卧式锅炉的炉膛前墙或立式锅炉的锅壳上各有三个炉门：上炉门的作用是添煤和通风，经常开闭；中炉门的作用是引燃下

炉排上的煤和清渣,只在点火和清炉时打开;下炉门的作用是清灰,在正常运行时,视下炉排的燃烧情况适当打开,以便供风(二次空气)。

二、固定双层炉排的燃烧特点

双层炉排兼有固定炉排手烧炉和简易煤气炉的燃烧特点。在正常运行时,新煤由上炉门间断投到上炉排炽热火床上。新煤层要布满炉排,不要出现明火。自然通风也由上炉门引入。经过干燥、干馏、挥发分着火、焦炭燃烧等阶段,产生的高温烟气向下进入燃烧室。下炉排上一般不加新煤,只接受由上炉排间隙落下的漏煤,并依靠由灰坑进入的空气继续燃烧。上下炉排产生的高温烟气和可燃气体,在燃烧室内汇合进一步燃烧后,经过烟气出口窗和燃尽室加热锅炉后部受热面。

三、固定双层炉排的优缺点

1. 双层炉排的优点

1) 煤经过双层炉排两次燃烧,固体未完全燃烧损失小;当燃烧室供风量适当时,可燃气体燃烧充分,气体未完全燃烧损失小。因此,提高了锅炉热效率。

2) 由于上层炉排采用水冷式,使燃烧层的温度较低,因此有利于燃烧结焦性强的煤。

3) 燃烧正常时,烟囱基本不冒黑烟,有利于环境保护。

2. 双层炉排的缺点

1) 着火和燃烧过程缓慢,炉排热负荷较低。为了克服这一缺点,最好同时采用送风和引风。

2) 着火条件较差,煤种适应范围较窄。

第四节 抽板顶升反烧炉排

一、抽板顶升反烧炉排(代号 A)的结构

这种炉排的加煤设备是抽板顶煤机,主要由顶煤器(包括

柱形缸和活动底板）和抽板装置两部分组成，如图3—5所示。

二、抽板顶升反烧炉排的燃烧特点

运行时煤在炉膛内由上往下燃烧，空气通过炉膛四周环形风室和抽板上的通风孔进入煤层。加煤过程是，将抽板移到炉膛底部托住煤层，接着退出顶煤器，

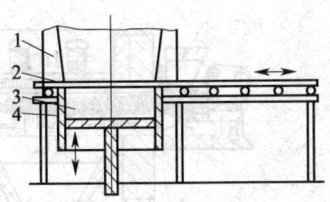

图3—5 抽板顶煤机示意图
1—环形风室 2—抽板
3—柱形缸 4—活动底板

并在炉外将活动底板落到最低位置，向柱形缸内加煤。然后把顶煤器运到炉下，柱形缸对准炉底，移走抽板，靠机械或液压的顶升作用，将缸内的煤顶入炉膛。当活动底板升至与抽板平齐时，将抽板送入托住煤层，再退出顶煤器，即完成一次加煤过程，从而实现了间断给煤连续燃烧。燃烧后的炉渣，靠人力定期从炉门扒出。因为这种燃烧过程是自上而下连续进行，而燃煤和空气由下而上供给的，故也称明火反烧法。

三、抽板顶升反烧炉排的优缺点

抽板顶煤反烧法的优点是，消烟除尘效果较好；加煤设备无转动部件，运行比较可靠。缺点是因间断给煤，燃烧有明显的周期性；煤层中心部位供风条件差，燃烧效率不高；顶煤设备密封困难，容易"倒烟"，而且要占据一定空间，使炉体提高0.5 m以上，操作不方便；不适用结渣性强和灰分大的煤种。

第五节 螺旋下饲式炉排

一、螺旋下饲式炉排（代号A）的结构

螺旋下饲式炉的结构如图3—6所示。其给煤方式和燃烧原理，与抽板顶升反烧炉排大同小异，属同一类燃烧设备。

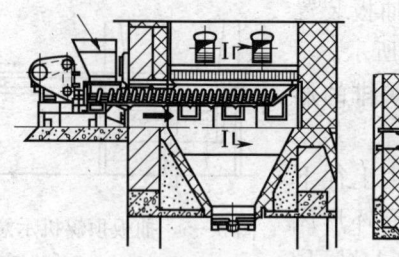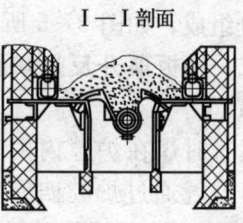

图 3—6 螺旋下饲式炉

二、螺旋下饲式炉排的燃烧特点

煤依靠自重由煤斗落入螺旋下饲给煤机的前端，通过电动机驱动螺旋片转动，将煤源源不断地顶入炉膛下部的固定炉排上燃烧。当锅炉负荷变化时，可以调节螺旋片的转速，或者利用时间继电器控制螺旋下饲机的启停来调节给煤量，保持燃烧稳定。

三、螺旋下饲式炉排的优缺点

螺旋下饲式炉排的优点是，加煤实现机械化，改善了作业条件；结构简单，占地面积小，安装和使用方便；消烟除尘效果较好。缺点是，着火条件较差，不适用挥发分含量少和灰熔点低的煤种。

第六节 链条炉排

一、链条炉排（代号 L）的结构

链条炉排的外形好像皮带运输机，其结构如图 3—7 所示。煤从煤斗内依靠自重落到炉排上，随炉排自前向后缓慢移动。煤闸板的高度可以调节，以控制煤层的厚度。空气从炉排下面送入，与煤层运动方向相交。煤在炉膛内受到辐射加热，依次完成预热、干燥、着火、燃烧，直至燃尽。灰渣则随炉排移动到后部，经过挡渣板（俗称老鹰铁）落入后部灰渣斗排出。

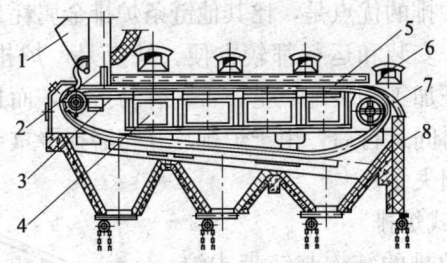

图 3—7 链条炉排结构
1—煤斗 2—煤闸板 3—炉排 4—分区送风室
5—防焦箱 6—看火检查门 7—挡渣板 8—灰渣斗

链条炉排的种类很多，按其结构形式一般可分链带式、横梁式和鳞片式三种。

1. 链带式炉排

链带式炉排属于轻型炉排，其炉排片连接结构如图 3—8 所示。炉排片分为主动炉排片和从动炉排片两种，用圆钢拉杆串联在一起，形成一条宽阔的链带，围绕在前链轮和后滚筒上。主动炉排片担负传递整个炉排运动的拉力，因此其厚度比从动炉排片厚，由可锻铸铁制成。一台蒸发量 4 t/h 的锅炉，由主动炉排片组成的主动链条共有三条（两侧和中间）直接与前轴（主动轴）上的三个链轮相啮合。从动炉排片，由于不承受拉力，可由强度低的普通灰口铸铁制成。

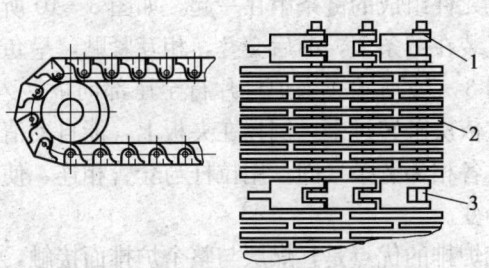

图 3—8 链带式炉排片连接结构
1—主动炉排片 2—从动炉排片 3—圆钢拉杆

链带式炉排的优点是,比其他链条炉排金属耗量较低,结构简单,制造、安装和运行都较方便。缺点是,炉排片用圆钢串联,必须保证加工和装配质量,否则容易折断,而且不便于检修和更换;长时间运行后,由于炉排片互相磨损严重,使炉排间隙增大,漏煤损失多。

2. 横梁式炉排

横梁式炉排的结构与链带式炉排的主要区别在于采用了许多刚性较大的横梁,如图3—9所示。炉排片装在横梁的相应槽内,横梁固定在传动链条上。传动链条一般是两条(当炉排很宽时,可装置多条),由装在前轴(主动轴)上的链轮带动。

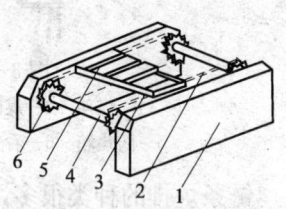

图3—9 横梁式炉排结构
1—框架 2—链条 3—横梁
4—主轴 5—炉排片 6—链轮

横梁式炉排的优点是,结构刚性大,炉排片受热不受力,而横梁和链条受力不受热,比较安全耐用;炉排面积可以较大;运行中漏煤、漏风量少。缺点是,结构笨重,金属耗量多;制造和安装要求高;当受热不均匀时,横梁容易出现扭曲、跑偏等故障。

3. 鳞片式炉排

鳞片式炉排通常由4~12根互相平行的链条(类似自行车上的链条结构)组成。每根链条用铆栓将若干个由大环、小环、垫圈、衬管等元件组成的链条串在一起,如图3—10所示。炉排片通过夹板组装在链条上,前后交叠,相互紧贴,呈鱼鳞状,其工作过程如图3—11所示。当炉排片行至尾部向下转入空程以后,便依靠自重依次翻转过来,倒挂在夹板上,能自动清除灰渣,并获得冷却。各相邻链条之间,用拉杆与套管相连,使链条之间的距离保持不变。

鳞片式炉排的优点是,煤层与整个炉排面接触,而链条不直接受热,运行安全可靠;炉排间隙甚小,漏煤很少,故有不漏煤炉排之称;炉排片较薄,冷却条件好,能够不停炉更换;由于链

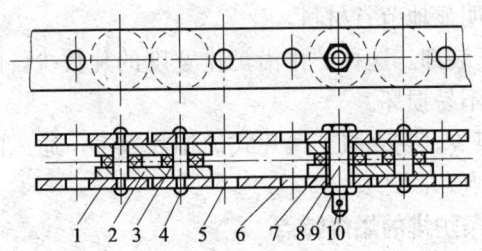

图 3—10 鳞片式炉排的链条结构
1—大环 2—小环 3—垫圈 4—铆栓 5—大孔（穿拉杆）
6—小孔（装夹板） 7—套管 8—螺栓 9—螺帽 10—开口销

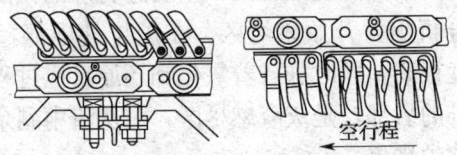

图 3—11 鳞片式炉排的工作过程

条为柔性结构，当主动轴上链轮的齿形略有参差时，能自行调整其松紧度，保持啮合良好。缺点是，结构复杂，金属耗量多；当炉排较宽时，炉排片容易脱落或卡住。

4. **大块轻型链带式炉排**

大块轻型链带式链条炉排是目前国内出现的一种新型炉排。其结构就是用一块像图 3—2 的炉排代替若干轻型链带式炉排的从动炉排片。

其主要特点是：

1) 工作可靠。它克服了以往薄片式链条炉排的通病，即因一块炉排折断就导致整个炉排的运行受阻，事故扩大的弊病。该炉排即使一片或两片炉排片损缺时，也能保证整个炉排短期内正常运行。

2) 重量轻。它比一般薄片式炉排轻一半，比鳞片式炉排轻得更多,可明显地节省材料。

3) 便于装卸。这种炉排沿炉排宽度的片数少,刚度好,强度大,一般不易损坏。

4) 漏煤少。它克服了薄片式炉排片数多,通风间隙不易调整合适的缺点。

二、链条炉排的燃烧特点

链条炉排的着火条件较差。煤的着火主要依靠炉膛火焰和拱的辐射热,因而上面的煤先着火,然后逐步向下并且由后向前燃烧。这样的燃烧过程,在炉排上就出现了明显的区域分层,如图 3—12 所示。煤进入炉膛后,随炉排逐渐由前向后缓慢移动。在炉排的前部,是新煤燃烧准备区,主要进行煤的预热和干燥。紧接着是挥发分析出并开始燃烧区。在炉排的中部,是焦炭燃烧区,该区温度很高,同时进行着氧化和还原反应过程,放出大量热量。在炉排的后部,是灰渣燃尽区,对灰渣中剩余的焦炭继续燃烧,通常称为烤焦。

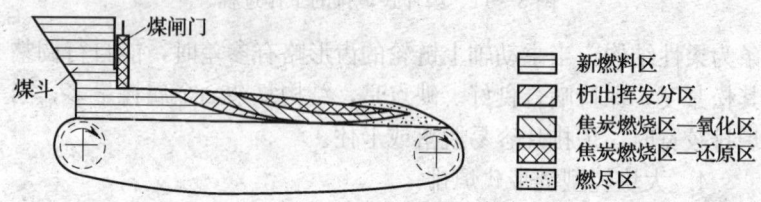

图 3—12 链条炉燃烧的区域分层

在燃烧准备区和燃尽区都不需要很多空气,而在焦炭燃烧区则必须保证有足够的空气,如果不采取分段送风,会出现空气在炉膛前后两端过剩,在中部不足的弊病。炉膛中布置炉拱,分段送风和采用二次风就是为了改善上述燃烧状况而设计的。

1. 炉拱

炉墙向炉膛内突出的部分称为炉拱。炉拱的主要作用是储蓄热量,调整燃烧中心,提高炉膛温度,加速新煤着火。其次是延长烟气流程，促进燃料充分燃烧。

炉拱有前拱、中拱和后拱三种。其中经常使用的是前拱和后拱。中拱多用于锅炉改造中，当供应的煤质下降时，作为改善燃烧条件的补充措施。

(1) 前拱

前拱位于炉排上方的前炉墙下部，一般由引燃拱（又称点火拱）和混合拱（又称大拱）两部分组成。引燃拱的位置较低，靠近煤闸板，主要作用是吸收高温烟气中的热量，再反射到炉排前部，加速新煤的着火燃烧。混合拱的位置较高，主要作用是促进烟气和空气良好混合，延长烟气流程，使其充分燃烧。

图 3—13 所示是常见的几种前拱结构形状。

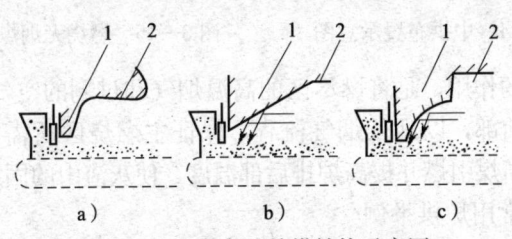

图 3—13 链条炉前拱结构示意图
1—引燃拱 2—混合拱

图 3—13a 所示的前拱，由小斜形引燃拱和低而长的混合拱组成，能起遮盖作用，可减少炉排前部两则的水冷壁管吸热，保持炉膛前部有较高的温度，以利于新煤烘干和着火。

图 3—13b 所示的前拱，由倾斜形引燃拱和较高的水平混合拱组成，能有效地将热量反射到新煤上，改善燃烧条件。

图 3—13c 所示的前拱，由抛物线型引燃拱和较高的水平混合拱组成，可将热量集中反射到新煤上，即起到"聚焦"的作用，使燃烧条件更好。但这种拱的曲线复杂，砌彻和悬挂困难，表面不可能光洁，不容易收到理想的反射效果，所以实际应用不多。

(2) 中拱

中拱位于炉排的中上方，通常呈前高后低倾斜布置，如图3—14所示。

中拱的作用是将主燃烧区的高温烟气引导到炉膛前部，促使新煤迅速着火。同时，可以储蓄热量，保证主燃烧区的煤充分燃烧。

(3) 后拱

后拱位于炉排上方的后炉墙下部，如图3—15所示。

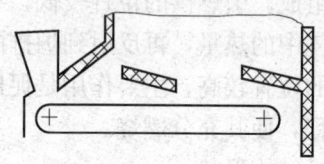
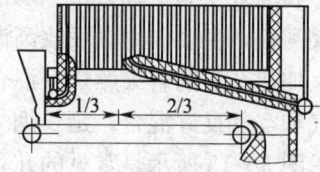

图3—14 中拱布置示意图　　图3—15 燃烧无烟煤的炉拱

后拱的作用，是将燃尽区的高温烟气和过剩的空气引导到炉膛中部和前部，以延长烟气流程，保证主燃烧区所需要的热量，以及促进新煤引燃并提高炉排后部温度，使灰渣中的固定碳燃尽。

(4) 常用炉拱举例

炉拱的形状和尺寸与燃用的煤种密切相关，必须有针对性的选用，同时各拱之间还需互相配合，才能收到明显的效果。

图3—15是燃烧无烟煤的炉拱简图。由于无烟煤含挥发分低，着火较困难，单靠炉膛前部的烟气辐射热是很不够的，因而采用低而长的后拱，遮盖着炉排有效长度的50%～60%，迫使后部烟气带出的炽热炭粒，在烟气向前流动时被甩下来，帮助前部的新煤较快着火。

图3—16是又一种燃烧无烟煤的炉拱。其前拱短，下部有足够厚度的高温烟气层向新煤辐射放热；后拱虽比图3—15所示的短一些，但与前拱配合后形成了一个"喉部"，能促进可燃物与空气的良好混合。

图3—17是燃烧烟煤或褐煤的炉拱。由于烟煤或褐煤含挥发

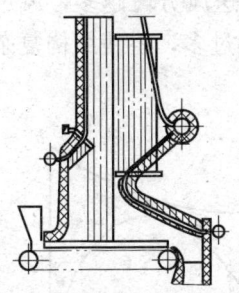 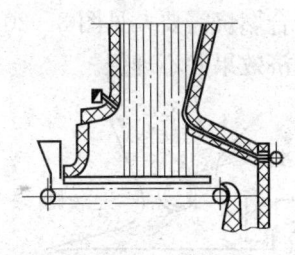

图 3—16　燃烧无烟煤的炉拱　　图 3—17　燃烧烟煤或褐煤的炉拱

分较高，容易着火，燃烧最强烈的区域偏向炉排的前端，后拱则较短。当燃烧含挥发分很高的煤时，前拱还可以适当提高，以使炉膛空间开阔些。

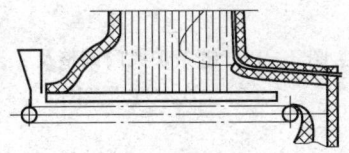

图 3—18　燃烧多种煤的炉拱

图 3—18 是燃烧多种煤的炉拱。其前拱采用抛物线形，使炉膛前部温度较高；后拱保持适当的长度。

为了适应对锅炉尽量燃烧劣质煤的要求，有的采用将后拱加长到炉排有效长度的 50% 以上，如图 3—18 中假想线的位置。甚至采用全封闭式的炉拱，炉拱几乎百分之百地覆盖炉排面积，只在前部两侧开烟气出口窗，供高温烟气流过。

2. 分段送风

为了适应链条炉排燃烧各区段需要不同风量的特点，在炉排下面隔成几个风室把"统仓风"变成分段送风，如图 3—19 所示。每个风室之间应严密不漏，以防短路而失去调节作用。为使整个炉排宽度的风量分布均匀，宜采用双侧进风。

每个风室的风量，均用单独的挡风板分别调节。各挡风板的开度，需根据不同煤种的特性，经过反复运行试验，找出使煤燃烧最佳的开启位置。当煤种变化时，还需要重新调整，以达到最经济的运行效果（参见图 3—19）。

一台锅炉最多采用 5～6 个风室,送风分段越多,风量越容易符合燃烧需要,见图 3—20。但分段过多,将使结构复杂,总的经济效果并不理想。

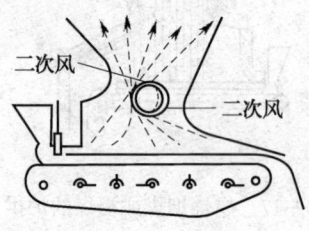

图 3—19 链条炉风门调整及二次空气示意图

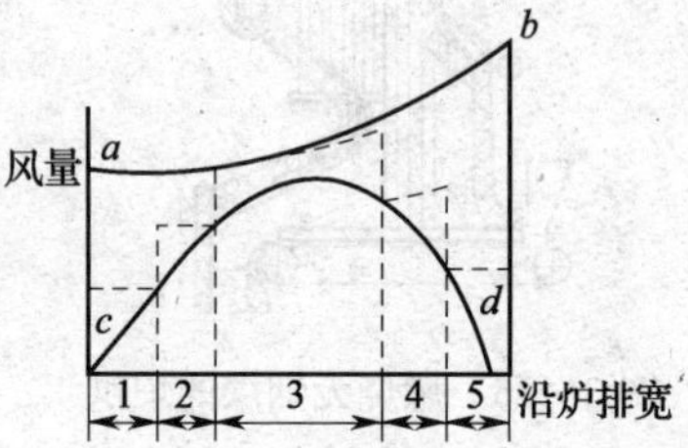

图 3—20 统仓送风和分段送风比较
　　ab—统仓送风　cd—燃烧需要风量
　　　（虚线表示分段送风）

3. 二次空气

在层燃炉中,从炉排下方送入炉膛的空气称为一次空气,从炉排上方送入炉膛的气流称为二次空气。在室燃炉中,随燃料进入炉膛的空气称为一次空气,为加强扰动和混合而喷入炉膛的气流称为二次空气。

二次空气的作用是:

1) 搅动烟气,使烟气与空气很好混合,减少气体未完全燃烧热损失。

2) 造成烟气旋涡,延长烟气流程,使煤中可燃物质在炉膛内停留较长时间,得到充分燃烧。

3) 依靠旋涡的分离作用,把未燃尽的炭粒甩回火床复燃,从而降低飞灰含炭量,减少固体未完全燃烧的热损失,减小锅炉原始排尘浓度。

4) 当用空气作二次空气时,还可补充一次空气的不足,促进完全燃烧。

合理的布置与使用二次空气,一般可提高锅炉热效率 5% 左右。

二次空气多数使用空气，有时使用蒸汽、烟气，或者以上两种气体的混合物。

如用空气作二次空气，最好是热风，以利提高炉膛温度。风速一般为 40~70 m/s，但要选用较大风压（约 2 000~4 000 Pa）的风机。二次空气量占总风量的百分比：对挥发分含量较少的无烟煤约为 5%，对挥发分含量较多的烟煤约为 7%~8%，对挥发分和水分含量都较多的褐煤约为 10%。二次空气量不宜过大，否则对燃烧不利，而且增加排烟热损失，降低锅炉热效率。

如用蒸汽作二次空气，即使锅炉在低负荷运行时也不会造成炉膛空气过剩系数太高，但其缺点是要耗用蒸汽，影响锅炉净效率，并且蒸汽中带水量大时效果较差。

如混合使用蒸汽和空气作二次空气，即利用高速蒸汽的引射作用，将空气带入炉膛，能够综合提高锅炉运行的经济性。

二次空气可单独由前墙或后墙一面引入，也有由前、后墙同时引入，主要根据炉膛出口方向与炉膛深度而定。当由前、后墙同时引入时，应将风嘴设在炉膛喉部，而且要将风嘴的方向错开布置，如图 3—19 所示。也有将二次风嘴布置在炉膛四角，使气流相切于一个"假想圆"，从而促使炉膛烟气形成旋涡，以利强烈混合。在锅炉升火前，应先开启二次空气，当锅炉停用时，应后关闭二次空气，以免炉膛高温辐射热将风嘴烧坏。

近年来出现了一种分层燃烧装置，它是在原来煤斗中加装一种使煤粒按大、中、小粒分层落到炉排上进行燃烧的辅助装置，能使煤得到更充分的燃烧。

三、链条炉排用煤要求

链条炉排是燃煤锅炉使用最为广泛的燃烧设备，所以它对锅炉经济运行和环保的影响很大。而煤质是一项重要因素，为此我国标准对用于链条炉排的煤提出了粒度、水分、挥发分、灰分、发热量、硫分，以及灰熔点和焦渣特性的要求，并将煤分为Ⅰ级和Ⅱ级，其中Ⅰ级为优质烟煤，Ⅱ级则包括其他煤种（见第七章第八节）。

第七节 倾斜往复炉排

一、倾斜往复炉排（代号 W）的结构

倾斜往复炉排有两种，一种是较普遍的一般倾斜往复炉排，另一种是最近几年发展起来的水冷往复炉排。

一般倾斜式往复炉排主要由固定炉排片、活动炉排片、传动机构和往复机构等部分组成，如图 3—21 所示。

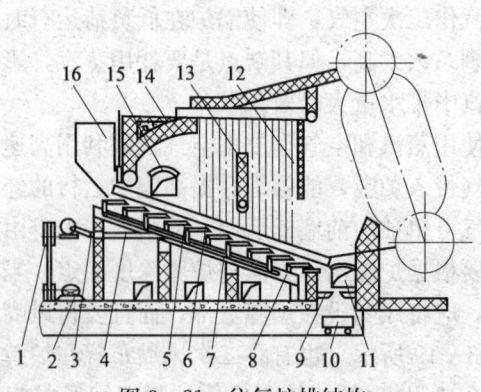

图 3—21 往复炉排结构

1—传动机构 2—电动机 3—活动杆 4—连杆推拉轴 5—固定炉排片
6—活动炉排片 7—连杆 8—槽钢支架 9—余燃炉片 10—灰渣车
11—炉灰门 12—后隔墙 13—中隔墙 14—前拱 15—看火门 16—煤斗

炉排整个燃烧面由各占半数的固定炉排片和活动炉排片组成，两者间隔叠压成阶梯状，倾斜15°～20°角。固定炉排片装嵌在固定炉排梁上，固定炉排梁再固定在倾斜的槽钢支架上。活动炉排片装嵌在活动炉排梁上，活动炉排梁搁置在由固定炉排梁两端支出的滚轮上。所有活动炉排梁的两侧下端都用连杆连成一个整体。

当电动机启动后，经传动机构带动偏心轮转动，偏心轮通过活动杆、连杆推拉轴、连杆，从而使活动炉排片在固定炉排片上

往复运动。往复行程一般为30～70 mm，煤随之向下后方推移。电动机由时间继电器控制，根据锅炉不同负荷及煤种的要求调节开停时间。

水冷往复炉排主要由蝶形铸铁炉排片、水管搁架、传动机构和往复机构等部件组成，蝶形铸铁炉排片和水管搁架的形式如图3—22所示。

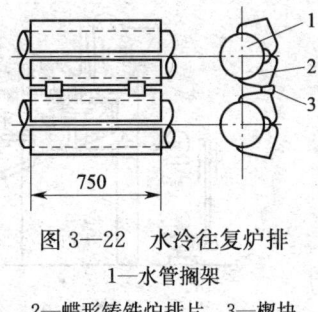

图3—22　水冷往复炉排
1—水管搁架
2—蝶形铸铁炉排片　3—楔块

水管搁架由一排直管两头焊在集箱上，前后集箱分别用联通管和汽包联通，并构成循环回路。蝶形铸铁炉排片嵌在水管搁架的管子之间，炉排和管子接触面涂以水玻璃调和的金属粉，并用楔块揳紧，锅水在管子中流动，使蝶形铸铁炉排片得到冷却。

倾斜往复炉排后边，有的设置燃尽炉排（又称余燃炉排）。灰渣在此炉排上基本燃尽其中的可燃物，然后将炉排翻转，倒出全部灰渣。由于燃尽炉排漏风严重，调风又复杂，所以一般多改用水封灰坑，进行定期或连续排渣。

倾斜往复炉排在使用挥发分多、着火快的煤种时，容易在煤斗出口处燃烧，并从煤斗往外冒烟。为了消除这一缺陷，可在煤闸板处通入二次风，将火焰吹向炉膛。但比较彻底的解决办法，是改进煤斗下面的给煤装置，使煤离开煤斗后再经过推饲板，送入炉膛较深位置后再燃烧。

倾斜往复炉排炉和链条炉一样，为使煤顺利着火和加强炉内气体混合，也需要布置炉拱。

二、倾斜往复炉排炉的燃烧特点

倾斜往复炉排炉的燃烧情况与链条炉相似，也采用分段送风和适当加入二次空气。燃烧过程也具有区段性，如图3—23所示。煤从煤斗下来，沿着倾斜炉排面由前上方向后下方缓慢移

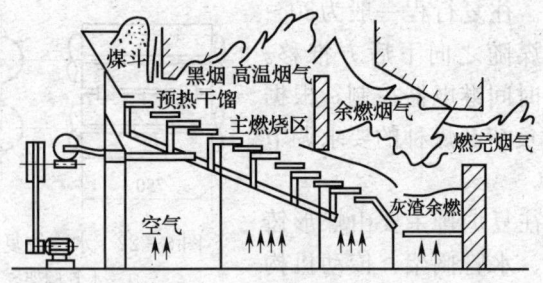

图 3—23 往复炉排燃烧过程

动,空气由下向上供应。煤着火所需要的热量主要来自炉膛,先后经过干燥、干馏、挥发分着火、焦炭燃烧和灰渣中可燃物燃尽等各个阶段,这些都与链条炉相同。

倾斜往复炉排区别于链条炉排的一个主要特点,是炉排与煤有相对运动。当活动炉排向后下方推动时,部分新煤被推饲到已经燃着的煤的上部。当活动炉排向前上方返回时,又带回一部分已经燃着的煤返到尚未燃烧的煤的底部,对新煤进行加热。煤在被推动过程中,不断受到挤压,从而破坏焦块与灰壳。同时煤又缓慢翻滚,使煤层得到松动与平整,有利于燃烧。

三、倾斜往复炉排的优缺点

1. 倾斜往复炉排的优点

1) 与链条炉排比较,适于燃烧水分和灰分较高、热值较低的劣质煤和一般易结焦的煤。

2) 当供给的空气量较合理,漏风量少时,灰渣中的含炭率一般在18%～20%,比固定炉排的灰渣含炭率低5%～10%,可以节煤和减少冒黑烟。

3) 具有一定的拨火能力,燃烧稳定,热效率高。

4) 结构简单,制造容易,金属耗量低,耗电量较少。

2. 倾斜往复炉排的缺点

1) 由于炉排倾斜,因而使得炉体高大。

2）对煤的粒度要求较严，直径一般不宜超过 40 mm，否则难以烧透。

3）高温区炉排片长期与赤热煤层接触，容易烧坏。

4）对锅炉负荷变化的适应性较差，仅适用于蒸发量 40 t/h 以下的锅炉。

5）漏煤较严重。

第八节 水平往复炉排

一、水平往复炉排（代号 W）的结构

水平往复炉排的结构与倾斜往复炉排基本相同，也用固定炉排片和活动炉排片两部分交错组成。所不同的是，各组炉排片都在一个水平面上，炉排片形状也有所改变，如图 3—24 所示。

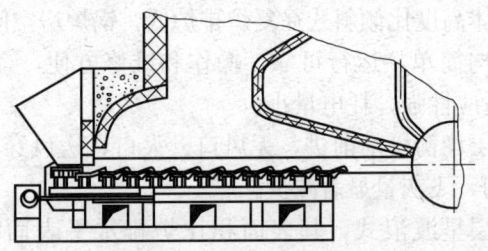

图 3—24 水平往复炉排

由于炉排是水平的，所以炉排片不是水平，而是向上翘起的，以便推煤。炉排片共分五种，排列起来如锯齿状：板状炉排片，安装在煤斗下；有缝炉排片，安装在主燃烧区；无缝炉排片，安装在预燃区和燃尽区；固定烤焦炉排片、活动烤焦炉排片，均安装在后部出渣处。由于炉排结构简单，制造容易，尤其便于维修，所以给使用带来很大方便。

水平往复炉排的风室隔风板紧靠固定炉排梁，密封性较好。活动连杆与隔风板的间隙容易控制，因此风室之间串风量小，有

利于燃烧。

二、水平往复炉排炉的燃烧特点

由于活动炉排片来回耙动煤层，使煤层受到循环挤压、翻动和塌落，因此产生以下效果：

1) 将煤层上面燃烧的焦炭翻到底层，有利于新煤迅速着火。

2) 耙动中能不断去掉炭粒的"灰壳"，增加炭与空气的接触，同时提高煤层的透气性，给燃烧和燃尽创造良好的条件。

3) 耙动中能捣碎焦块，因此可以燃烧结焦性较强的煤种。

4) 在燃烧中，煤层虽翻动强烈，但因煤块互相拥挤推阻，煤层不易产生风口与火口，即使偶然产生，也会被周围的煤块迅速填堵，而无须人工拨火。

三、水平往复炉排的优缺点

1. 水平往复炉排的优点

1) 炉体高度比倾斜式往复炉排炉低，锅炉房空间可缩小。

2) 结构简单，运行可靠，操作和维修方便，金属耗量低，对煤种的适应性强，耗电量小。

3) 煤层均衡松动前进，无风口、火口，送风穿过煤层时速度比较均匀，飞灰量显著减少。

4) 煤层呈波浪式，其表面积比炉排水平表面积大30%～50%，故烟气离开煤层表面的流速相对减缓，使飞灰带出量比链条炉减少约90%，具有一定的破焦能力。

5) 由于炉排着火性能好和燃烧效率高，因此，炉膛温度高，燃烧比较充分，飞灰含炭量低，如果与合适的炉拱配合，燃烧劣质煤效果甚佳。

2. 水平往复炉排的缺点

1) 漏煤量一般比链条炉排偏大。

2) 各风室之间易串风。

3) 炉排片的使用寿命低，特别是燃烧结焦性强和灰渣熔化温度低的煤种时，由于焦炭熔融粘成一片，严重影响炉排通风冷却,导致炉排片过热变形和磨损加剧。另外,燃用高发热值的煤时,炉排片易烧坏。有时,一个采暖期内需要更换炉排片十几次,最短2~3天就更换一次炉排片。在这种情况下,为了保证炉排正常运行,可限制给煤量,另外可在煤中掺入一定比例的炉渣。这样,不但对烧损炉排片的现象有明显的改善,而且对于防止结焦和降低炉渣含炭量也有一定的作用。

第九节 水平往复抽条炉排

一、水平往复抽条炉排(代号W)的结构

这种炉排是由若干根可以前后移动的炉条组成的,如图3—25所示。每根炉条都由三段(前、中、后)炉排片用T形榫连接而成。整个炉排面又分为三组,每组由互相间隔的数根炉条通过横梁连在一起。

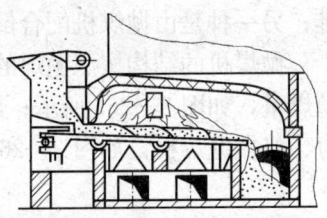

图3—25 水平抽条炉排

二、水平往复抽条炉排的燃烧特点

炉排往复运动,是通过主轴的凸轮驱动进行的。开始时,全部炉条同时向后运动,将煤送入炉膛,然后,各组炉条相继抽回。每当主轴旋转一周,炉排即完成"一推三抽"的行程,将煤斗下来的煤向后推入炉膛。煤在炉膛中受到炉拱前部反射热的作用,逐渐预热干馏,产生可燃气体,并且着火燃烧,再缓慢向后移动,经过炉排中部的高温燃烧区和灰渣燃尽区,完成燃烧过程,灰渣则落入灰坑。

炉排下面设有三个风室,分别为预热干馏段、主燃烧段和燃尽段配风。一般还在前拱下部加入二次空气,可以防止由炉膛向煤斗返烟。实践证明,水平式炉排必须有合适的炉拱相配合,尤其是当炉膛水冷程度较大时,更需保证有较高的炉膛温度,以利

稳定燃烧和提高传热效果。

三、水平往复抽条炉排的缺点

1) 出渣口密封困难。
2) 主燃烧区炉排片容易烧坏。
3) 炉排漏煤较多。

第十节 抛煤机

一、抛煤机（代号 P）的结构

抛煤炉通常有两种结构。一种是由抛煤机配合手摇翻转炉排；另一种是由抛煤机配合倒转链条炉排。

抛煤机的结构按照抛煤的动力来源，大致有以下三种：机械抛煤机，如图3—26a所示；风力抛煤机，如图3—26b所示；风力、机械抛煤机，如图3—26c、d所示。

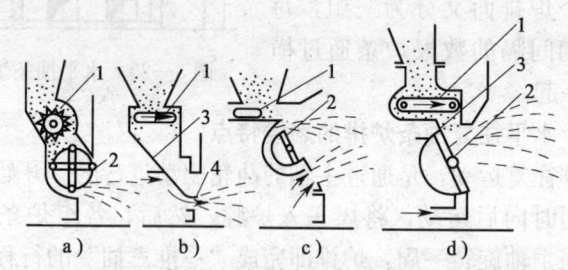

图3—26 抛煤机工作示意图
a) 机械抛煤机 b) 风力抛煤机 c)、d) 风力—机械抛煤机
1—给煤装置 2—击煤装置 3—下煤板 4—风力播煤装置

目前使用较多的是风力、机械抛煤机，其结构主要由推煤活塞、射程调节板、转子、风道等部分组成，如图3—27所示。

煤依靠自重从煤斗落到射程调节板上，再由推煤活塞推到抛煤转子入口处，被转子上顺时针旋转的桨叶击出，与从下部播煤风嘴喷出的气流混合，并被抛向炉排。

由于机械的力量能将大颗粒的煤抛得较远,而风力则使小颗粒的煤吹向远处,所以,煤在整个炉排面上的分布比较均匀。改变推煤活塞的行程或往复次数,同时调节抛煤转子的速度,即可调节抛煤量,以适应锅炉负荷变化。

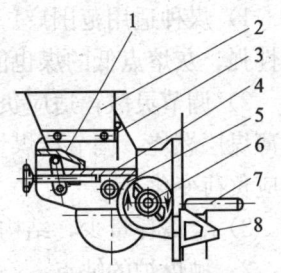

图3—27 风力—机械抛煤机
1—推煤活塞 2—煤斗
3—煤闸板 4—射程调节板
5—冷却风出口 6—抛煤转子
7—二次空气喷口 8—播煤风嘴

二、抛煤炉的燃烧特点

抛煤机将煤粒抛在炉排上燃烧。而煤屑由于风力的作用,在炉膛空间悬浮燃烧。因此,属于层状—悬浮燃烧。

由于煤屑比煤粉粗,与空气的混合差,因此着火温度要求高,完全燃烧所需要的时间也长。装有抛煤机的锅炉一般没有前后拱,气流搅动混合不良,烟气流程短,若燃烧调节不当,容易从炉膛带出较多的炭粒和飞灰,既磨损对流受热面,污染空气,又降低锅炉热效率,浪费燃料。

为了获得良好的燃烧效果,可以采取以下措施:

1) 适当配比煤粒。燃煤颗粒度的组成,要求直径6 mm以下的、6~13 mm的、13~19 mm的各占三分之一,以保持整个炉排面上的煤层厚度均匀。

2) 合理分配风量。炉排下的一次空气量应占总风量的80%~90%,风压约500 Pa;播煤风嘴的风量约占总风量的10%,风压为700~800 Pa,以控制炉膛内的过剩空气量。

3) 增设飞灰回收再燃装置。即利用高速喷出的空气流将烟道下部集灰斗收集的飞灰吹送到炉膛中再次燃烧。这样必须另配专用风机,风量约占总风量的5%~10%,风压约350 Pa。

三、抛煤炉的优缺点

1. 抛煤炉的优点

1) 煤种适用范围广。不但可以适用褐煤和贫煤,而且对黏结性强、灰熔点低的煤也能很好燃烧。

2) 调节灵敏,适应负荷变化的能力强。由于抛煤炉一般采用薄煤层燃烧,调节给煤量就能改变整个炉膛的燃烧工况,迅速适应负荷变化。

3) 金属耗量少,结构轻巧,布置紧凑,操作简便。

2. 抛煤炉的缺点

1) 对煤的粒度要求高,含水量也要控制。当煤中水分过高时容易成团堵塞;水分过少时又容易自流,无法正常运行。

2) 抛煤机制造质量要求高。否则在运行中会发生煤在炉前起堆、抛程不远、抛煤角度倾斜,以及机械磨损严重等缺陷。

第十一节 鼓泡流化床

当层燃炉一次空气流速提高到将煤托起时,煤就会呈上下翻滚的状况,这就是流化燃烧。

一、鼓泡流化床(代号 F)的结构

鼓泡流化床习惯称沸腾床。沸腾床的结构主要由布风系统、沸腾段和悬浮段等部分组成,如图 3—28 所示。

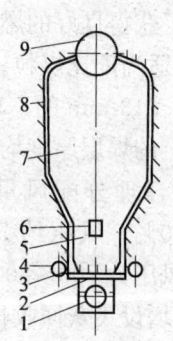

图 3—28 沸腾炉的炉膛结构
1—风室 2—布风板 3—风帽
4—集箱 5—沸腾段 6—溢灰口
7—悬浮段 8—水冷壁管 9—锅筒

1. 布风系统

布风系统由风室、布风板和风帽三部分组成。

(1) 风室

风室位于炉膛底部,主要作用是使高压一次空气均匀通过布风板吹入炉膛。

风室必须严密不漏,否则会

降低风压,影响锅炉正常运行。风室还应留有人孔,以便清除落入风室内的灰渣等杂物。

(2) 布风板

布风板位于风室上部,其作用相当于炉排,既要承受料层的重量,又要保证布风均匀、阻力不大。板上按等边三角形排列开孔和安装风帽,板面上敷设耐火涂料保护层以防烧坏。为了定期排放沉积在炉底的石块和灰渣,板上还需适当开有出灰孔,以接装冷灰管。

(3) 风帽

风帽的作用,主要是使风室的高压风均匀吹入炉膛,保证料层良好沸腾,其次是防止煤粒堵塞风孔。风帽的结构形式很多,图3—29是常见的几种。它们的样子类似空心蘑菇,直接插入布风板的开孔上,然后用耐火涂料密封绝热。

2. 沸腾段

沸腾段又称沸腾层,是料层和煤粒沸腾所占据的炉膛(从溢灰口的中心线到风帽通风孔的中心线)部分,通常下端呈柱体垂直段,上端呈锥形扩散段,以减少飞灰带出量。沸腾段的高度要适宜,过低时,未完全燃烧的煤粒会从溢灰口排出;过高时,为了维持正常的溢流,就要加大通风量,增加电耗,并加剧了煤屑的吹走量。因此,在砌筑炉体时,沿溢灰口高度方向应留一个活口,以便根据不同煤种的沸腾高度,随时调整溢灰口的高度。

布置在沸腾段的受热面,是将管束全部掩埋在沸腾料层之中,故称为埋管受热面。一般有竖管、斜管和横管三种布置形式,如图3—30所示。

埋管受热面过少时,沸腾段温度过高,容易结焦;如过多时,沸腾段温度过低,燃烧不稳定,甚至灭火。沸腾段温度不应超过灰熔点,一般控制在750~1 050℃之间为宜。由于埋管处于高温区域,受高温粒子的撞击,磨损严重,要定期更换埋管磨损最严重的部分。因此,还可以在埋管磨损最严重的部位加焊鳍片、抓钉,或者涂敷耐热耐磨材料,以提高该部位的耐磨性。

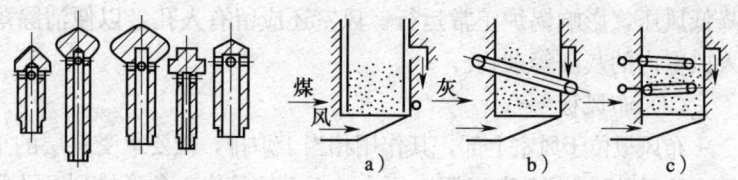

图 3—29 常用风帽结构

图 3—30 沸腾段受热面布置
a) 竖管式 b) 斜管式 c) 横管式

沸腾炉的给煤方式有负压给煤和正压给煤两种。负压给煤是用皮带运煤机或其他形式的给煤机,将煤送入沸腾段上面的负压区。给煤口的位置在溢灰口的对面。这种给煤方式,往往增加飞灰中的含炭量,因此目前较少采用。正压给煤是利用螺旋机械或风力将煤直接送入沸腾段内,给煤口位置在风帽顶上方 100～150 mm 高度处。

3. 悬浮段

悬浮段是指沸腾段上面的炉膛部分。其作用主要是使被高压一次空气从沸腾段吹出的煤粒自由沉降,落回到沸腾段再燃。其次是延长细煤粒在悬浮段的停留时间,以便悬浮燃尽。悬浮段的烟气流速越小越好,一般应控制在 1 m/s 左右。

在悬浮段四周布置的水冷壁管,称为悬浮段受热面。当燃烧挥发分较高的褐煤时,为了在悬浮段很好地燃尽,一般不布置或少布置悬浮段受热面。当燃烧挥发分少、发热量低的煤矸石、石煤时,不要求在悬浮段再燃烧,可布置较多的悬浮段受热面。

二、沸腾床的优缺点

1. 沸腾床优点

1) 对煤种的适应性强。
2) 强化传热过程可节省受热面钢材。
3) 便于对灰渣的综合利用。
4) 本体结构简单,机械加工量较少。

2. 沸腾床缺点

1）因原煤粉碎、筛分、输送以及除尘和使用高压风机，都需要动力，所以电耗较高。

2）埋管磨损严重，如不采取防磨措施，容易发生爆管事故。

3）飞灰量大，热损失较多。

4）尘粒污染严重，对除尘设备要求高。

第十二节　循环流化床

当第十一节所介绍的鼓泡流化床的一次空气流速继续提高，并将进入炉膛的煤的粒度减小，此时整个炉膛内的燃料就都将流化起来而不像鼓泡流化床那样有沸腾和悬浮两段。由于流速高，煤粒又小，就必然有大量炉料随烟气带出炉膛。为提高燃烧效率，减轻对后部受热面的磨损，就在炉膛出口装上分离器，将分离出来的固体颗粒，通过回料风从回料管再送入炉膛燃烧。燃烧后的固体颗粒，再次经流化、分离、回流，如此循环往复（见图3—31）。这就是循环流化床区别于鼓泡床的主要之处。循环流化床除具有鼓泡床的优点外，还克服了其缺点；而且加入脱硫剂后还可取得良好的环保效果。

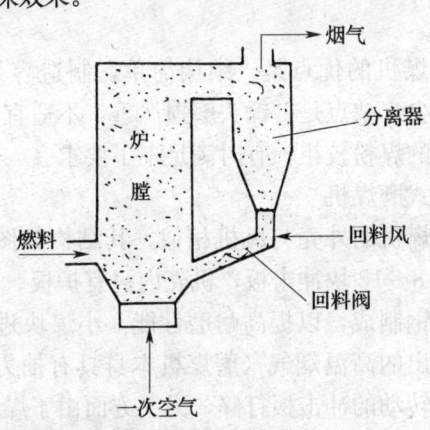

图 3—31　循环流化床锅炉原理简图

第十三节 煤粉燃烧装置

煤粉燃烧属室燃炉(代号S),其燃烧装置主要包括制粉设备和燃烧器。

一、制粉设备

制粉设备包括磨煤机和制粉系统。

1. 磨煤机的结构

常用的磨煤机有锤击式磨煤机、风扇式磨煤机和筒式球磨机三种。

(1) 锤击式磨煤机

锤击式磨煤机的煤粉喷口以下为竖井形式,所以又称为竖井式磨煤机,其工作原理如图 3—32 所示。经过预先除铁、破碎后的小煤块(一般直径为 10~15 mm),从进煤口落入磨煤机底部后,被由两侧进风口进入的热风烘干,并被高速转动的铁锤击碎。破碎后的煤粉被空气吹入竖井,其中细粉被气流直接带入炉膛燃烧,粗粉由于重力作用,被分离落回磨煤机,重新粉碎至所需要的细度。当煤粉的粗细度不符合要求时,可以通过调节挡板进行控制。

锤击式磨煤机的优点是,结构简单,制造容易,占地面积小,金属耗量少。缺点是,锤头磨损严重,不适宜磨制硬度较大的煤块,制出的煤粉较粗,有时满足不了要求。

(2) 风扇式磨煤机

风扇式磨煤机的外壳与风机相似,其结构如图 3—33 所示。在叶轮上装有 8~12 块冲击板,机壳内衬有护板。冲击板和护板都用高锰合金钢制成,以提高耐磨性能。小煤块进入磨煤机后,被从烟道内抽出的高温烟气(磨煤机本身具有抽力)加热烘干,一方面被高速转动的冲击板打碎,另一方面由于煤块之间及与护板互相挤撞而破碎。制成的煤粉随气流进入磨煤机上部的粗粉分离器，合格的细粉被吹入炉膛燃烧，被分离出来的粗粉又返回磨煤机，重新粉碎至所需要的细度。

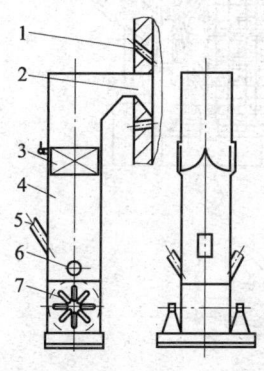 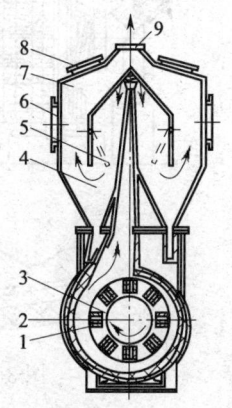

图 3—32 锤击式磨煤机工作原理　　　图 3—33 风扇式磨煤机
　　1—二次空气口　2—煤粉喷口　　　1—机壳衬板　2—冲击板　3—叶轮
　　3—调节挡板　4—竖井　5—进煤口　4—回煤斗　5—调节挡板　6—检查门
　　6—进风口　7—磨煤机　　　　　　7—煤粉分离器　8—防爆门　9—煤粉出口

风扇式磨煤机的优点，除了与锤击式磨煤机相同外，还能产生 1 500～2 000 Pa 的风压，起到风机的作用。又因其安装在炉前的位置较锤击式远一些，因而一次空气的管道较长，有利于锅炉房的布局。缺点是，磨硬质煤时设备磨损严重，冲击板更换麻烦，煤粉均匀度较差。

（3）筒式球磨机

筒式球磨机一般简称为球磨机，其结构主要由筒壳、钢球、电动机和减速机构组成，如图 3—34 所示。筒壳是用钢板制成的圆筒，外面有固定的大齿轮圈，里面有铸钢制成的波纹形衬板。钢球用锰钢制成，直径在 30～60 mm 之间，盛装在筒壳内，约占圆筒容积的20%～30%。

电动机主轴经过减速后，转速一般达到 18～25 r/min，带动大齿轮圈和筒壳回转。钢球被波纹形衬板按筒壳回转方向带到一

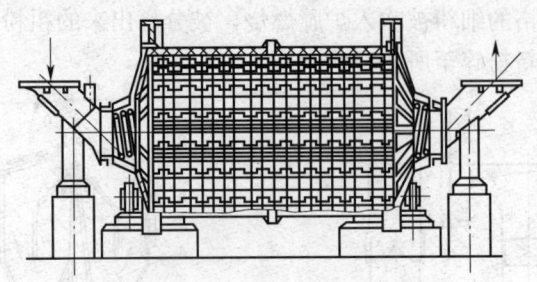

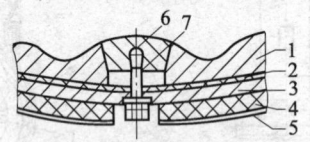

图3—34 筒式球磨机
1—衬板 2—石棉板垫料层 3—筒体
4—毛毡 5—钢板外壳 6—压紧块 7—螺栓

定的高度后,呈抛物线形落下。依靠钢球下落的冲击力量,以及钢球在上升时与煤粒的互相倾轧滑动,逐渐将煤磨碎。

筒式磨球机的优点是,补充钢球不用停机,运行可靠,维护检修方便,使用寿命长。缺点是,运转时噪声大,制粉系统复杂。目前,有的单位试用硬质橡胶衬板代替钢衬板,可降低噪声,减轻重量,节省电耗。

2. 制粉系统

球磨机的制粉系统有储仓式和直吹式两种,如图3—35所示。

(1) 储仓式制粉系统

储仓式制粉系统如图3—35a所示。小煤块由煤斗通过给煤机,进入球磨机的进口管道与热风混合,被加热干燥。制成的煤粉被气流带入粗粉分离器。被分离出来的粗粉,经过锁气器(防止煤粉倒流和管道漏风)和回粉管返回球磨机重新磨碎。合格的细粉随气流进入细粉分离器进行粉风分离,煤粉落入煤仓,再经给粉机与排粉机抽来的热风混合,然后由喷燃器喷入炉膛,与由热风道送入的二次空气在炉膛内混合燃烧。从细粉分离器分离出来的乏气中,还含有少量的细煤粉,被排粉机抽出后也送入炉膛燃烧。

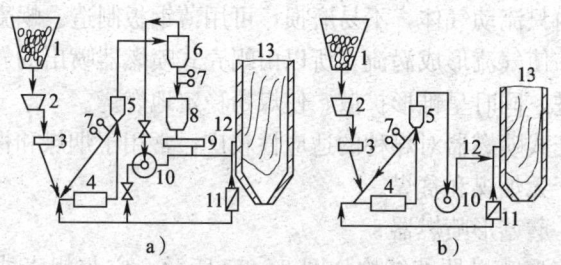

图3—35 球磨机制粉系统
a) 储仓式 b) 直吹式
1—煤斗 2—调煤插板 3—给煤机 4—球磨机
5—粗粉分离器 6—细粉分离器 7—锁气器 8—煤粉仓
9—给粉机 10—排粉机 11—热风道 12—喷燃器 13—炉膛

(2) 直吹式制粉系统

直吹式制粉系统如图3—35b所示。在储仓式制粉系统的基础上取消了细粉分离器、煤粉仓和给煤机等设备。由粗粉分离器出来的合格煤粉,随气流经排粉机直接进入喷燃器喷入炉膛燃烧。

直吹式制粉系统与储仓式制粉系统比较,其优点是,省掉了不少设备,缩短了管道长度,减小了系统阻力。缺点是,一旦球磨机发生故障,锅炉无法维持运行;一次空气温度较低,不利于煤粉着火和燃烧。

二、喷燃器及其布置形式

1. 喷燃器的结构

喷燃器的作用是将制粉系统送来的煤粉和空气喷入炉膛,并使它们得到良好的混合与迅速燃烧,以及均匀充满整个炉膛。

常用的喷燃器有蜗壳式和蘑菇形两种。

(1) 蜗壳式喷燃器

蜗壳式喷燃器由大小两个蜗壳组成,如图3—36所示。煤粉和一次空气由小蜗壳送入炉膛。二次空气由大蜗壳送入炉膛。由于煤粉会磨损设备,所以小蜗壳用铸铁制造,以提高耐磨性,而大蜗壳内只流动气体,不易磨损,可用薄钢板制造。蜗壳具有导向作用,使气流形成涡流,所以由蜗壳式喷燃器喷出的气流呈螺旋形前进,同时呈锥形扩散,使煤粉稳定地燃烧。

蜗壳式喷燃器对煤种的适应性较广,常用于烟煤和褐煤,有时也用于无烟煤和贫煤。

(2) 蘑菇形喷燃器

蘑菇形喷燃器的结构如图3—37所示。它与蜗壳式喷燃器的主要区别在于取消了小蜗壳,而在喷燃器出口的中心增设了蘑菇形的扩散器。一次空气依靠扩散器使煤粉气流扩散,二次空气经蜗壳形成旋转进入炉膛。扩散器的前后位置由调节手柄控制。扩散器离喷口越近,扩散的角度就越大,高温烟气回流区也越大,越利于煤粉着火。扩散器的锥角视煤种而定,一般对于无烟煤或贫煤可取120°,对于烟煤可取90°,对于褐煤可取60°。

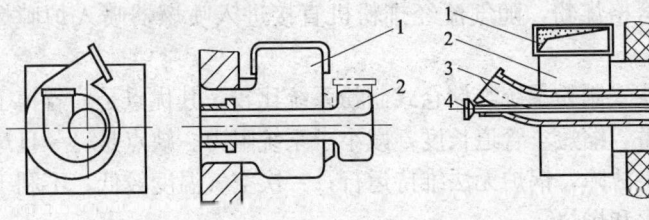

图3—36 蜗壳式喷燃器
1—大蜗壳 2—小蜗壳

图3—37 蘑菇形喷燃器
1—二次空气入口 2—二次空气蜗壳
3—一次空气及煤粉入口
4—调节手柄 5—蘑菇形扩散器
6—二次空气喷口

2. 喷燃器的布置形式

喷燃器在炉墙上的布置形式，直接关系到煤粉着火的时间、煤粉燃尽的程度、锅炉运行的经济性和可靠性。

常见的喷燃器布置形式有前墙布置、侧墙布置、炉顶布置和四角布置四种。

(1) 前墙布置

前墙布置形式是将喷燃器水平布置在炉膛前墙下方，如图3—38a 所示。这种布置形式因受炉膛深度限制，所以只适用于中、小型煤粉炉。如将炉膛高度增加，可在前墙上下平行布置2～4排，每排有2～3只喷燃器，这样无须变动炉膛深度就可提高锅炉蒸发量。当锅炉负荷降低时，又可相应停用部分喷燃器，同样可以维持正常燃烧。这种布置形式，火焰先平行向后喷射，然后再转向上部呈L形，火焰较长，能较好地充满炉膛。所以，前墙布置形式又称为L形火焰布置形式。

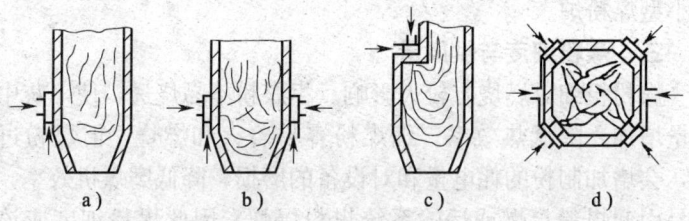

图3—38 喷燃器布置形式
a) 前墙布置　b) 侧墙布置　c) 炉顶布置　d) 四角布置

(2) 侧墙布置

侧墙布置形式是将喷燃器布置在炉膛两边的侧墙上，如图3—38b 所示。煤粉和空气从相对的方向同时喷出，并互相顶撞，有利于空气和煤粉的搅动，使其混合均匀。这种布置形式对煤种的适应性好，大多用于炉膛较深，蒸发量较大的锅炉。

(3) 炉顶布置

炉顶布置形式是将喷燃器布置在炉膛顶部前上方，如图3—

38c 所示。煤粉和空气由上向下喷射，火焰先向下压，然后又向上翻动，形成 U 形火焰。这种布置形式的火焰较长，有利于燃烧无烟煤和贫煤。但上部火焰较短，使可燃物不易燃尽，还由于火焰向下压，使炉膛下部的温度较高，容易结焦，因此很少采用。

（4）四角布置

四角布置形式是将喷燃器布置在炉墙的四个角上，如图 3—38d 所示。四股气流互相切于炉膛中心的一个假想圆，空气和煤粉在激烈的旋转同时充分混合，并使火焰充满炉膛。这种布置形式多用于大型煤粉炉，有时也用于小型煤粉炉。

除了上述四种基本布置形式外，还有采用混合布置形式的。如同时采用炉顶布置和前墙布置，这样当两股气流相汇合时，进一步起到搅动作用，加强了空气和煤粉的混合，使燃烧更加强烈。这种布置形式的优点是，火焰能充满整个炉膛，燃烧稳定；能防止煤粉冲击炉底，减少结焦的可能性，比较适用于炉膛狭窄的小型煤粉炉。

三、煤粉细度与供风量

煤粉粗细对燃烧有较大影响。粗煤粉不易烧透，使飞灰中含炭量增加，降低热效率。细煤粉容易着火和燃烧，但煤粉过细时，会增加制粉的耗电量和对设备的磨损，降低磨煤机效率，还容易引起煤粉自燃或运输系统煤粉爆炸。因此煤粉细度应该适当：一般对于难着火的煤，例如无烟煤或贫煤，煤粉应细一些；对于容易着火的煤，例如挥发分高的烟煤，煤粉可稍粗一些。

煤粉细度是衡量煤粉品质的重要指标。所谓煤粉细度，是指煤粉经过筛子筛分后，残留在筛子上面的煤粉重量占筛分前煤粉总重量的百分值，以"R"来表示。R 值越大则煤粉越粗。以常用的 70 号筛子为例，此号筛子每厘米长度上有 70 个筛格，每个筛孔内边宽度是 90 μm（即 R_{90}），因而小于 90 μm 的煤粉都能通过筛子，大于 90 μm 的则留在筛子上面。如果筛分前总共有 100 g 煤粉，筛分后有 18 g 留在筛子上面（即 82 g 通过筛子），则写成

$R_{90}=18\%$。显然 R_{90} 越小，煤粉越细。

煤粉炉的烟气流速很高，煤粉在炉膛中的停留时间一般只有 $2\sim3$ s，因此要使煤粉燃烧完全，就必须保证炉膛有足够的温度，炉膛温度越高，煤粉燃烧速度越快，燃烧效率也就越高。

煤粉炉的供风，分为一次空气和二次空气两种。一次空气的作用是将煤粉输送到炉膛内，并供给煤粉着火所需要的空气量。为了使煤粉迅速着火，一次空气最好用热风，而且风量不宜太大，否则会降低煤粉浓度，影响着火。但对于挥发分含量较高的煤，一旦着火，大量的挥发分便迅速分解出来，此时必须供应足够的一次空气量。对于不同的煤种，一次空气量占总供风的百分比：无烟煤和贫煤，约占 $20\%\sim25\%$；烟煤，约占 $25\%\sim45\%$；褐煤，约占 $40\%\sim45\%$。煤粉炉中二次空气所占的比例较大，它是为了使煤粉燃烧完全而直接送入炉膛的，通常都采用热风，以提高炉膛温度，保证燃烧稳定。

第十四节 水煤浆燃烧装置

为实现煤的清洁、高效燃烧，可将煤磨制成细粉，与水拌成乳状，再用喷嘴将其雾化、燃烧，这就是水煤浆燃烧（代号J），其燃烧原理与油基本相同，可参见第一章第三节。

为保证水煤浆质量，水煤浆是由专业化工进行生产，配送到锅炉用户。锅炉用户对水煤浆的储存、使用装置与燃油相似。在炉前应有如图 3—39 的输送系统，通过气隙泵的循环可防止煤粉沉淀，使送往喷嘴的煤浆保持均匀的乳状。煤浆的燃烧装置就是燃烧器，主要由喷嘴和调风器

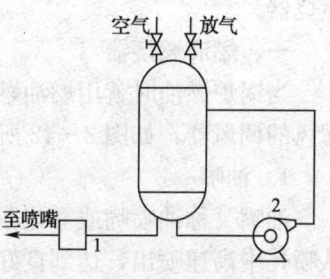

图 3—39 煤浆输送系统
1—流量计 2—气隙泵

组成，与煤粉和燃油燃烧器基本相同（见本章第十三节和第十五节）。图 3—40 就是一种用空气雾化的水煤浆喷嘴，与图 3—45 的油喷嘴十分相似。

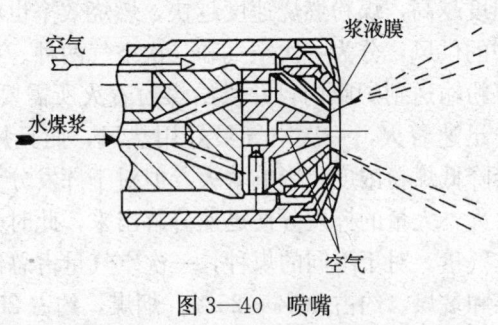

图 3—40　喷嘴

第十五节　燃油燃气燃烧器

为改善燃煤锅炉排放物对大气造成的污染，许多城市正在将燃煤锅炉改为燃油或燃气锅炉。燃油、燃气锅炉的燃烧设备是燃烧器，其主体就是燃料（油或气）供给装置和空气供给装置。对于容量较小的燃烧器（如 10 t/h 及以下锅炉）还将点火和控制装置装在燃烧器上，形成所谓的一体式燃烧器，如图 3—41 所示，由于其外形像枪，又称枪式燃烧器，是目前广泛采用的一种燃烧器。

一、燃油燃烧器

当锅炉燃油时就用燃油燃烧器，其主要部件是燃油雾化器和配风的调风器，如图 3—42 所示。

1. 油嘴

油嘴又称油喷嘴或雾化器，它的作用是利用较高的压力将油从喷孔中高速喷出，达到良好雾化的目的。当前，使用较多的是机械雾化油嘴，少数采用蒸汽雾化油嘴和空气雾化油嘴。

（1）机械雾化油嘴

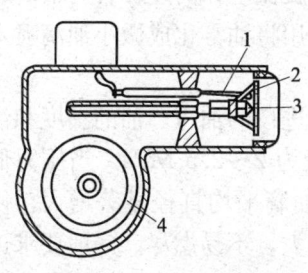

图3—41 枪式燃油燃气
燃烧器外形
1—点火用电极 2—稳焰器
3—喷射阀 4—鼓风机

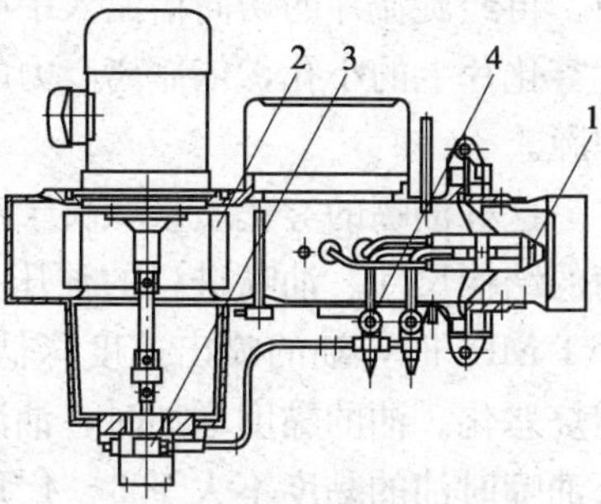

图3—42 燃油燃烧器（锅壳
锅炉适用）
1—喷油嘴 2—风机叶轮
3—油泵 4—电磁阀

机械雾化油嘴又称离心式油嘴。有简单机械雾化油嘴和回油式机械雾化油嘴等多种结构形式。

1) 简单机械雾化油嘴。简单机械雾化油嘴主要由分流片、旋流片和雾化片组成，如图3—43所示。

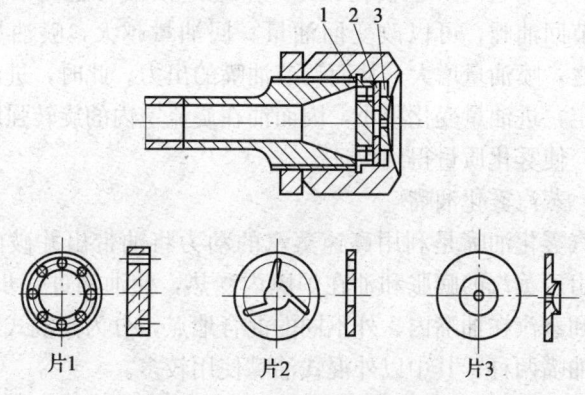

图3—43 简单机械雾化油嘴
1—分流片 2—旋流片 3—雾化片

来自油泵的压力油首先经过分流片上的小孔汇流到环形槽中。再经旋流片的切向槽流入中心的旋流室作高速旋转。最后通过雾化片上的小孔，依靠离心力的作用将油雾化成微小油滴喷入炉膛。

这种油嘴的雾化质量取决于油嘴进口的油压、油的黏度和油嘴的结构尺寸。油嘴进口的油压一般为 2~2.5 MPa。当压力低于 1 MPa 时，油的喷出速度降低，油滴平均直径显著增大，使燃烧恶化。油的黏度增加时，油滴变大，不易燃尽。一般要求进入油嘴时油的黏度不大于 3~4 °E。为此，重油在进入油嘴前要加热到 110~150℃，但至少要比燃油的闪点低 10℃。油嘴的尺寸越小，油膜越薄，雾化越好。

在一般情况下，简单机械雾化油嘴只能用改变进油压力的方法来调节油量。在低负荷时，进油压力降低，雾化质量变差，因而调节幅度有限。

2）回油机械雾化油嘴。回油机械雾化油嘴，是在简单机械雾化油嘴的基础上，为改善调节性能而改进成的。它的结构原理与简单机械雾化油嘴基本相同。不同的只是在旋流室的前后有两个通道。一个通向炉膛喷孔，另一个经过回油管道使油流回油箱。调节回油阀，可以改变回油量。回油量越大，喷油量就越小；反之，喷油量增大，从而调节油嘴的出力。此时，进油压力基本稳定，进油量变化很小，因而油在旋流室内的旋转强度基本不减弱，使雾化质量得到保证。

(2) 蒸汽雾化油嘴

蒸汽雾化油嘴是利用高速蒸汽的动力将油带出并破碎为油滴，再由于蒸汽的膨胀和油在炉膛内受热，使油滴进一步雾化。按照油和蒸汽在油嘴内、外不同的混合地点，分为内混式油嘴和外混式油嘴两种。其中以外混式油嘴使用较多。

1）外混式蒸汽雾化油嘴。外混式蒸汽雾化油嘴的结构如图 3—44 所示。油从内管中流出，蒸汽经外套管喷出，两者在喷口处混合而将油雾化。为了使油和蒸汽的配比合适，雾化良好，可通过调节手轮使油管轴向移动，从而改变蒸汽喷口的截面积。

这种油嘴的优点是，结构简单，制造容易；喷口尺寸较大，不易堵塞；对油的黏度要求较低。缺点是，耗汽量较大，影响锅炉的经济性。

2) Y形蒸汽雾化油嘴。Y形蒸汽雾化油嘴的结构如图3—45所示。由于油孔、气孔和混合孔三者呈Y形相交，故称Y形油嘴。蒸汽通过内管流入气孔，油从外管流入油孔，然后在混合孔内混合后喷入炉膛。

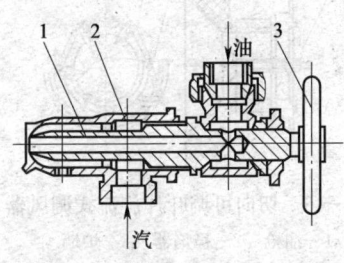

图3—44 蒸汽雾化油嘴
1—油管 2—蒸汽套管 3—手轮

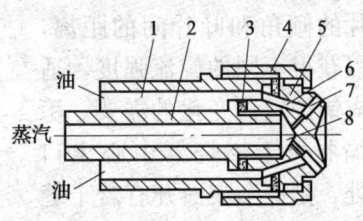

图3—45 Y形油嘴
1—外管 2—内管 3—密封垫圈
4—压紧螺母 5—喷头 6—油孔
7—混合孔 8—气孔

这种油嘴的优点是，喷孔较多，油和空气混合良好，雾化质量高；油量调节幅度较大，适应负荷变化的能力较强。缺点是，当蒸汽压力过高时，容易引起熄火，因此需要保持锅炉运行压力稳定。

2. 调风器

燃油炉燃烧所需要的空气是通过调风器送入炉膛的，因此要求调风器不仅能正确地控制风和油的比例，保证燃烧所需的空气连续均匀地与油混合，而且能保证着火迅速，火焰稳定，燃烧完全。

枪式燃烧（由直流风形成）的火焰细长，与卧式内燃锅炉的炉膛（胆）正好匹配。

在较大的燃油锅炉中，几乎全部都采用旋流式调风器，在这种调风器中，空气作旋转运动。因此，在出口处，气流同时具有轴向和切向速度，使气流扩展，在出口附近形成回流区，而且气流在出口处速度很高，混合能力很强。这样既能使油和空气迅速混合，又能保证油的稳定着火。

图3—46是常用的切向可调叶片旋流式调风器的结构。通过调节手柄可改变叶片的倾角和叶片间的距离，以获得不同的旋流强度，适应锅炉负荷变化的需要。稳焰器位于燃烧器中心出口处，是一个表面开有若干缝隙的锥体，能使气流扩散，形成中心回流区，使火焰稳定。

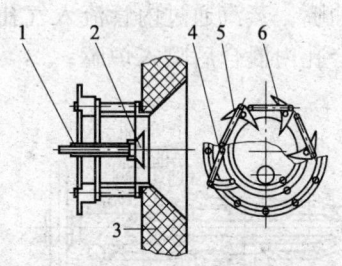

图3—46　切向可调叶片旋流式调风器
1—油枪　2—稳焰器　3—炉墙
4—调节手柄　5—连杆　6—可调叶片

二、燃气燃烧器

燃气的关键是将整股燃气分为若干股小气流以利于与空气混合取得好的燃烧效果，所以燃气喷嘴就是一个分流器，如图3—47。分流器有多种，图3—47所示的分流器就是在中心管上开有许多小孔的喷嘴。

三、双燃料燃烧器

如果燃烧器上既有燃油供给系统又有燃气供给系统，便可实现油和气的切换燃烧，这种燃烧器就称为双燃料燃烧器。

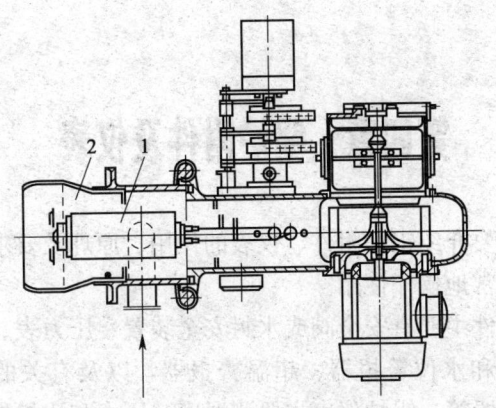

图 3—47 枪式燃气燃烧器
1—分流器 2—调风器

第四章　锅炉附件及仪表

本章主要介绍锅炉附件、仪表的作用、原理及要求，使司炉人员能够正常地操作使用。

锅炉附件主要有安全阀或水封安全装置、压力表、水位表三大安全附件和水位警报器、超温警报器，以及有关的阀门、管道、附属装置等。锅炉仪表主要测温度、压力和流量的作用等。

第一节　安　全　阀

一、安全阀的作用及原理

安全阀是一种自动泄压报警装置。它的主要作用是：当锅炉内介质压力超过允许的数值时，能自动开启排出一额定数量的流体以达到泄压的目的，同时能发出音响警报，警告司炉人员，以便采取必要的措施，降低锅炉压力。当锅炉压力降到允许值后，安全阀又能自行关闭，从而使锅炉能在允许的压力范围内安全运行，防止锅炉超压而引起爆炸。在热水锅炉上装设安全阀，是当锅炉因汽化等原因引起超压时，能够起到泄压、报警作用，达到安全运行的目的。因此，安全阀是锅炉上必不可少的安全附件之一，司炉人员常将安全阀比喻为"耳朵"。有一些锅炉，如果没有安装排气阀，在运行前，为便于进水升火，可以通过安全阀排除锅筒内的空气；在停炉后的无压进行排水时，为解除锅筒内的真空状况，也可通过开启安全阀向锅筒内引进空气。

安全阀主要由阀座、阀芯（或称阀瓣）和加压装置等部分组成。它的工作原理是：安全阀阀座内的通道与锅炉内介质空间相通，阀芯由加压装置产生的压力紧紧压在阀座上。当阀芯承受的加压装置所施加的压力大于介质对阀芯的托力时，阀芯紧贴阀座，使安全阀处于关闭状态；如果锅炉内介质压力升高，则介质对阀芯的托力也增大，当托力大于加压装置对阀芯的压力时，阀芯就被顶起而离开阀座，使安全阀处于开启状态，从而使锅炉内的介质排出，达到泄压的目的。当锅炉内介质压力下降时，阀芯所受介质的托力也随之降低，当锅炉内介质压力恢复到正常，即介质托力小于加压装置对阀芯的压力时，安全阀又自行关闭。

二、安全阀的形式与结构

工业锅炉上常用的安全阀，根据阀芯上加压装置的方式可分为静重式、弹簧式、杠杆式三种，由于它们都是借助机械力作用达到密封的，所以称为直接载荷式安全阀。根据阀芯在开启时的提升高度可分为微启式、全启式两种。

1. 静重式安全阀

静重式安全阀由阀芯、阀座、环状铁盘、阀罩、防飞螺丝等组成，如图 4—1 所示。

这种安全阀主要利用加在套盘上的环状铁盘的重量将阀芯压在阀座上。当介质压力作用于阀芯上的托力大于铁盘总重量时，阀芯被顶起离开阀座，介质向外排泄，即安全阀开启；当介质压力作用于阀芯上的托力小于铁盘的总重量时，阀芯下压与阀座重新紧密结合，介质停止排泄，即安全阀关闭。为了防止因阀芯提升过快使铁盘飞脱，装上了四个防飞螺钉。

静重式安全阀调节开启压力的大小，是通过增加或减小铁盘总重量的办法来实现的。若锅炉的许可工作压力为 0.6 MPa，安全阀阀座喉管处的面积为 45 cm^2，这样作用在阀芯上的介质总托力为 $0.6 \times 10^6 \times 45 \times 10^{-4} = 2\,700$ N，因而在安全阀上必须有与此相等重量的铁盘（包括铁盘、套盘、阀罩和螺钉等的总重量）压在阀芯上才能保持平衡，即阀盘和阀座才能紧密结合而关闭。如果安全阀的排放压力再提高或降低 0.1 MPa，则铁盘的重量就需要相应地增加或减少 450 N。

静重式安全阀结构简单、制造容易、灵敏可靠。但由于当压力较高时，所需要的静重式安全阀体积庞大而显笨重。故此种安全阀主要用于压力为 0.1 MPa 左右的低压小型锅炉。

2. 弹簧式安全阀

弹簧式安全阀主要由阀体、阀座、阀芯、阀杆、弹簧、调整螺丝和手柄等组成，如图 4—2 所示。

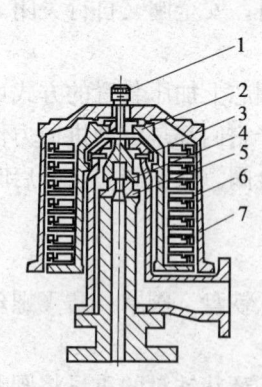 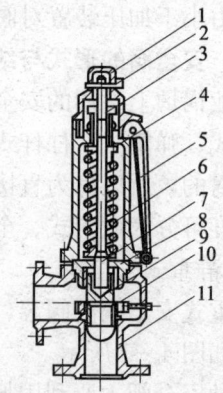

图 4—1　静重式安全阀　　　　图 4—2　弹簧式安全阀
1—固定螺钉　2—套盘　　　　1—阀帽　2—销子　3—调整螺钉
3—防飞螺钉　4—阀芯　5—阀座　4—弹簧压盖　5—手柄　6—弹簧　7—阀杆
6—环状生铁盘　7—阀罩　　　　8—阀盖　9—阀芯　10—阀座　11—阀体

这种安全阀是利用弹簧的力量，将阀芯压在阀座上，弹簧的压力大小是通过拧紧或放松调整螺钉来调节的。当介质压力作用于阀芯上的托力大于弹簧作用在阀芯上的压力时，弹簧就会被压缩，使阀芯被顶起离开阀座，介质向外排泄，即安全阀开启；当作用于阀芯上的托力小于弹簧作用在阀芯上的压力时，弹簧就会伸长，使阀芯下压与阀座重新紧密结合，介质停止排泄，即安全阀关闭。手柄可用来进行手动排汽，当抬起手柄时，通过顶起调节螺钉带动阀杆使弹簧压缩，将阀芯抬起而达到排泄介质的目的。这样手柄就可以用来检查阀芯的灵敏程度,也可以用作人工紧急泄压。

弹簧式安全阀在开启过程中,由于弹簧的压缩力随阀门的开度增大而不断增加,因此不易迅速达到全开位置。为了克服这一缺点,常将阀芯与阀座的接触面做成斜面形,使阀芯除遮盖阀座孔径外,边缘还有少许伸出,如图4—3所示。当介质顶起阀芯后,阀芯的边缘也受介质压力的作用,从而增加对阀芯的托力,使安全阀迅速全部开启;当压力降低后,阀芯回座,边缘作用消失,由于介质作用力突然减小,使阀芯一次闭合,不致产生反复跳动现象。

另外,对于弹簧式安全阀,按使用条件可分封闭式和不封闭式。封闭式即排除的介质不外泄,全部沿出口管道排到指定地点。封闭式安全阀主要用于易燃、易爆、有毒和腐蚀介质的设备和管道中。对于蒸汽和热水,则可用不封闭式安全阀。

弹簧式安全阀结构紧凑、调整方便、灵敏度高,适用压力范围广,是最常用的一种安全阀。

3. 杠杆式安全阀

杠杆式安全阀主要由阀芯、阀座、杠杆、重锤等组成。如图4—4所示。

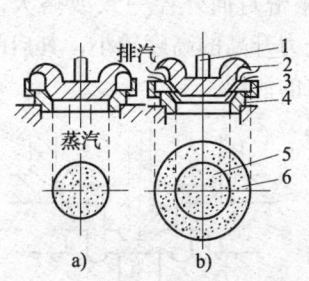

图4—3 安全阀工作原理示意图
a) 闭合状态 b) 开启状态
1—阀杆 2—阀芯 3—调整环
4—阀座 5—介质作用于阀芯面积
6—排放时介质作用于阀芯扩大面积

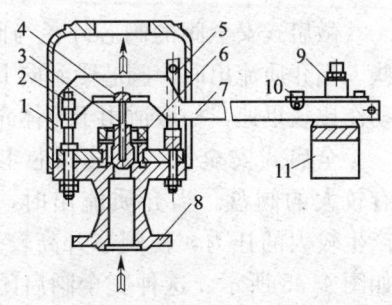

图4—4 杆杆式安全阀
1—阀罩 2—支点 3—阀杆 4—力点
5—导架 6—阀芯 7—杠杆 8—阀座
9—固定螺钉 10—调整螺钉 11—重锤

这种安全阀是利用重锤的重量,通过杠杆的力矩作用,将阀芯压在阀座上。作用在阀芯上的压力大小是通过移动重锤而改变重锤与杠杆支点之间的距离来调整的。当介质压力作用于阀芯上的托力大于由重锤通过杠杆而作用在阀芯上的压力时,阀芯被顶起离开阀座,介质向外排泄,即安全阀开启;当介质作用于阀芯上的托力小于重锤通过杠杆作用在阀芯上的压力时,阀芯下压与阀座重新紧密结合,介质停止排泄,即安全阀关闭。为了防止重锤自由移动,用固定螺钉夹定位。人工抬起杠杆,可以用来检查阀芯的灵敏程度,也可用作人工紧急泄压。

杠杆式安全阀结构简单、调整方便、工作可靠,也是常用的一种安全阀。

4. 微启式和全启式安全阀

安全阀可按阀芯在开启时升高的程度,分为微启式安全阀和全启式安全阀。

如以 d 为阀座喉径,h 为阀芯提升高度。当 $h \geqslant \frac{1}{4}d$ 时,称为全启式;当 h 在 $\frac{1}{40}d \sim \frac{1}{20}d$ 时,称为微启式。

微启式安全阀的阀芯外径与阀座密封面外径一致或略大一些。当介质流出时,阀芯受到向上托力升高的高度较小,其启闭动作比较迅速,一般适用于流体介质的泄压。

全启式安全阀,在其阀芯上都有较大的阀盘。当介质流出时,可产生较大的托力,使阀芯升高较多,如图4—5所示。这种安全阀启闭比较缓和,排放量大,回座性能好,适用于汽(气)体介质的泄压。

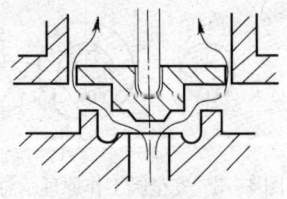

图4—5 全启式安全阀的开启

三、安全阀的型号

安全阀的型号、规格和参数，主要包括安全阀的连接形式、结构形式、密封材料、阀体材料及公称压力和公称直径等，详见第十节。

对于弹簧式安全阀，由于弹簧本身的特性，每种弹簧的压力受到一定的限制，因此，不同公称压力的弹簧式安全阀就配有不同压力级的弹簧。在一定压力级范围内使用时，安全阀能够保证一定的灵敏度。选用时，必须根据锅炉工作压力所要求的安全阀开启压力来选择安全阀，并提出弹簧的压力级别。锅炉上常用弹簧式安全阀的密封压力级别见表 4—1。选购时，如不提出明确要求，则一般都按 p_V 级供货。

表 4—1　　　　弹簧式安全阀密封压力分级

公称压力 MPa	密封压力，MPa				
	p_I	p_{II}	p_{III}	p_{IV}	p_V
1.0	>0.05~0.1	>0.1~0.25	>0.25~0.4	>0.4~0.6	>0.6~1.0
1.6	>0.25~0.4	>0.4~0.6	>0.6~1.0	>1.0~1.3	>1.3~1.6
2.5	/	/	>1.0~1.3	>1.3~1.6	>1.6~2.5
4.0	/	/	>1.6~2.5	>2.5~3.2	>3.2~4.0

在进行安全阀排放量计算时，选用安全阀的喉径，而安全阀型号所指的公称直径是指安全阀进口处的内径，两者之间的关系见表 4—2。

表 4—2　　　　弹簧式安全阀公称直径与喉径

	公称直径 D_g, mm	25	32	40	50	80	100	150
微启式	喉径 d_0, mm	20	25	32	40	65	80	—
	喉部面积 A, mm²	3.14	4.81	8.04	12.57	33.2	50.27	—

续表

	公称直径 D_g,mm	25	32	40	50	80	100	150
全启式	喉径 d_0,mm	—	—	25	32	50	65	100
	喉部面积 A,mm²	—	—	4.81	8.04	19.65	33.2	78.5

四、对安全阀的要求

(1) 蒸汽锅炉额定蒸发量大于 0.5 t/h，至少装设两个安全阀（不包括省煤器安全阀）；额定蒸发量小于或等于 0.5 t/h、或小于 4 t/h 且装有超压联锁保护装置的，至少装一个安全阀。热水锅炉额定热功率大于 1.4 MW（120×10⁴ kcal/h）时，至少装设两个安全阀；额定供热量小于或等于 1.4 MW（120×10⁴ kcal/h）时，至少装一个安全阀。

可分式省煤器出口处、蒸汽过热器出口处，都必须装设安全阀。

额定蒸汽压力小于 0.1 MPa 的锅炉可采用静重式安全阀或水封式安全装置。

(2) 安全阀应铅直安装，并尽可能装在锅筒、集箱的最高位置。在安全阀和锅筒之间或安全阀和集箱之间，不得装有取用蒸汽（热水）的出汽（水）管和阀门。

(3) 安全阀的总排汽量，必须大于锅炉额定蒸发量，并且在锅筒和过热器上所有安全阀开启后，锅筒内蒸汽压力不得超过设计压力的 1.1 倍。

过热器安全阀的排汽量，应保证在该排汽量下过热器有足够的冷却，不致被烧坏。

热水锅炉安全阀的泄放能力应满足所有安全阀开启后锅内压力不超过设计压力的 1.1 倍。

(4) 安全阀必须有下列装置：

1) 弹簧式安全阀要有提升手把和防止随便拧动调整螺钉的装置。

2) 杠杆式安全阀要有防止重锤自行移动的装置和限制杠杆

越出的导架。

3) 静重式安全阀要有防止重片飞脱的装置。

(5) 对于额定蒸汽压力小于或等于 3.8 MPa 的锅炉,安全阀喉径不应小于 25 mm;对于额定蒸汽压力大于 3.8 MPa 的锅炉,安全阀喉径不应小于 20 mm。

(6) 如果几个安全阀装在与锅筒直接相连的同一短管上,则短管的通路截面积不应小于所有安全阀流道面积之和。

(7) 安全阀一般应装设排汽管,排汽管应尽量直通室外,并有足够的截面积,保证排汽畅通。

安全阀排汽管底部应装有接到安全地点的疏水管。在排汽管和疏水管上都不允许装设阀门。

(8) 省煤器上的安全阀应装排水管并通至安全地点,在排水管上不允许装设阀门。

(9) 热水锅炉安全阀阀座喉径不应小于 25 mm。安全阀应装设泄放管,在泄放管上不允许装阀门。泄放管应直通安全地点,并有足够的截面积和防冻措施,保证排泄畅通。

(10) 对于新安装的锅炉及检修后的安全阀,都应校验安全阀的整定(始启)压力(开始开启时的进口压力)和回座压力(重新关闭时的进口压力)。安全阀的启闭(回座)压差(整定压力和回座压力之差,用整定压力百分数表示)一般为始启压力的 4%~7%,最大不超过 10%。当整定(始启)压力小于 0.30 MPa 时,最大启闭压差为 0.03 MPa。使用过程中的安全阀每年至少应校验一次。

安全阀校验后,其始启压力、回座压力等校验结果应记入锅炉技术档案。

安全阀经校验后,应加锁或铅封。严禁用加重物、移动重锤、将阀芯卡死等手段来任意提高安全阀始启压力或使安全阀失效。锅炉在运行中,严禁将安全阀解列。

(11) 为防止安全阀的阀芯和阀座粘连,应定期对安全阀做手动或自动的排汽、放水试验。

第二节 水封安全装置

一、水封安全装置的作用与原理

工作压力在 0.10 MPa 以下的小型锅炉，由于额定压力低，允许的波动压力也较大，如果将常用的弹簧式或杠杆式安全阀装在这种锅炉上，往往因灵敏度达不到要求，而发生超压事故。为了满足低压小型锅炉安全运行的要求，可以采用水封安全装置代替安全阀。

水封安全装置的工作原理是依靠水柱压力来控制锅炉排汽，使锅炉工作压力保持在允许压力范围以内。

二、水封安全装置的形式与结构

常用的水封安全装置有无套管式和套管式两种。

1. 无套管式水封安全装置

无套管式水封安全装置主要由 U 形管、定压管、缓冲箱和排汽管等构件组成，如图 4—6 所示。

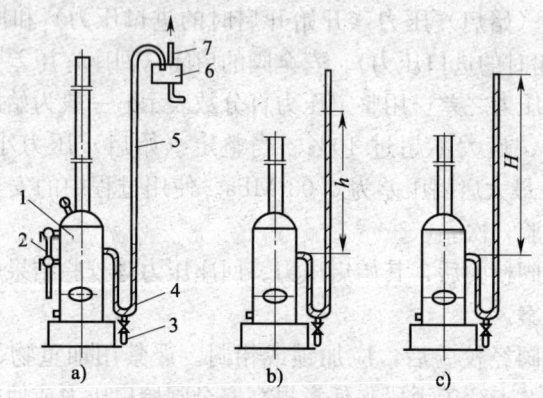

图 4—6 无套管式水封安全器
1—锅炉 2—水位表 3—放水管 4—U 形管
5—定压管 6—缓冲箱 7—排汽管

(1) U形管

U形管的一端与锅筒相通,它在锅筒上的开孔位置,可以在汽室间的最高点,也可以开在锅炉的最低点水位线与最高火界之间,如开在水室间一般与水位表的水连管相平,U形管的另一端与定压管相通。

(2) 定压管

定压管实际是U形管的向上延长部分,其高度应根据锅炉工作压力确定:

$$H = p \times 1.02 \times 10^5 + 200 \quad (mm)$$

式中 H——定压管的高度,mm;

p——锅炉工作压力,MPa;

1.02×10^5——一个表压力的水柱高换算系数,mm/MPa;

200——考虑到定压所需及可能有微小泄漏而增加的裕量,mm。

(3) 缓冲箱

缓冲箱的作用是分离水汽并将蒸汽排入大气,将水排至安全地点。如果在排水处无危险,则可不设此箱。

锅炉在升压前,U形管的水位与锅炉水位相平,如图4—6a所示。当锅炉压力升至工作时,定压管内水位上升,如图4—6b所示。水面高度差H(mm)=锅炉工作压力(MPa)$\times 1.02 \times 10^5$。当锅炉压力达到最高许可压力,即锅炉额定工作压力加上200 mm水柱时,水面高度差达到最大(H)值,如图4—6c所示。

当锅炉超压时,锅水通过U形管和定压管不断溢出,直至水位降到U形管在锅炉上的开孔处,从而迫使锅内蒸汽通过U形管和定压管排出,达到泄压的目的。因为锅水已经排出很多,如要继续运行必须向锅炉大量给水,直至水位恢复正常。因此,安装无套管式水封安全装置的锅炉不能连续运行。

2. 套管式水封安全装置

套管式水封安全装置主要由储水罐、连通管、安全管、循环管、套管和排汽管等构件组成，如图4—7所示。

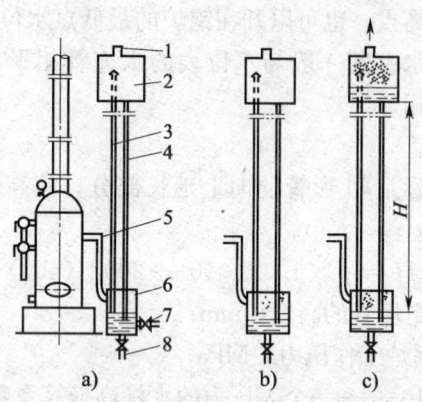

图4—7 套管式水封安全器
1—排汽管 2—储水罐 3—安全管 4—循环管
5—连通管 6—套管 7—给水管 8—排污管

当锅炉内没有压力时，锅筒、安全管和循环管中的水面保持在同一水平线上，如图4—7a所示。在锅炉正常运行时，各管的水位不一致，但处于稳定状态，如图4—7b所示。当锅炉压力超过最高许可压力（即高度为H的水柱压力）时，安全管和循环管内的水位就上升，锅水经过循环管不断溢入储水罐。当锅炉水位降到连通管位置，锅内蒸汽随之由安全管排出，从而达到泄压的目的，如图4—7c所示。

随着锅炉压力下降，储水罐内的水自动由循环管回流，使安全管中水位逐渐升高，直至恢复到图4—7b的位置，锅炉即可继续安全运行。

上述两种水封安全装置的共同优点是，结构简单，制造方便，灵敏可靠，只要设计和安装正确，就能保证锅炉不发生超压事故。特别是套管式安全装置在蒸汽排出后能够连续运行，因此，安全可靠。缺点是，需要有较高的水柱，如工作压力为0.07MPa的锅炉，就要有超过7m高的水柱；对于高度不够的锅炉房，可以在房顶上开孔，将定压管或安全管与循环管穿出屋顶。

采用上述两种水封安全装置时，必须采取必要的防冻措施，其水封装置的水封管系统的管径，即U形管、定压管或连通管、安全管、循环管及排汽管的管径应根据锅炉的受热面积，按表4—3选取。

表4—3　　　　水封安全器水封管系统管径

锅炉受热面积，m^2	<2	2～3.5	3.5～5	5～6
水封管系统管径，mm	25	32	38	51

第三节　压　力　表

一、压力表的作用

压力表是一种测量压力大小的仪表，可用来测量锅炉内实际的压力值，压力表指针的变化可以反映燃烧及负荷的变化。司炉人员根据压力表的指标数值来调节燃烧，使之适应外界负荷的变化，将锅炉压力控制在允许的范围内，达到安全运行的目的。因此，压力表也是锅炉上不可缺少的安全附件，司炉人员常将压力表比喻为"眼睛"。

二、压力表的结构与原理

锅炉上普遍使用的压力表，主要是弹簧管式压力表，它由表盘、弹簧弯管、连杆、扇形齿轮、小齿轮、中心轴、指针等零件组成，如图4—8所示。

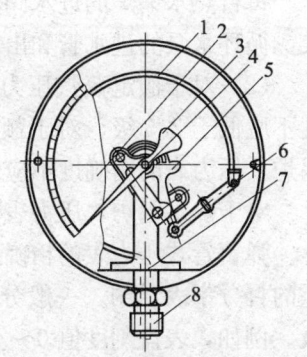

图4—8　弹簧管式压力表
1—弹簧弯管　2—表盘　3—指针
4—中心轴　5—扇形齿轮　6—连杆
7—支承座　8—管接头

弹簧管是用金属管制成的,管子截面呈扁平圆形,它的一端固定在支承座上,并与管接头相通;另一端是封闭的自由端,与连杆连接。连杆的另一端连接扇形齿轮,扇形齿轮又与中心轴上的小齿轮相衔接。压力表的指针,固定在中心轴上。

当被测介质的压力作用于弹簧管的内壁时,弹簧管扁平圆形截面就有膨胀成圆形的趋势,从而由固定端开始逐渐向外伸张,也就是使自由端向外移动,再经过连杆带动扇形齿轮与小齿轮转动,使指针向顺时针方向偏转一个角度。这时指针在压力表表盘上指示的刻度值,就是锅炉内压力值。锅炉压力越大,指针偏转角也越大。当压力降低时,弹簧弯管力图恢复原状,加上游丝的牵制,使指针返回到相应的位置。当压力消失后,弹簧弯管恢复到原来的形状,指针也就回到始点(零位)。

三、对压力表的要求

(1) 每台蒸汽锅炉必须装有与锅筒蒸汽空间直接相连的压力表。在给水管的调节阀前、可分式省煤器出口、过热器出口与主汽阀之间,都应装压力表。

每台热水锅炉的进水阀出口和出水阀入口,都应装一个压力表。循环水泵的进水管和出水管上也应装压力表。

(2) 对于额定蒸汽压力小于 2.5 MPa 的锅炉,压力表精确度不应低于 2.5 级;对于额定蒸汽压力大于或等于 2.5 MPa 的锅炉,压力表的精确度不应低于 1.5 级。

对于热水锅炉,压力表的精确度不应低于 2.5 级。

弹簧管式压力表的精确度等级,是以表盘刻度极限值允许误差的百分率表示的,一般分为 0.5、1、1.5、2、2.5、4 六个等级。例如,表盘刻度值 0~2.5 MPa,精确度为 2.5 级的压力表,它的指针所示压力值与被测介质的实际压力值之间的允许误差,不得超过 2.5×(±2.5%)=±0.061 25 MPa,当压力表指示介质压力为 0.687 MPa 时,实际压力在 0.626~0.748 MPa 之间。

(3) 压力表的表盘刻度极限值应为工作压力的 1.5~3.0 倍,

最好选用2倍。因为压力表的表盘刻度极限值越大，其允许误差的绝对值和视觉误差也都随之增大，故使读数不准确。若工作压力接近压力表表盘刻度极限值，就会使表内弹簧弯管经常处于很大的变形状态，不但容易产生永久变形，增大压力表的误差，而且万一发生超压，还可能使指针越过表盘刻度极限值指向零位，使司炉人员产生错觉，造成锅炉超压事故。

（4）压力表的表盘大小，应保证司炉人员能清楚地看到压力指示值。压力表的安装位置距操作平面不超过2 m时，表盘公称直径应不小于100 mm；当间距为2～4 m时，表盘公称直径应不小于150 mm；当间距超过4 m时，表盘公称直径应不小于200 mm。

（5）压力表装置的校验和维护，应符合国家计量部门的规定。压力表装用前应校验，并在刻度盘上（不是表盘玻璃上）划红线指出工作压力或选用标有红色箭头的定位压力表。装用后一般每半年至少校验一次，校验后应封印。

（6）压力表的装设应符合下列要求：

1）压力表安装的位置，应便于观察和冲洗，表盘宜向前倾斜15°，并应防止受到高温、冰冻和震动等影响。

2）压力表与锅筒之间应有存水弯管，如图4—9所示。使蒸汽或热水在其中冷却后再进入弹簧弯管内，避免由于高温造成读数误差，甚至损坏表内的零件。存水弯管的内径，用铜管时不应小于6 mm，用钢管时不应小于10 mm。存水弯管的下部，最好装有放水旋塞，以便停炉后放掉管内积水。

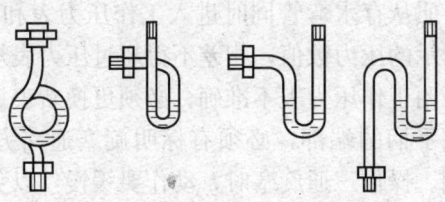

图4—9　不同形状的存水弯管

3) 压力表与存水弯管之间应装有三通旋塞，以便冲洗管路和检查、校验、卸换压力表，其方法如图 4—10 所示。

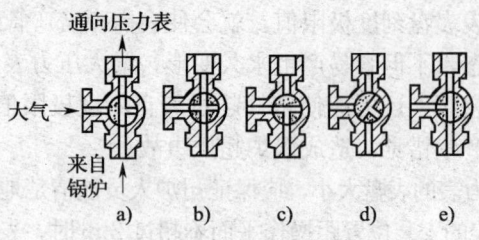

图 4—10　三通旋塞位置变换图

图 4—10a 是压力表正常工作时的位置。此时，锅炉介质通过存水弯管与压力表相通，压力表指示锅炉压力值。

图 4—10b 是检查压力表时的位置。此时，锅炉与压力表隔断，压力表与大气相通，因为表内没有压力，所以如果指针不能回零位，证明压力表已经失效，必须更换。

图 4—10c 是冲洗存水弯管时的位置。此时锅炉与大气相通，而与压力表隔断，存水弯管中的积水和污垢，被锅炉里的介质吹出。

图 4—10d 是使存水弯管存水时的位置。此时存水弯管与压力表和大气都隔断，锅炉蒸汽或热水在存水弯管里逐渐冷却积存，然后再把三通旋塞转到图 4—10a 的正常工作位置。

图 4—10e 是校验压力表时的位置。此时锅炉同时与工作压力表与校验压力表相通。三通旋塞的左边法兰上接有校验用的标准压力表，介质从存水弯管同时进入工作压力表和校验压力表。两块压力表指示的压力数值，相差不得超过压力表规定的允许误差，否则，证明工作压力表不准确，必须更换新表。

三通旋塞手柄的端部，必须有标明旋塞通路方向的指示箭头，以便识别。操作三通旋塞时，动作要缓慢，以免损坏压力表机件。

4) 压力表的连管如果太长，可在靠近锅筒处的连接管上加装阀门（或旋塞），以便在检修压力表及附件时切断用。但在运行中，必须将所装阀门（或旋塞）的手轮（或手柄）拆去或加锁，以免误关而造成重大事故。

(7) 压力表有下列情况之一时，应停止使用：

1) 有限止钉的压力表在无压力时，指针转动后不能回到限止钉处；没有限止钉的压力表在无压力时，指针离零位的灵敏值超过压力表规定的允许误差。

2) 表面玻璃破碎或表盘刻度模糊不清。

3) 没有封印，封印损坏或超过校验有效期限。

4) 表内泄漏或指针跳动。

5) 其他影响压力表准确的缺陷。

第四节 水位表

一、水位表的作用与原理

水位表是一种反映液位的测量仪表，用来指示锅炉内水位的高低，可帮助司炉人员监视锅炉水位的动态，以便控制锅炉水位在正常范围之内。因此，水位表也是蒸汽锅炉的主要安全附件之一。

水位表的工作原理和连通器的工作原理相同（第一章第二节）。因为锅炉的锅筒是一个大容器，水位表是一个小容器，当将它们连通后，两者的水位必定在同一高度上，所以水位表上显示的水位也就是锅筒内的实际水位。

二、水位表的结构

锅炉上常用的水位表有玻璃管式、平板式和双色水位计三种。

1. 玻璃管式水位表

玻璃管式水位表主要由玻璃管、汽旋塞、放水旋塞等构件组成，如图4—11所示。

图中三个旋塞的手柄都是向下的，表明汽旋塞和水旋塞都是通路，而放水旋塞是闭路。这是水位表正常工作时的位置，与一般使用的旋塞通路相反。如果手柄不是向下,一旦受到碰撞或震动,很容易下落,从而由于改变了旋塞通路位置而发生事故。

在锅炉运行时,必须同时打开水位表的汽旋塞和水旋塞。如果不打开汽旋塞,只打开水旋塞,锅水也会经水连管进入玻璃管内。但是,此时锅筒内的压力高于玻璃管内的压力,玻璃管内的水位必然高于锅筒内的实际水位,而形成假水位;反之,如果不打开水旋塞,只打开汽旋塞,由于蒸汽不断冷凝,会使玻璃管内存满水,同样也会形成假水位。所以只有同时打开水位表的汽、水旋塞,使锅筒和玻璃管内的压力一致,才能使水位显示正确。

水位表玻璃管中心线与上下旋塞的垂直中心线应互相重合,否则玻璃管受扭力容易损坏。

水位表应有防护罩,防止玻璃管炸裂时伤人。最好用较厚的耐温钢化玻璃板将玻璃管罩住,但不应影响观察水位,不能用普通玻璃板作防护罩,否则当玻璃管损坏时会连带玻璃板破碎,反而增加危险。有的用薄铁皮制成防护罩,为了便于观察水位,在防护罩的前面开有宽度大于 12 mm,长度与玻璃管可见长度相等的缝隙,并在防护罩后面留有较宽的缝隙,以便光线射入,使司炉人员清晰地看到水位。

为防止玻璃管破裂时汽水喷出伤人,最好配用带钢球的旋塞。当玻璃管破裂时,钢球借助汽水的冲力,自动关闭旋塞。

玻璃管式水位表结构简单,制造安装容易,拆换方便,但显示水位不够清晰,玻璃管容易破碎,适用于工作压力不超过 1.6 MPa 的小型锅炉,常用规格有 D_g15(玻璃管公称直径为 15 mm)和 D_g20 两种。

2. 平板式水位表

平板式水位表有单面玻璃板和双面玻璃板两种。主要由玻璃板、金属框盒、汽旋塞、水旋塞和放水旋塞等构件组成,如图 4—12 所示。

单面玻璃板水位表在金属框盒的前面镶有一块平板玻璃,接

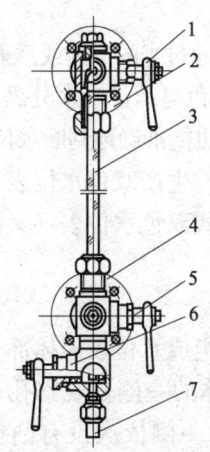 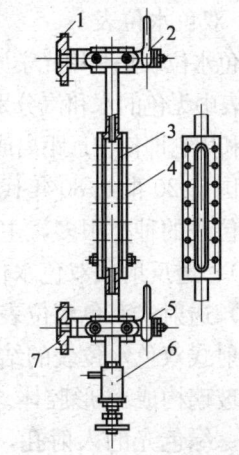

图 4—11 玻璃管式水位表　　　图 4—12 平板式水位表
1—汽旋塞　2—接汽连管的法兰　　1—接汽连管的法兰　2—汽旋塞
3—玻璃管　4—接水连管的法兰　　3—玻璃板　4—金属框盒　5—水旋塞
5—水旋塞　6—放水旋塞　7—放水管　　6—放水阀　7—接水连管的法兰

触面用石棉纸板做衬垫，然后用螺钉将框盖压在框盒上，使框盖、框盒、衬垫和玻璃板紧密结合。在拧紧框盒螺钉时，应用扳手使每只螺钉的压紧度尽量相同，保证不渗漏。

在玻璃板的内表面刻有三角棱形凹槽，由于光源在前面，光线通过凹槽产生折射作用，使水位表中蒸汽部分较亮，存水部分较暗，汽水分界线相当清晰。

双面玻璃板水位表在金属框盒的前后两面都镶有平板玻璃。光源一般放在后面，光线折射后使水位表中蒸汽部分较暗，而存水部分反而较亮，水位很容易辨别。

平板式水位表结构虽较复杂，但安全可靠，显示水位清晰，所以应用广泛。

玻璃板（管）水位表由于直接显示水位，所以又称直读式水位表。锅炉上必须装有一个直读式水位表。

3. 双色水位表

双色水位表是利用光学原理设计的,通过光的反射或透射作用,使水位表中无色的水和汽分别以不同的颜色显示,汽水分界面清晰醒目,利用它即使在远距离或夜间操作者也能准确地判断水位。

我国自 20 世纪 80 年代初开始研制、生产双色水位表。目前双色水位表的种类很多,主要有:透射式双色水位表(又称透射折射式)、透反射式双色水位表等。

(1) 透射式双色水位表

透射式双色水位表的结构特点是,组成水位表腔体部分的两块平板玻璃构成 V 形腔体。在 V 形腔体的一侧是观察孔;另一侧是红、绿色光的入射孔,在入射孔的一侧依次设有凸柱面透镜,红、绿玻璃、光源和反光镜。光源是由位置可以调整的三个灯泡组成。其结构原理如图 4—13 所示。

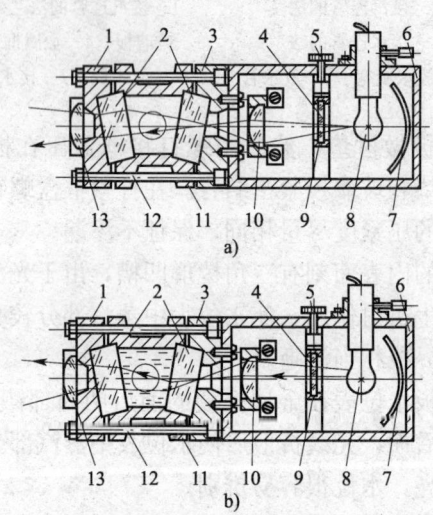

图 4—13 透射式双色水位表结构原理图
a) 无水部位光路 b) 有水部位光路
1、3—基板 2—平板玻璃 4—绿玻璃 5—调节螺钉 6—壳体 7—反光板
8—光源 9—红玻璃 10—凸柱面镜 11—容体 12—螺栓 13—显示屏

图 4—13a 是水位表内无水部位的光路图，光路中有箭头标记的光线是红、绿玻璃交界线。

图 4—13b 是水位表内有水部位的光路图。利用折射原理，在有水时，红光偏过观察孔从而看不到红光，而绿光从观察孔射出，从显示屏上就可以观察到显示水位的绿色。

透射式双色水位表原理，实际上就是利用棱镜的折光作用。

透射式双色水位表的调整分粗调和细调两个步骤进行。

粗调：当水位表中无水时，调整红、绿玻璃支架和三个灯泡的位置，在观察孔中找出红，绿光的交界线，使交界线处于显示屏中间，并细调整三个灯泡的位置，使显示屏中观察到的红、绿光的交界线位于观察孔中心，并使上下成一条线。再观察照明光源，避免造成明显地偏向一方。如果发现光源红、绿玻璃明显偏向一方，应尽量向中心调整，并重复上述调整过程。

细调：粗调完毕后，紧固光源固定螺钉，固定三个光源位置。然后微调红、绿玻璃固定支架，使红、绿玻璃交界线向一边偏移，红光从观察孔射出为止。

调整完毕后，向水位表腔内注水，观察到有水部位变成绿色显示，到满水时，当看到全部变成绿色时调整基本完成。

调整好后要验证满水时是否全部呈绿色，无水时是否全部呈红色，水位在水位表中间位置时，要观察到下半部分呈绿色，上半部分呈红色。

这种水位表可以在水位计玻璃表面加云母片，可防止玻璃腐蚀，所以在中高压锅炉上应用较多。

（2）透反射式双色水位表

透反射式双色水位表是在透射式、反射式和反透射式双色水位表的基础上发展起来的。

透反射式双色水位表结构如图 4—14 所示。

透反射式双色水位表由一块全反射棱镜和一个带槽的金属容体构成连通腔体，与直角形基板紧固而成。基板的一侧设有观察

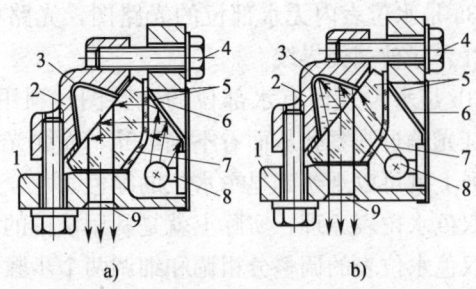

图 4—14 透反射式双色水位表结构原理图
a) 无水部位光路 b) 有水部位光路
1—基板 2—容体 3—红色板 4—螺栓
5—棱镜 6—绿玻璃 7—红玻璃 8—光源 9—观察孔

孔，另一侧设有绿玻璃、红玻璃、光源和反光板、侧盖板，形成了一个结构独特的双光路照明系统。在腔体内设置了红色板。

图 4—14 是透反射式双色水位表横向截面视图。图 4—14a 是水位表内无水部位光路。在反射和折射的作用下，在水位表无水部位呈绿色显示，在观察孔只能看见显示汽的绿色光，而看不见显示水位的红色光。

图 4—14b 是水位表内有水部位光路。同样道理，因水位计腔体内有水，当水位表内有水时，在观察孔可以看见显示水位的红色光，而看不见显示汽的绿色光。

通过上述对水位表光路的分析可知，如果水位表内水位发生变化，在观察孔观察到的显示水、汽位的红、绿颜色也同步发生变化。

透反射式双色水位表不但具有反射式、反透射式双色水位表的结构简单、体积小、重量轻、使用和安装不需要调整和制造成本低等优点，更为突出的是，透反射式双色水位表还从多方面加强了水的显示效果，使水位表使用受水质影响小，抗污力强，即使在水质混浊时也能在远距离（60 m）和夜间清楚地分辨水位，使用中显示水、汽位的红绿颜色永不会"混色"。

这种水位表由于结构简单、成本低、适应水质能力强，所以在 2.5 MPa 压力级以下得到普遍应用。

(3) 其他类型双色水位表

除了前面介绍的透射式双色水位表、透反射式双色水位表，还有一种反透射式双色水位表。

反透射式双色水位表类型较多，图 4—15 是双镜式反透射式双色水位表，图 4—16 是单镜式反透射式双色水位表，还有其他形式

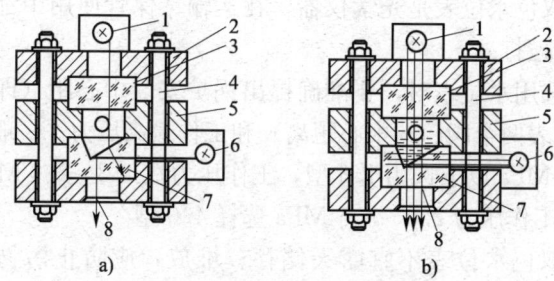

图 4—15 双镜式反透射式双色水位表
a) 无水部位光路　b) 有水部位光路
1—绿灯　2—基板　3—平板玻璃　4—螺栓
5—容体　6—红灯　7—沟槽玻璃　8—观察孔

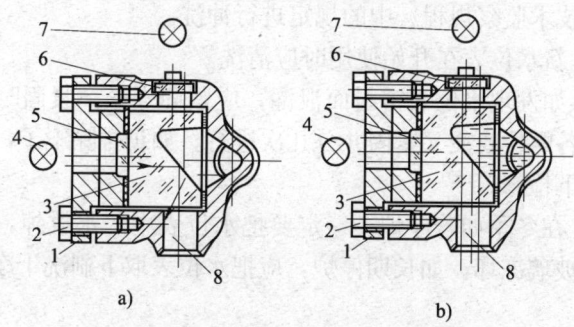

图 4—16 单镜式反透射式双色水位表
a) 无水部位光路　b) 有水部位光路
1—基板　2—螺栓　3—沟槽玻璃　4—光源
5—红玻璃　6—绿玻璃　7—容体　8—观察孔

反透射式双色水位表。这种水位表玻璃有沟槽，在使用中容易挂污。

(4) 双色水位表的使用与维护

如果能正确地使用和维护保养双色水位表，就能清楚地显示水位，延长使用寿命，所以正确地使用和维护双色水位表，是保证锅炉安全运行的重要措施。

1) 双色水位表是光学仪器，在运输、保管使用中都严禁摔碰或用力敲打。

2) 选用水位表时，要准确提出锅炉安装中心距（即锅炉上安装水位表两个阀门的中心距离）和工作最高压力。一般工作压力在1.3 MPa以下选用1.6型，工作压力在1.3～2.0 MPa选择2.5型。工作压力2.0～3.5 MPa选择4.0型。

3) 双色水位表不宜露天储存、堆放，应防止污物进入表内。

4) 安装水位表前，要检查各部位是否堵塞。在冬季，一定要等水位表升至室温后再安装，安装后待水位表预热后再用。

5) 双色水位表在应用时同平板水位表一样，要按《蒸汽锅炉安全技术监察规程》中的规定进行冲洗。

6) 新水位表在开始使用时应清洗。

7) 如发现水位表密封面泄漏，应紧固螺丝。紧固时用力要均匀，各螺栓要交叉紧固并分几次进行，如仍排除不了，可将水位表卸下检修。

8) 在冬季如若停炉，一定要把水位表中的水放掉，以免把水位表玻璃冻坏。如长期停炉，应把水位表取下刷洗干净晾干保存。

9) 水位表玻璃在使用中被腐蚀是正常现象。使用压力越大，水含碱度越高，冲洗越勤腐蚀就越快。所以在应用双色水位表时（平板水位表也是这样），应依据锅炉水质的条件，掌握玻璃被腐蚀情况，要定期更换水位表玻璃，以防止玻璃腐蚀后突然破损而造成事故。

10) 水位表上的密封垫，阀门衬套等，长时间使用会发生磨损、腐蚀和老化，应定期更换。

11) 当水位表出现假水位或水位不动等现象时，应立即检查水位表内各连接处和通路是否堵塞。

12) 观察水位，一定要在水位表正面，这样看到的水位才是锅炉的实际水位。

13) 如水位表显示的一种颜色或两种颜色完全消失，一般是光源电路发生故障，应检查线路、灯泡是否接触不良或损坏。

三、对水位表的要求

（1）每台蒸汽锅炉至少应装有两个彼此独立（即各水位表的汽、水连接管分别接到锅炉上）的水位表，其中一个为直读式。但额定蒸发量小于或等于 0.5 t/h 或小于等于 2 t/h 且装有一套水位示控装置的锅炉，可以装一个水位表。

（2）水位表应装在便于观察的地方，并应有下列标志和防护装置：

1) 水位表应有指示最高、最低安全水位的明显标志。水位表玻璃板（管）的下部可见边缘应比最低安全水位至少低 25 mm，且比最高火界至少高 50 mm。水位表玻璃板（管）的上部可见边缘应比最高安全水位至少高 25 mm。

2) 为防止水位表损坏时伤人，玻璃管式水位表应有防护装置（如保护罩、快关阀、自动闭锁珠等），但不得妨碍观察真实水位。

3) 水位表应有放水阀门（或放水旋塞）和接到安全地点的放水管。

（3）水位表的结构和装置应符合下列要求：

1) 锅炉运行时能够吹洗和更换玻璃板（管）。

2) 用两块及两块以上玻璃板上下交错并列成一个水位表时，能够保证连续指示水位。

3) 水位表（或水表柱）和锅筒之间的汽水连接管内径不得小于 18 mm，连接管长度大于 500 mm 或有弯曲时，内径应适当放大，以保证水位表灵敏准确。

4) 连接管应尽可能的短，安装时，必须保证汽连管中的凝结水应能自行流向水位表，水连管中的水应能自行流向锅筒，如图 4—17a 所示，以防形成假水位。

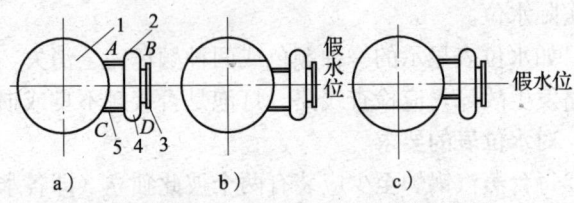

图 4—17　水位表安装位表
a) 正确位置　b、c) 错误位置
1—锅筒　2—汽连管　3—水位表　4—水表柱　5—水连管

图 4—17b 中，水表柱与锅筒的汽连管低于水位表与水表柱的汽连管，汽连管中的凝结水不能自行流向水位表。当锅炉严重满水时，即使锅筒中水位高于汽连管，由于水位表内积聚的部分蒸汽一时不能消除，可见到仍是较低水位线，此时实际上是假水位。

图 4—17c 中，水位表与水表柱的水连管低于水表柱与锅筒的水连管，水位表中一部分水不能自行流向锅筒。当锅炉严重缺水时，即使锅筒水位低于水位表与水表柱的水连管，水位表中仍存在水位，显然此时也是假水位。

5) 旋塞的内径及坡璃管的内径都不得小于 8 mm。

(4) 水位表（或水表柱）和锅筒之间的汽水连接管上，应装有阀门，在正常运行时必须将阀门全开。

(5) 锅筒上应有与图纸相吻合的正常水位线标志，安装施工时，应给以确定最高（低）水位线。

第五节 低地位水位计

一、低地位水位计的作用与原理

当水位表距离操作地面高于 6 m 时，司炉人员观察水位就很不方便，为此应加装低地位水位计。

低地位水位计实质上是一个水位转换器和差压计的组合。它先通过冷凝器将水位转换成压差，然后用内部注入重液或轻液平衡这一压差的 U 形管液位差来显示。

二、低地位水位计的形式与结构

常用的低地位水位计有重液和轻液式两种形式。

1. 重液式低地位水位计

重液式低地位水位计主要由冷凝器、沉淀箱、U 形连通管和重液器和阀门等构件组成，如图 4—18 所示。

（1）工作原理

在锅炉运行时，低地位水位计中的阀门除 4、5 开启外，其余均处于关闭状态。当锅筒中的蒸汽不断进入冷凝器凝结成水时，多余的水通过溢水管流至沉淀箱。由于 U 形管右侧的水柱高度保持不变，U 形管左侧的水柱高度却是随锅筒水位的高低而变化。因此，锅筒内水位的变化必然引起 U 形管中重液液面的变化。当锅筒中的水位升高时，部分重液就从 U 形管的左边流到右边，使低水位表中的液面随之升高。当锅筒中水位下降时，部分重液从

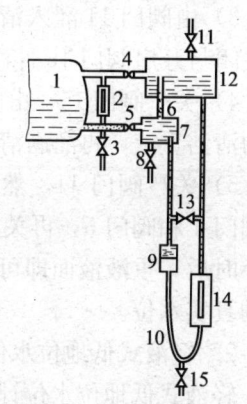

图 4—18 重液式低地位水位计
1—锅筒 2—高水位表
6—溢水管 7—沉淀箱
9—重液器 10—U 形连通管
12—冷凝器 14—低水位表
3、4、5、8、11、13、15—阀门

U形管的右边流到左边，使低水位表中的液面随之降低。因此，低水位表上反映的液位与锅炉内的真实水位是完全对应的，这样就便于司炉人员在操作岗位上监视水位的变化。

低地位水位计所用的重液应不溶于水，密度大于1 000 kg/m³而小于2 000 kg/m³，沸点较高，黏度低，且无腐蚀作用。常用的有三氯甲烷（密度为1 489 kg/m³）、四氯化碳（密度为1 623 kg/m³）等。为了便于观察，在重液中一般加入红色染料，使汽水分界线十分明显。

锅炉运行日久，重液易被杂质污染，而使水位模糊不清，因此必须及时更换。

(2) 操作顺序

1) 开启阀门13，关闭阀门4和阀门5。

2) 开启阀门11泄压，开启阀门15排除重液和存水。

3) 由阀门11灌入清水，并通过间断关闭与开启阀门15冲洗U形管。

4) 关严阀门15，由阀门11加入适量的清洁重液，再灌满清水。

5) 关严阀门11，然后双手同时开启阀门4和阀门5，再关严阀门13，约半小时后，重液液面即可正确反映锅炉内的真实水位。

2. 轻液式低地位水位计

轻液式低地位水位计的结构和工作原理与重液式相似，但U形管要倒置，在顶部还要有空气阀，以便排除弯管向上凸出部位的气体和装入轻液，如图4—19所示。

当锅炉中水位升高，部分轻液就从∩形管的左边流到右边，使低水位表中

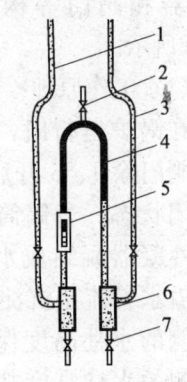

图4—19 轻液式低地位水位计

1—通锅筒水容积的管路
2—空气阀
3—通冷凝器的管路
4—∩形连通管 5—低水位表
6—沉淀箱 7—排污阀

的水面随之升高。当锅炉中水位下降时,部分轻液从∩形管右边流到左边,使低水位表中水面随之降低。

轻液常用机油、煤油和汽油,按不同比例配成密度为700～800 kg/m³ 的混合液,再加入适量的红色液体作染色剂。由于轻液比重液容易配制,显示比较灵敏,所以轻液式低地位水位计比重液式用得多。

用低地位水位计监视水位,在控制室内应有两个可靠的低地位水位计。低地位水位计应单独接到锅筒上,其连接管内径不应小于18 mm,并需有防冻措施,以防止出现假水位。

使用低地位水位计时,水位显示的正确程度与锅炉汽压变化有直接关系。因为炉水的密度随锅炉压力的高低发生变化,而工作液的密度是基本上不变的。所以,当锅炉压力变化较大时,低地位水位计显示的水位误差也较大。为了避免水位误差造成缺水或满水事故,使用低地位水位计的锅炉,仍要保持锅炉有正常的水位表,在锅炉运行时,至少有一个水位表正常工作,并经常进行校核,以便及时消除低地位水位计误差。在判断和处理锅炉缺水和满水事故时,应以锅筒上的水位表的水位为准。

第六节 排污和放水装置

一、排污的作用

锅炉在运行中,由于锅水不断的蒸发、浓缩,使水中的含盐量不断增加。所谓排污即是连续或定期从锅内排出一部分含高浓度盐分的锅水和锅炉底部的泥渣、水垢等杂质,以达到保持锅水和蒸汽质量的目的。

二、定期排污装置

定期排污装置一般是由设在锅筒和下集箱的最低处的两只串联的排污阀和排污管组成的。其中靠近锅炉的一只是慢开阀,另一只是快开阀,如图4—20所示。主要是排出锅炉底部的泥渣和水垢。

常用的排污阀有旋塞式、齿条闸门式、摆动闸门式、慢开闸门式和慢开斜球形等多种形式。

1. 旋塞式排污阀

旋塞式排污阀主要由阀芯和阀体两部分组成,如图4—21所示。阀芯呈上大下小的圆锥形,中间开有长圆形的对穿孔,以流通锅水。当阀芯旋转90°时,其长圆孔与阀体接触,阀门即关闭。阀芯上部用填料与阀门密封。这种阀门属于快开型,虽然结构简单,但是阀芯很容易受热膨胀,只好拧动阀底螺钉,将阀芯顶起。由于阀芯转动困难,所以目前已很少使用。

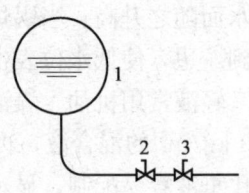

图4—20 排污阀串联装置
1—锅筒 2—慢开阀
3—快开阀

2. 齿条闸门式排污阀

齿条闸门式排污阀主要由齿条、闸板、阀座和阀体等零件组成,如图4—22所示。在手柄的摆动轴上有一个小齿轮与齿条啮合,齿条的下部与闸板相连。闸板由两个套筒合成,中间的弹簧向两侧推压套筒,使闸板紧贴阀座,保持接触面严密。当手柄摆动180°时,小齿轮传动,同时带动齿条和闸板上移,阀门便快速开启。

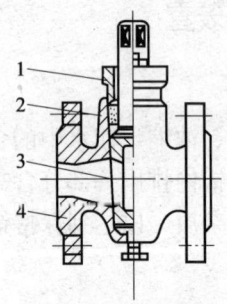 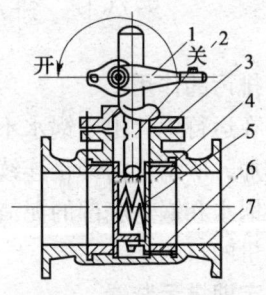

图4—21 旋塞式排污阀　　图4—22 齿条闸门式排污阀
1—阀盖 2—填料　　　　1—手柄 2—齿条 3—阀盖 4—闸板
3—阀芯 4—阀体　　　　5—弹簧 6—阀座 7—阀体

3. 摆动闸门式排污阀

摆动闸门式排污阀也称扇形排污阀，主要由手柄、传动轴、阀板和阀体等零件组成，如图 4—23 所示。闸板由两个阀片合成，中间的弹簧向两侧推压阀片，使闸板紧贴阀座，保持接触面严密。闸板的一端与传动轴相连，两者中心线不在同一直线上。当摆动手柄时，传动轴和闸板相随摆动，从而达到开启和关闭通路的目的。这种阀门动作敏捷，排污效果好，很早就被广泛用于铁路蒸汽机车锅炉上。

4. 慢开闸门式排污阀

慢开闸门式排污阀的构造与齿轮闸门式大体相同，仅将齿轮和齿条改用带螺纹的阀杆和手轮代替。使用时与其他普通闸阀一样，旋转手轮即可使阀门开启或关闭。这种阀门动作缓慢，属于慢开型。

5. 慢开斜球形排污阀

慢开斜球形排污阀主要由阀杆、阀芯、阀座和阀体等零件组成，如图 4—24 所示。阀杆和阀芯相连，与通路成一角度，当转动手柄将阀芯抬高后，介质基本上是直线流动，不但阻力较小，

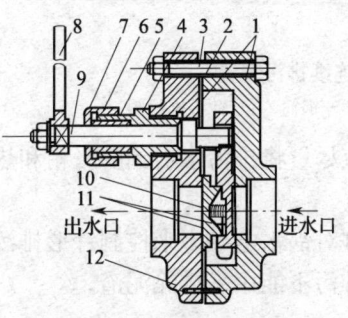

图 4—23 摆动闸门式排污阀
1—阀体 2—密封环 3—螺栓
4—填料管 5—填料 6—压盖
7—螺母 8—手柄 9—传动轴
10—弹簧 11—阀片 12—销钉

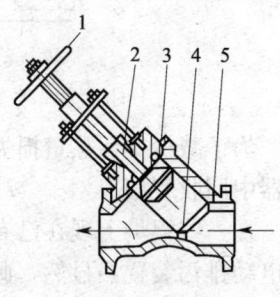

图 4—24 斜球形排污阀
1—手柄 2—阀杆
3—阀芯 4—阀座
5—阀体

而且不会积存污物。

三、连续排污装置

连续排污装置也叫表面排污装置,设在上锅筒蒸发面处,主要是排出高浓度的锅水,一般由截止阀、节流阀和排污管组成,如图 4—25 所示。在上锅筒内沿纵轴方向布置直径约 75～100 mm 的排污管,其上间隔适当距离焊有多根敞口的短管。短管上端低于锅筒正常水位 30～40 mm,由上而下开成锥形口。这样,锅水中高浓度的盐类就由短管吸入,经下部排污管汇合后流出,即使水位波动也不会中断排污。排污量的大小由装在排污管上一种能较好地调节流量大小的针形阀来控制。

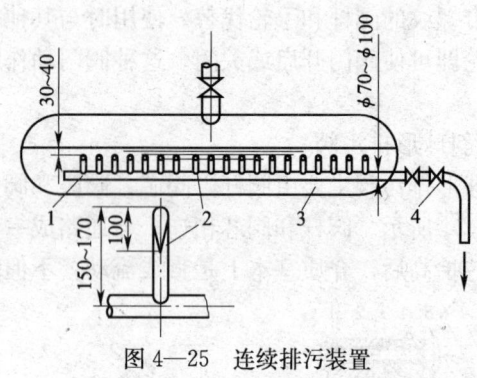

图 4—25 连续排污装置
1—排污管 2—短管 3—锅筒 4—针形排污阀

为了减少排污热量损失,应尽量将排污水引到膨胀箱和热交换器中回收利用。

在一些锅炉上现在已有通过对锅水电导率来控制针形排污阀的电动排污装置,显然,此种排污不能用来排除泥渣。

四、对排污装置的要求

1) 在锅筒和每组水冷壁下集箱的最低处,都应安装排污阀;过热器集箱、每组省煤器的最低处,都应安装放水阀。有过热器的锅炉一般应装设连续排污装置。

2) 排污及放水阀宜采用闸阀或斜截止阀。排污阀的公称通径为 20～65 mm，卧式锅壳式锅炉锅筒上的排污阀的公称通径不得小于 40 mm。

3）额定蒸发量大于等于 1 t/h 或额定蒸汽压力大于或等于 0.7 MPa 的锅炉，以及额定出口温度高于和等于 120℃的锅炉，排污管上应装两个串联的排污阀。

4）每台锅炉应装独立的排污管，排污管应尽量减少弯头，保证排污畅通，并接到室外安全的地点或排污膨胀箱。排污管通过墙壁时，要用套管保护，以利热胀冷缩。

5）几台锅炉的排污如合用一个总排污管，必须有妥善的安全措施。采用有压力的排污膨胀箱时，排污箱上应装设安全阀。

6）排污阀、排污管不应采用螺纹连接。

第七节 温度测量仪表

一、温度仪表的作用

温度是热力系统的重要状态参数之一。在锅炉和锅炉房热力系统中，给水、蒸汽和烟气等介质的热力状态是否正常，风机和水泵等设备轴承的运行情况是否良好，都依靠对温度来进行监视。

二、温度仪表的形式与结构

常用的温度测量仪表有玻璃温度计、压力式温度计、热电偶温度计等多种形式。

1. 玻璃温度计

（1）玻璃温度计的原理与结构

玻璃温度计是根据水银、酒精、甲苯等工作液体具有热胀冷缩的物理性质制成的。在工业锅炉中使用最多的是水银玻璃温度计。

水银玻璃管温度计，由测温包、毛细管和分度标尺等部分组成，一般有内标式和外标式（双称棒式）两种。内标式水银温度计的标尺分格刻在置于膨胀细管后面的乳白色玻璃板上。该板与温包一起封在玻璃保护外壳内，根据安装位置的需要，具有细而直或弯成 90°或 135°的尾部，工程用温度计的尾端长度一般是 85～1 000 mm，直径是 7～10 mm，装入标尺的玻璃套管的标准长度和直径分别等于 220 mm 和 18 mm，见图 4—26。该温度计通常用于测量给水温度、回水温度、省煤器出口水温，以及空气预热器进出口空气温度。外标式水银温度计具有较粗的玻璃管，标尺分格直接刻在玻璃管的外表面上，适用于实验室中测量液体和气体的温度。

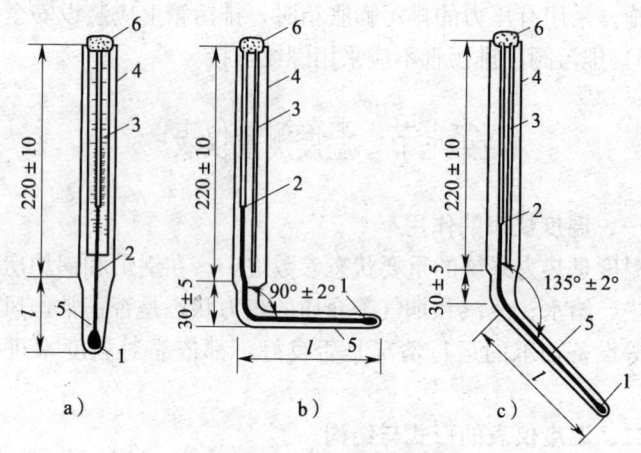

图 4—26 水银温度计
a) 直形 b) 90°弯角形 c) 135°弯角形
1—测温包 2—毛细管 3—分度标尺（刻在乳白玻璃片上的度盘）
4—玻璃套管 5—温度计的尾部 6—用石膏封住的软木塞

水银玻璃管温度计的优点是，测量范围大（−30～500℃），精度较高，构造简单和价格便宜等。缺点是，易破损，示值不够明显，不能远距离观察。

（2）玻璃管温度计的安装使用要点

1) 玻璃管温度计的安装应便于观察。测量时不宜突然将其直接置于高温介质中。

2) 由于玻璃的脆性，易损坏，安装内标式玻璃温度计时，应有金属保护套，见图4—27。

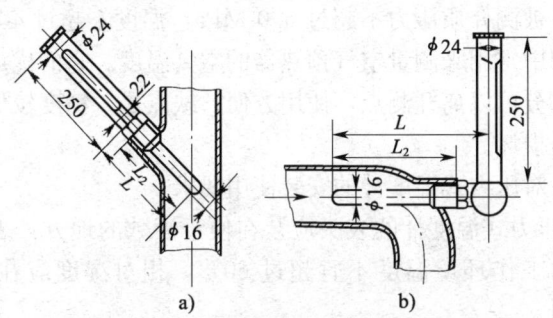

图4—27 带保护套的温度计的安装
a) 在立管上安装 b) 在弯头处安装

3) 为了使传热良好，当被测介质的温度低于150℃时，应在金属保护套内填充机油。充油高度以盖住水银球为限。当被测介质的温度高于和等于150℃时，应在金属保护套内填充铜屑。

2. 压力式温度计

(1) 压力式温度计的原理与结构

压力式温度计是根据温包里的气体或液体，因受热而改变压力的性质制成的。一般分为指示式与记录式两种。前者可直接从表盘上读出当时的温度数值，后者有自动记录装置，可记录出不同时间的温度数值。主要由表头、金属软管和温包等构件组成，如图4—28所示。温包内装有易挥发的碳氢化合物液体。测量温度时，温包内的液体受热蒸发，并且沿着金属软管内的毛细管传到表头。表头的构造和弹簧管式压力表相同，表头上的指针发生偏转

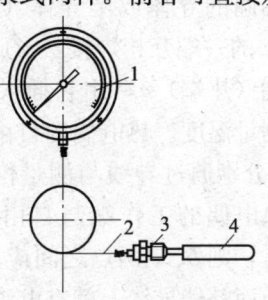

图4—28 压力式温度计
1—表头 2—金属软管
3—接头 4—温包

的角度大小与被测介质的温度高低成正比,即指针在刻度盘上的读数等于被测介质的温度值。

压力式温度计适用于远距离测量非腐蚀性气体、蒸汽或液体的温度,被测介质压力不超过 6.0 MPa,温度不超过 400℃。在工业锅炉中常用来测量空气预热器的空气温度。它的优点是,温度指示部分可以离开测点,使用方便;缺点是,精度较低,金属软管容易损坏。

(2) 对压力式温度计的安装使用要求

1) 压力式温度计的表头应装在便于读数的地方,表头及金属软管的工作环境温度不宜超过 60℃,相对湿度应在 30%～80%之间。

2) 金属软管的敷设不得靠近热表面或温度变化大的地方,并应尽量减少弯曲。弯曲半径一般不要小于 50 mm。外部应有完整的保护,以免受机械损伤。

3. 热电偶温度计

(1) 热电偶温度计的原理与结构

热电偶温度计是利用两种不同金属导体的接点,受热后产生热电势的原理制成的测量温度仪表。主要由热电偶、补偿导线和电气测量仪表(检流计)三部分组成,如图 4—29 所示。用两根不同的导体或半导体(热电极)ab 和 ac 的一端互相焊接,形成热电偶的工作端(热端)a,用它插入被测介质中以测量温度。热电偶的自由端(冷端)b、c 分别通过导线与测量仪表相连接。当热电偶的工作端与自由端存在温度差时,则 b、c 两点之间应产生了热电势,因而补偿导线上就有电流通过,而且温差越大,所产生的热电势和导线上的电流也越大。通过观察测量仪表上指针偏

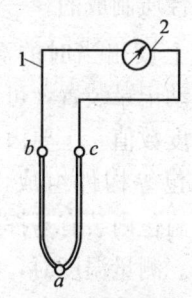

图 4—29 热电偶温度计示意图

1—补偿导线 2—测量仪表

转的角度，就可直接读出所测介质的温度值。常用的普通铂铑——铂铑热电偶（WRLL 型）最高测量温度为 1 600℃，普通铂铑——铂热电偶（WRLB 型）最高测量温度为 1 400℃，普通镍铬——镍硅热电偶（WREU 型）最高测量温度为 1 100℃。

热电偶温度计的优点是，灵敏度高，测量范围大，无需外接电源，便于远距离测量和自动记录等。缺点是，需要补偿导线，安装费用较贵。在工业锅炉上，常用来测量蒸汽温度、炉膛火焰温度和烟道内的烟气温度。

（2）对热电偶温度计的安装使用要求

1）热电偶的安装地点应便于工作，不受碰撞、震动等影响。

2）热电偶必须置于被测介质的中间，并应尽可能使其对着被测介质的流动方向成 45°斜角，深度不小于 150 mm。测量炉膛温度时，一般应垂直插入。若垂直插入有困难时，也可水平安装，但插入炉膛内的长度不宜大于 500 mm，否则必须加以支撑。

3）热电偶安装后，其插入孔应用泥灰塞紧，以免外部冷空气侵入后影响测量精度。用陶瓷保护的热电偶应缓慢插入被测介质，以免因温度突变使保护管破裂。

4）热电偶自由端温度的变化，对测量结果影响很大，必须经常校正或保护自由端温度的恒定。

三、对温度仪表的要求

（1）为测量蒸汽锅炉的下列温度，应在相应部位装置测温仪表：

1）过热器出口、再热器进出口的汽温。

2）由几段平行管组组成的过热器的每段出口的汽温。

3）减温器的前后汽温。

4）铸铁省煤器出口水温。

5）燃油锅炉空气预热器烟气出口的烟温。

6）再热器和过热器的入口烟温。

7）燃油炉的燃油温度。

8) 工作压力大于和等于 9.8 MPa 的锅筒的上下壁温及过热器、再热器管壁温。

9) 煤粉炉的炉膛出口烟温。

10) 排烟温度。

在省煤器入口或锅炉的给水管道上,应装设温度计插座。有过热器的锅炉,还应装设过热蒸汽温度的记录仪表。

(2) 在热水锅炉进出口均应装置温度计。温度计应正确反映介质温度,并应便于观察。

额定供热量大于和等于 14 MW ($1\,200 \times 10^4$ kcal/h) 的热水锅炉,安装在锅炉出水口的温度测量仪表应是记录式的。

(3) 有表盘的温度测量仪表的量程,应为所测正常温度的 1.5~2 倍。

(4) 温度测量仪表的校验和维护,应符合国家计量部门的规定。装用后每年至少应校验一次。

第八节 流量测量仪表

流量是锅炉性能的重要指标之一,也是进行锅炉房经济核算必不可少的数据。

常用的流量仪表有转子式流量计、流速式流量计、差压式流量计和分流旋翼式蒸汽流量计等多种。

一、转子式流量计

转子式流量计主要由锥形管和转子两部分组成,如图 4—30 所示。转子在上粗下细的锥形管内可以随着流量的大小沿轴线方向而上下移动。当被测介质自下而上通过锥形管,作用于转子的上升力大于浸在介质中的转子的重量时,转子便上升,从而在转子与锥形管内壁

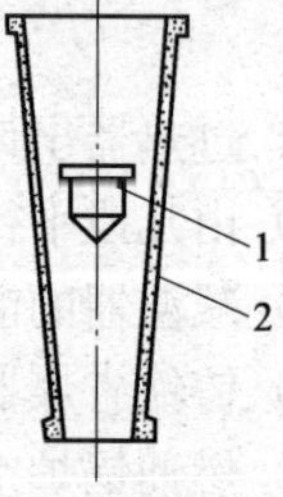

图 4—30 转子式流量计
1—转子 2—锥形管

之间形成环形隙缝。环形隙缝面积随着转子的上升而增大,介质的升力即随之减小,转子的上升速度便相应减缓,直至上升力等于浸在介质中的转子的重量时,转子便稳定在某一高度上。因此,转子的位置高度即可作为介质通过测量管的流量量度。

转子式流量计有玻璃转子流量计和金属转子流量计两种。玻璃转子流量计的优点是,结构简单,维护方便,压力损失小;缺点是,精度低,并受介质的参数(密度、黏度等)影响较大。常用于锅炉水处理设备上。金属转子流量计能测量液体、气体和蒸汽介质的流量。其优点是,精度较高,使用范围广,可以远传,并可指示、记录和累计;缺点是,结构复杂,成本较高。

二、流速式流量计

流速式流量计主要由叶轮和外壳两部分组成,见图 4—31 所示。当介质流过时推动叶轮旋转,因为叶轮的转速与水流速度成正比,所以测出叶轮的转数,就可以知道流量的大小。

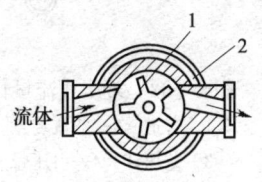

图 4—31　叶轮湿式流量计
1—叶轮　2—外壳

日常使用的自来水水表,即属于这种类型。水表必须水平安装,标度盘向上不得倾斜,并使表壳上的箭头方向与水流方向一致。常用的水表适用于温度不超过 40℃,压力不超过 1.0 MPa 的洁净水,也有可以使用在温度不超过 100℃ 的热水表。

三、差压式流量计

差压式流量计也叫节流式流量计,是由节流装置、引压管和差压计三个部分组成,适宜于测量液体、气体和蒸汽的流量,其连接系统如图 4—32 所示。

节流装置是差压流量计的测量元件,它装在管道里能造成流体的局部收缩,如图 4—33 所示。当流体流经节流装置时,流动截面收缩后再逐渐扩大,直到充满管道的整个截面。因此,在流动截面收缩到最小时,流速加大而静压力降低,于是在节流装置的前后造成与流量成一定关系的压力降。用差压计测出这个压力降，即压差，应能得到流量的大小。

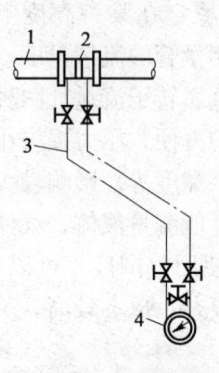 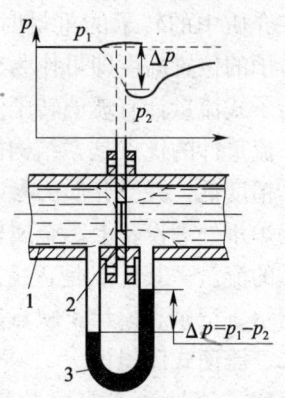

图4—32　差压式流量计　　　　图4—33　孔板
1—管道　2—节流装置　　　　1—管道　2—孔板　3—U形管差压计
3—差压计　4—引压管

节流装置有标准和非标准的两类。标准节流装置中有标准孔板、标准喷嘴、标准文丘利管等。各种标准的节流装置的结构如图4—34所示。孔板就是中心开孔的薄圆盘，它是最简单又最常用的一种节流装置。

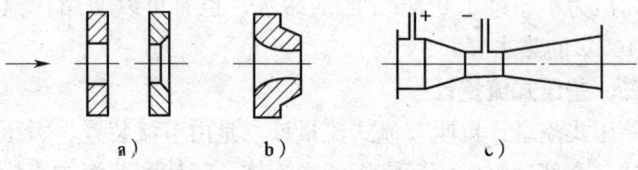

图4—34　各种节流装置
a) 标准孔板　b) 标准喷嘴　c) 标准文丘利管

标准节流装置已经标准化了，并与差压计配套，成批生产。
与节流装置配合使用的差压计有玻璃管差压计（如U形管压力计）、浮子差压计、环称差压计、钟罩差压计、膜式差压计、波纹管差压计等。差压计可以指示、累计液体、气体和蒸汽的流量。指示、累计时，其单位一般是用 kg/h、t/h、m^3/h 等。

节流装置通常都是安装在水平管道上，有时也可以装在垂直或倾斜的管道上。要求装在两个法兰之间，节流装置的前后应保持有一定的长度，内壁光滑的直管道，其中心与管道中心应该一致，并保证流体充满整个管道的截面。否则，尽管差压流量计从计算、设计、加工、配套都准确，也测不到准确的结果。

四、分流旋翼式蒸汽流量计

分流旋翼式蒸汽流量计是近几年来新发展的一种蒸汽流量仪表。这种流量计直接安装在被测蒸汽管道上，不用外接电源和二次仪表，就能直接读出流经仪表的蒸汽累计量，也可以通过简单的计算得出某段时间的平均流量。

这种仪表由节流孔板、叶轮、喷嘴、阻尼机构、减速机构、磁联轴节、压力补偿机构、计数表头等组成。这种仪表的外形及安装见图 4—35。

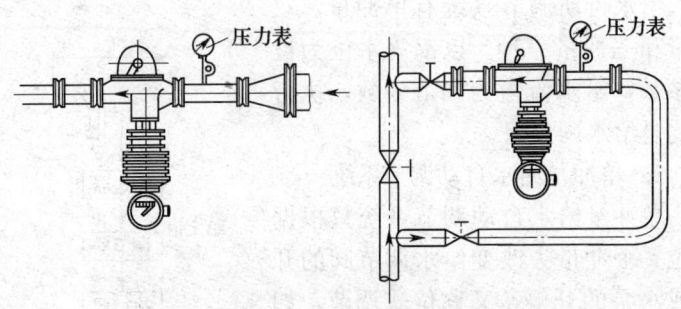

图 4—35 分流旋翼式蒸汽流量计安装示意图

现在还有在此仪表上装设微处理器，组成微计算机系统，完成输入输出交换、数字运算、数字显示，并可发生越限的声光报警信号。

第九节 锅炉自动调节与控制装置

随着工农业生产的发展和科技水平的提高。在锅炉运行中越来越多地采用了自动调节仪表,对给水、汽压、燃油(气)量等进行自动调节。而近几年来,随着自动控制技术、计算机的发展,特别是微型计算机的逐步使用,使锅炉自动化装置的广泛使用成为可能。这不仅提高了锅炉运行的安全、经济效果,而且减轻了司炉人员繁重的体力劳动,改善了劳动条件,促进了安全生产和文明生产。

自动控制装置由感应元件、调节器和执行机构组成,前二者组成为传感器。

一、给水的自动调节

锅炉给水自动调节的任务是使给水量适应锅炉蒸发量的变化,并维持锅筒水位在允许的范围之内。《蒸汽锅炉安全技术监察规程》规定,蒸发量大于 4 t/h 的锅炉,应装置自动给水调节器。

给水自动调节系统有单冲量、双冲量和三冲量三种。以锅筒水位为被调参数,给水流量为调节参数,执行机构是给水调节阀。

1. 单冲量给水自动调节系统

单冲量给水自动调节系统只根据水位一个冲量去改变给水调节阀的开度或水泵的开停,又称位式调节,如图 4—36 所示。适用于小型、水容量较大和负荷较稳定的锅炉。常用的有浮筒式、电极式和热膨胀式三种。

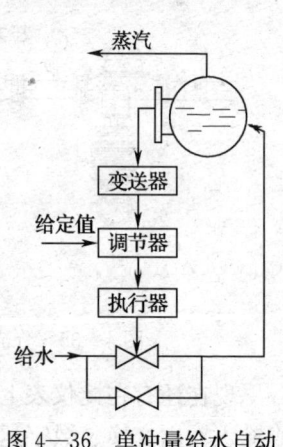

图 4—36 单冲量给水自动调节系统

(1) 浮球式给水自动调节器

浮球式给水自动调节器主要由永

久磁钢、浮球、水银开关、筒体等部件组成，如图 4—37 所示。高低水位水银开关均由可以摆动的永久磁钢和玻璃管组成。玻璃管内装有水银，两端各有触点。当锅筒水位变化时，浮球、连杆和杆顶上的永久磁钢随之上下移动。由于两磁钢具有同性相斥、异性相吸的性质，使水银开关中的永久磁块作相应摆动，从而带动玻璃管倾斜，使水银流向低端，接通（或断开）触点，也就是接通（或断开）了相应的电路，使执行机构给水泵电动机通电（或断电）或开关给水阀，对锅炉自动给水（或停水）。

（2）电极式给水自动调节器

电极式给水自动调节器主要由筒体、电极棒、晶体管电路和电动机等部件组成，如图 4—38 所示。筒体是密封的，上下分别与锅筒内汽、水的部分连通，筒体内部垂直设置三个电极棒 a、b、c，并用导线与电路中相应部分连接。当水位降到 c 点时，水泵自动运转向锅炉上水，当水位升到 a 点时，水泵自动停止运转。从而保持锅炉水位在允许的范围内。

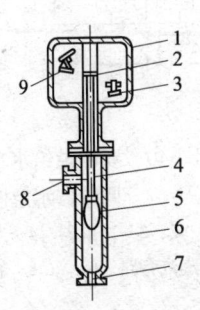 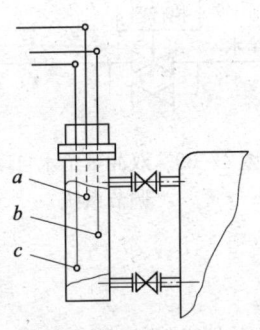

图 4—37　浮球式给水自动调节器　　图 4—38　电极式给水自动调节器
　　1—调节箱　2—永久磁钢
　　3—低水位水银开关　4—连杆　5—浮球
　　6—筒体　7—与锅筒水连管接口
　　8—与锅筒汽连管接口　9—高水位水银开关

2. 双冲量给水自动调节系统

双冲量给水自动调节系统是由锅筒水位和蒸汽流量两个冲量信号，去改变给水调节阀的开度，如图4—39所示。当负荷变化时，首先是出现蒸汽流量的变化，所以在引起水位大幅度波动之前，蒸汽流量信号起着超前的作用。它可以在水位还未出现波动时提前使给水调节阀动作，从而减小水位的波动，改善调节功能。

双冲量给水自动调节器的一种结构如图4—40所示。在三个容器内均充有水银，组成了一个复杂的浮子式压差计。其中容器

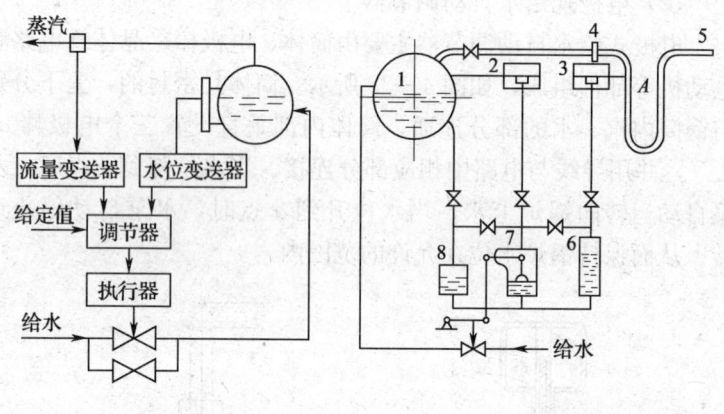

图4—39 双冲量给水自动
　　　　 调节系统

图4—40 双冲量给水自动
　　　　 调节器示意图
1—锅筒　2、3—冷凝器　4—节流装置
5—蒸汽管路　6、7、8—容器

7内放有浮子，为正容器，与锅筒容纳蒸汽的部分相连；容器8为负容器，与锅筒容纳水的部分相连；容器6也为负容器，与蒸汽经过节流装置产生压力降后的蒸汽管道相连。所以容器7、8之间的压差就反映了锅筒水位变化的情况。容器6、7之间的压差就反映了蒸汽流量变化的情况。

因此，容器7中浮子的变化，既决定于蒸汽流量的变化，又决定于锅筒水位的变化，构成了双冲量给水调节器。再经过一套曲柄传动执行机构，即可使给水调节阀动作。

3. 三冲量给水自动调节系统

双冲量给水自动调节系统虽然比单冲量给水自动调节系统有了很大改进，但仍不能满足负荷多变及给水压力波动频繁的要求，因此出现了三冲量给水自动调节系统。

三冲量给水自动调节系统是根据锅筒水位、给水流量和蒸汽流量三个冲量信号去改变给水调节阀的开度，如图4—41所示。

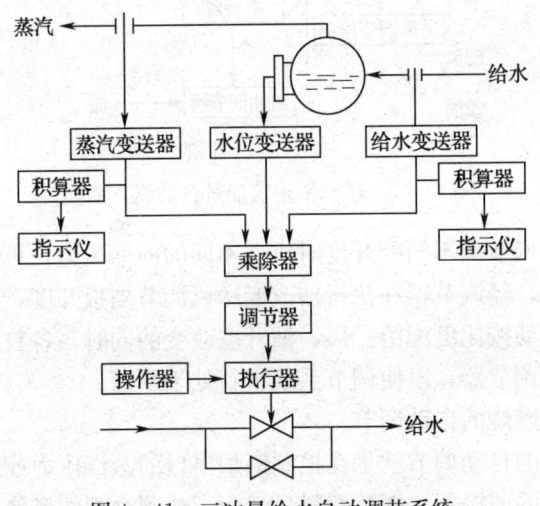

图4—41 三冲量给水自动调节系统

三个冲量中，锅筒水位是主参数，给水流量和蒸汽流量是副参数。经过一台液位变送器和两台差压变送器产生三个直流信号，然后一起送到乘除器上进行计算。乘除器将计算结果送到调节器上，通过执行机构对给水进行自动调节。三冲量调节一般用于大、中型锅炉。

二、燃油的自动调节

燃油锅炉的喷油量调节,是以蒸汽出口压力作为冲量,经调节器将压力冲量变成电气信号,再通过执行器改变回油调节阀开度,从而改变油嘴的喷油量。自动调节系统如图4—42所示。

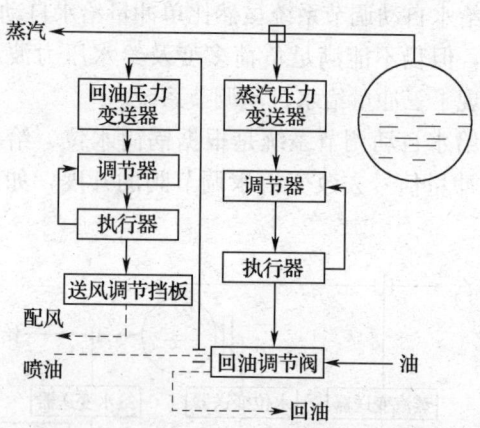

图4—42 燃油锅炉喷油量自动调节系统

回油调节阀不同的开度对应有不同的回油压力,再取回油压力为冲量,经调节器和执行器改变送风调节挡板开度,从而达到风、油自动按比例配给。风、油开度改变的同时,各自均有反馈信号返给调节器,以使调节系统重新处于平衡。

三、燃烧的自动调节

燃烧的自动调节就是在控制锅炉出口的蒸汽压力或出水温度为一定值的前提下,调节燃料量。为了达到合理的燃烧,还必须对燃烧的品质加以控制,即可根据锅炉排烟处的烟气含氧量来控制通风系统,调节通风量,以保持适量的空气过剩系数,减少锅炉的热损失。因此,一个完整的燃料调节,实际上包括锅炉蒸汽压力或出水温度的调节、燃烧设备燃料量调节、空气量的调节、炉膛负压的调节和鼓、引风机的控制。

现以链条炉排燃煤锅炉为例,见图4—43。

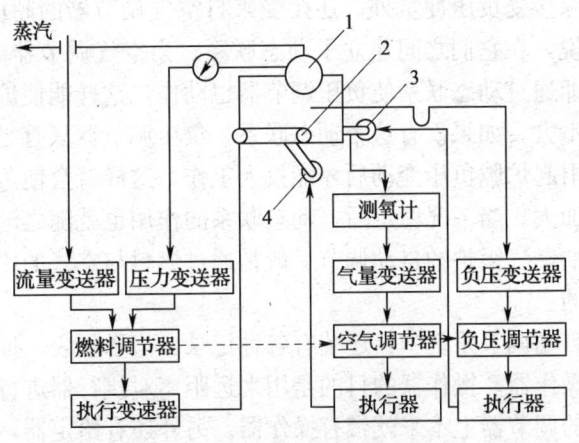

图 4—43 燃烧自动调节系统
1—锅炉锅筒 2—炉排 3—引风机 4—鼓风机

对蒸汽压力的调节是以调节燃料量为主。来自蒸汽压力和蒸汽流量，经调节器进行计算、调节转变为电气信号，通过炉排的减速机构来控制燃料量，从而达到蒸汽压力的调节。这种调节，实际上也是对锅炉产生蒸汽热量的调节。

为了使燃料燃烧，必须供应一定数量的空气。如果过剩空气系数太大，将增加排烟热损失。因此，对于每台运行锅炉，当它使用某种燃料时，都有最适宜的过剩空气系数值，而其值可以通过控制排烟处烟气中的二氧化碳和氧的含量来达到，其中以控制氧气的含量更能反映过剩空气系数值。为此，测定排烟处的烟气中的含氧量通过氧气测定仪（如氧化锆氧量分析器）并经变换，再到调节器进行计算、调节转换成电气信号并通过执行器控制鼓风机的导向挡板。为了补偿氧量测定仪在测量上的滞后，就应减小送风调节的动态误差，在燃料调节器与空气调节器间建立动态平衡。

炉膛负压的维持是采用负压调节器，即炉膛负压冲量，经过调节器计算、调节，通过执行器来控制引风机的控制挡板。负压调节器除接受负压冲量外，还接受来自空气调节器的超前冲量，也就是说，在它们之间建立了动态联系。当空气调节器动作时，可以立即通过动态联系使负压调节器也动作，这样能使炉膛负压的偏离不大。如果没有这个动态联系，负压调节器只有当送风量改变，引起炉膛负压变动后才能投入工作，这样就会使负压的动态偏差加大。当工况稳定后，动态联系的作用也就随之消失。

燃油燃气锅炉的自动调节一般是通过燃料与空气的比例调节来实现的。

在自动调节系统中，还装有各种记录、指示仪表、报警信号和一些操作器。操作器的目的是用来远距离对执行器进行手动操作。有的调节器上本来就带有操作器。另外还有给定器，用来对某些参数（如压力、流量）的要求值，预先输送到调节器中，使参数不偏离给定值。

四、锅炉燃烧自动的微机控制

一般调节系统，虽然能对某些工况中被调量自动地保持在所要求的范围内。但是，用常规仪表进行调节，再加上检测系统和热工信号、保护及联锁系统，使得设备多、系统复杂、体积大，而且对于一些程序控制、最佳运行条件的数据处理就十分困难了。

随着科学技术的进步，特别是计算机的发展，给锅炉自动控制开辟了一个新的途径，而微型计算机的出现，使计算机在锅炉自动控制的运用，更加容易推广和具有实际性。

微型计算机具有精度高、功能强、数据采集处理迅速准确、体积小等特点。利用微型计算机进行锅炉燃烧自动控制，可以进行鼓风量、引风量、燃料量、水位、连续排污量、主汽阀等自动调节，并能进行对鼓风量、炉膛负压、锅炉水位、蒸汽压力、蒸汽流量、烟气含氧量、给水温度、给水量、排污量、炉膛温度、空气预热器前后烟气温度、热风温度、省煤器前后烟气温度的瞬时值及累计值，各个调节参数的阀门位置的自动检测与分析处理。同时还能自动打印锅炉运行日报表。对锅炉缺水、故障能报警。对严重缺水、熄火等危及锅炉安全的情况适时采取停炉保护措施。另外还可以对水质处理进行检测与控制。

微型计算机在锅炉自动控制中的使用方案有多种多样,但是基本原理见图4—44,主要包括以下部分:

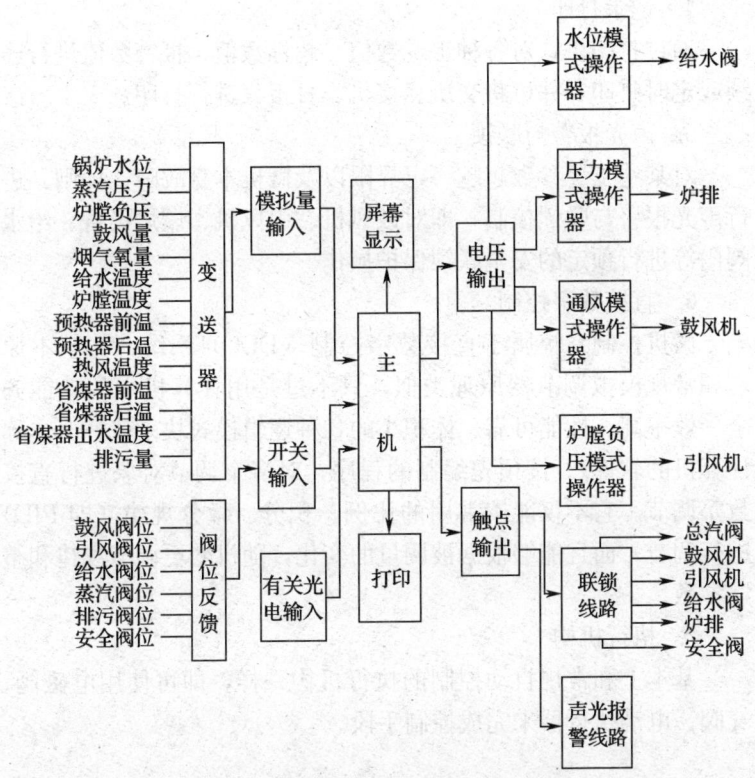

图 4—44 微型计算机控制系统图

1. 数据采集、信号转换

对现场一次测量仪表,包括压力、流量、温度、水位、含氧量、炉膛负压、燃料量(模拟量)以及执行器的阀位反馈信号(开关量)转换成计算机过程通道所能接受的电压输入。

2. 数据处理

对采取来的各种信号进行各种判断、修正、计算。

3. 屏幕显示

通过电视屏幕对各种工况和执行器的阀位（开关）正常（故障）进行显示。

4. 记录打印

通过打印机，对各种工况数值、超标数值、报警数值进行连续或定时打印，并可将交班、接班、日报表进行打印。

5. 声光报警与联锁

对某些工况参数超越一定界限以及微机本身故障、掉闸，进行声光报警与联锁控制，即对鼓风机、引风机、燃烧设备、给水阀门等进行预定的安全联锁保护操作。

6. 直接数字控制

微机控制系统属于直接数字控制（DDC）系统，其基本原理和常规模拟调节器原理类似，只不过是用计算机中的功能齐全、效率高、性能可靠、体积小的各种逻辑模式块来代替（也称计算机的软件）。按预先编制的程序，对多个调节对象进行直接数字调节。它不仅能按常用的比例、积分、微分规律（即PID）进行调节，而且能够根据被调量的变化，随机变更调节规律和整定参数。

7. 执行机构

基本上和常规自动控制的执行机构一样，即可使用电磁阀、气阀、电动执行器来完成控制手段。

第十节 锅炉保护装置

为了防止在不正常运行状况下出现严重事故，除安装必要的测量仪表和安全阀外，还必须安装一些自动保护装置，以便在出现异常时，能及时报警和自动启动停止锅炉运行的联锁保护装置。这些装置的工作原理都是将检测到的水位、温度、压力和火焰等转换成电信号传到执行机构使锅炉停止运行,通常将前者称为传感器。

一、水位传感器

1. 水位传感器和联锁保护装置的作用及原理

为了防止发生缺水或满水事故,对蒸发量大于和等于 2 t/h 的锅炉,必须装设高低水位报警器和低水位联锁保护装置。它的作用是:当锅炉内的水位达到最高安全水位或最低安全水位时,水位传感器就自动发出报警声响或光信号,提醒司炉人员迅速采取措施,并进行联锁保护,防止事故发生。

2. 水位传感器的形式与结构

水位传感器有安装在锅筒内和锅筒外两种,前者检修比较困难。常用的有波纹管式、浮球式和电极式三种。

(1) 波纹管式水位传感器

图 4—45 是一种波纹管式水位传感器,主要由水银开关、波纹管、连杆、浮球和筒体组成。它与图 4—46 的磁钢式的作用原理实际上相同,只是将水位变化通过浮球的上下移动转化为带动波纹管摆动,进而带动其水银开关摆动,而实现电信号的通或断。

此装置优点是简单可靠,缺点是波纹管的材质要求高,需满

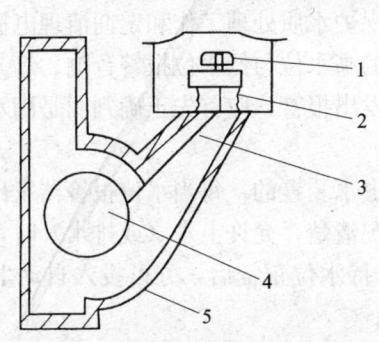

图 4—45 波纹管式水位传感器
1—水银开关 2—波纹管 3—连杆 4—浮球 5—筒体

足两个条件,一是要求承受其内外部压差最高可达 1.6 MPa;二是要有挠动性能,使之微小的水位变化也能转换成以顶端为中心的角摆动,这样才能准确而灵敏地反映水位的变化。其次波纹管的制作要求高,因此这一类型水位控制器多用在进口锅炉。

(2) 浮球式水位传感器

浮球式水位传感器的结构主要由永磁钢组、浮球、三组水银开关和调整箱等构件组成,如图 4—46 所示。当锅筒内的水位发生变化时,浮球也随之变化,从而带动永磁钢组上升或下降,并接通相应的高水位、低水位或极限低水位开关发出信号,故又有磁钢式水位传感器之称。为了提高水位传感器的灵敏度和使用寿命,有的单位使用干簧管继电器取代水银开关,效果较好。

(3) 电极式水位传感器

电极式水位传感器的结构主要由一组高、低水位电极,以及附属的电气部分组成,如图 4—47 所示。高低水位电极的末端位置分别在锅炉高、低安全水位处。当锅水上升(或下降)至高(或低)水位时,电极与锅水接触(或脱开),使接触回路中电源导通(或切断),从而发出信号。常用的报警信号有音响、灯光等。为实现联锁,可再设最低安全水位电极,以组成联锁装置。

电极式水位传感器使用日久,电极端头可能附着水垢而失效,因此应加强锅炉水质处理工作和定期清理电极端头。

水位警报器的高水位与低水位报警音响、灯光色是各不相同的。因此,每当发出报警,应首先正确判明是满水还是缺水,然后采取相应措施。

对于有自动上水装置的,每当水位报警器发出警报,应使用手动装置,待情况清楚,允许上水(或排水)时,首先利用人工上水(或排水),待水位正常后,方可投入自动上水装置,使锅炉正常投入运行。

当组成联锁保护时,就是当水位降到最低安全水位时,信号将停止锅炉燃烧,并进行相应停炉程序动作。

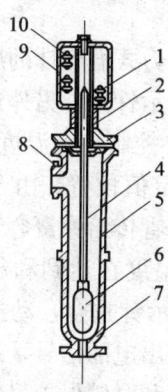
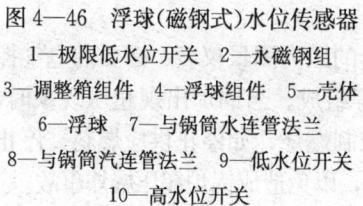

图4—46 浮球(磁钢式)水位传感器
1—极限低水位开关 2—永磁钢组
3—调整箱组件 4—浮球组件 5—壳体
6—浮球 7—与锅筒水连管法兰
8—与锅筒汽连管法兰 9—低水位开关
10—高水位开关

图4—47 电极式水位传感器
1—高水位电极 2—低水位电极
3—绝缘衬套 4—水位表汽连管接口
5—水位表水连管接口 6—放水管接口
7—与锅筒水连管接口
8—与锅筒汽连管接口

二、温度传感器

温度传感器由能发出电信号的温度测量仪表、电气控制线路及音响、灯光报警信号组成。当热水锅炉出现锅水温度超过规定或汽化时,能发出信号,使司炉人员能采取措施,消除锅水汽化及超温现象,或用联锁动作,停止锅炉运行。以避免热水正常循环的破坏和产生超压现象。

常用的能发出电信号的温度测量仪表是一种电接点压力

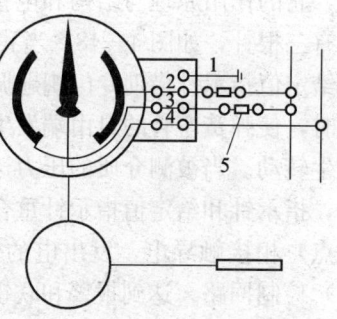

图4—48 电接点压力式温度计
电气原理图
1—接地点 2—下限给定值接点
3—上限给定值接点
4—示值指示针接点 5—信号继电器

式温度计，其电气原理见图4—48。

电接点压力式温度计的测温部分和压力式温度计的原理和结构一样。而显示部分，内部除一根温度指示针外，另外还装两根上、下限接点的给定值指针。当我们需要控制一定温度范围时，可把给定指示针借助专用钥匙调整到给定值位置。由于温度变化，使温包内的压力发生变化，通过毛细管传给弹簧弯管而使动接点的示值指示针移动。当被测介质的温度在达到和超过最大（或最小）给定值时，指示针和给定值指示针重合，动接点便和上限接点（或下限接点）相接触导电，发出电的信号，通过电气线路闭合（或断开）控制回路，达到报警和联锁保护目的。

三、压力传感器

压力传感器是由能发出电信号的压力测量仪表、必要的电气控制线路及音响、灯光、报警信号等组成。当锅炉出现超压现象时，能发出信号，并可通过联锁装置控制燃烧，如停止供应燃料、停止通风，使司炉人员能及时采取措施，以免造成锅炉超压爆炸事故。

常用的能发出电信号的压力测量仪表，是一种电接点压力表，它的作用原理与结构和电接点压力式温度计显示系统一样，也有三根针，如图4—48。当我们需要控制一定压力范围时，可把给定值指示针借助专门钥匙调整到给定值位置。当压力发生变化时，使弹簧弯管的自由端发生移动，而使动接点的示值指示针发生转动。当被测介质的压力达到和超过最大（或最小）给定值时，指示针和给定值指示针重合，动接点便和上限接点（或下限接点）相接触导电，发出电的信号，通过电气线路闭合（或断开）控制回路，达到报警和联锁保护的目的。

现在采用最广泛的一种压力控制器是波纹管控制器，如图4—49所示。它既可以用于压力控制又可以用以报警和联锁保护，在燃油燃气锅炉上还用于大小火转换控制。

在燃油、燃气的燃料供应管路上，应设燃油燃气压力过低和燃气压力过高保护，方法是通过压力继电器自动切断燃料的供应。

四、火焰传感器

当锅炉炉膛熄火时，会改变炉膛光和热的辐射。利用装在炉膛上的检测元件，可以把光辐射的变化转换为电信号，并通过电气线路，来控制燃料供应回路。当火焰燃烧失常或熄灭时，可通过电气线路的继电器等带动执行机构来切断燃料供应，并发出相应信号。这样就可以防止使用煤粉、油或气体作燃料的锅炉，一旦炉膛灭火，而燃料仍然供给，使炉膛积存大量燃料，易造成炉膛爆炸事故。

对于煤粉炉，一般还装有辅助油或气燃烧装置。因此，在煤粉炉的熄火保护装置上，还应有燃油或燃气的点火控制系统。一旦炉膛燃烧不正常而发暗时，能投入辅助的燃油和燃气。

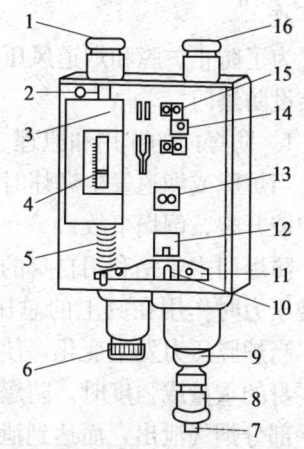

图4—49 YWK—50型压力传感器
　　　　结构示意图
1—锁紧螺帽　2—调节杆　3—标尺
4—指针　5—拉伸弹簧　6—差动旋钮
7—压力引入管　8—接头　9—波纹管室
　10—刀　11—杠杆　12—刀支架
　　13—拨臂　14—开关
　　15—接线端　16—出线套

火焰检测装置的检测元件对燃气锅炉一般采用离子流电极；对燃油和煤粉则可采用紫外光管。

火焰检测点的数量和位置，应能保证火焰一旦熄灭时，能及时地进行控制，一般可以利用设置在燃烧器上部的看火孔。

五、防爆门

对于用煤粉、油或气体作燃料的锅炉，如果点火前未进行吹扫或误操作、喷嘴有毛病或燃烧不完全、熄火时未能迅速切断燃料等，均容易造成炉膛和尾部烟道风压过高，严重时会引起爆炸和再次燃烧，并会引起炉墙和烟道开裂、倒塌、尾部变热而烧坏等事故。

为了防止炉膛和烟道风压过高,目前常用的方法是在锅炉墙上装设防爆门。

1. 防爆门的作用和原理

当炉膛或烟道发生爆炸时,防爆门能自动开启泄压,避免造成炉墙开裂、倒塌事故。

防爆门主要是利用自身的重量或强度,当它大于或和炉膛在正常压力时作用在其上的总压力相平衡时,防爆门处于关闭状态。当炉膛压力发生变化,使作用在防爆门上的总压力超过防爆门本身的重量或强度时,防爆门就会被冲开或冲破,炉膛内就会有一部分烟气泄出,而达到泄压目的。

2. 防爆门的形式和结构

常用的防爆门有翻板式和爆破膜式两种形式。

翻板式防爆门又称旋启式防爆门,多装置于燃烧室的炉墙上。按其安装位置分为倾斜式和垂直式两种,均由门框、门盖和铰链等构件组成,如图4—50和图4—51所示。门盖和门框多用铸铁制成圆形或方形,其相互接触面宽度一般为3~5mm,并应保证严密。门盖内面涂有耐热混凝土,其厚度需要根据限制压力数值,经过计算或试验来确定。当炉膛或烟道内发生气体爆炸

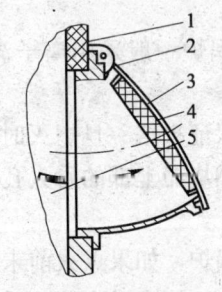
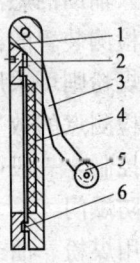

图4—50 倾斜翻板式防爆门 　图4—51 垂直翻板式防爆门
1—炉墙 2—门框 3—门盖 　　1—门盖 2—门座 3—杠杆
4—耐火保温材料 5—炉膛 　　4—耐火保温材料 5—重锤 6—石棉绳

时，门盖即自动绕轴开启泄压，然后又自行关闭。防爆门的密封压力由门盖倾斜角度（一般不超过30°）产生的向下压力或由重锤的重量获得。

爆破膜式防爆门多装置于烟道上，由爆破膜和夹紧装置组成，如图4—52所示。爆破膜一般用石棉和铝、不锈钢等金属薄板制成。为了增加强度，常在薄板上压有十字槽。当炉膛或烟道内发生气体爆炸时，爆炸膜即被冲击波破坏，起到泄压作用。

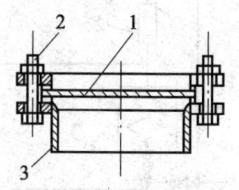

图4—52 爆破膜式防爆门
1—爆破膜 2—夹紧装置 3—短管

3. 对防爆门的要求

（1）防爆门一般布置在燃烧室、炉膛出口烟道、省煤器烟道、引风机前的烟道、引风机后部的水平烟道或倾斜角度小于30°的烟道上。

（2）防爆门应装在不致威胁操作人员安全的地方，并设有泄压导向管，其附近不得存放易燃易爆物品。

（3）活动防爆门需定期进行手动试验，以防锈死。

六、防止热水锅炉锅水汽化装置

热水锅炉在运行时锅内水在循环泵运行不正常和停止期间，如不加注意，很容易引起锅水汽化。轻则使热水循环网路引起"气塞"，重则可能造成锅炉受热面管子烧损或爆管，严重时会引起恶性锅炉爆炸事故。因此，必须防止热水锅炉产生汽化。

对于锅炉内的局部产生汽化，主要是从结构设计来保证，使锅炉的水循环可靠。而对于因突然停泵、停电或整个热水循环系统发生问题造成热水锅炉憋压汽化时，能使已产生的汽不影响热水系统的循环和及时的排出蒸汽，通常在锅炉的顶部、省煤器上集箱以及热水管道的最高点设置集汽罐，如图4—53所示。集汽罐的结构如图4—54所示。

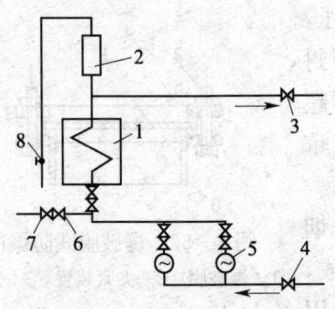 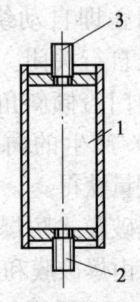

图 4—53　防止锅水汽化方法　　　　图 4—54　集汽罐
1—锅炉　2—集汽罐　3—供水总阀门　　1—罐体　2—通水管
4—回水总阀门　5—循环水泵　　　　　　3—排水管
6—逆止阀　7—上水阀　8—排汽阀

当突然停泵、停电时，锅炉鼓、引风机停止了工作，此时应立即打开炉门，减弱燃烧，降低炉温，同时关闭阀门3、4，再缓慢开启集汽罐上的排汽阀，并可向锅炉内通入冷水，这样，水就会经热水锅炉1集汽罐2排出，避免锅水汽化，如图4—53所示。

在正常运行时，如果发现出水温度高于正常温度，或发现压力升高，可能出现了锅水汽化、热水循环系统受阻现象，这时也要通过集汽罐进行排汽。

第十一节　锅炉智能报警装置

锅炉智能报警装置主要有锅炉语言报警器，锅炉语言报警控制器，锅炉微机监控仪。

一、锅炉语言报警器

锅炉语言报警器是由单片机、语音合成电路、音频放大和相应的电子逻辑电路组成的锅炉报警装置。

1. 锅炉语言报警器的结构及工作原理

锅炉语言报警器的逻辑结构如图4—55所示。

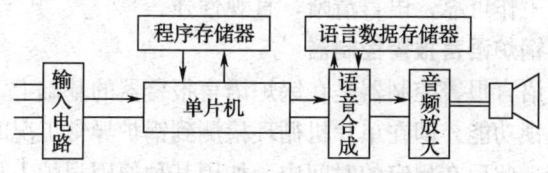

图 4—55 锅炉语言报警器逻辑结构

锅炉语言报警器的输入电路与锅炉上的温度、水压、汽压和水位等测量仪表相连。单片机在程序的控制下，循环读入来自仪表的信号并进行判断。当发现异常时，控制语音合成电路，取出预先存储在语言数据存储器中的报警语言数据进行合成处理。送至音频放大电路进行放大，然后输出到扬声器，用语言报出锅炉出现的故障。

2. 锅炉语言报警器的功能

语言报警器监视的锅炉工况信号的种类及报警语言内容如表 4—4 所示。

表 4—4 锅炉语言报警器的功能

锅炉类型	监视工况	连接仪表信号	报警语言
热水炉	炉水温度	电接点温度表信号	炉水超温
	供水压力	电接点压力表信号（高压）	水压超高
		电接点压力表信号（低压）	水压偏低
蒸汽炉	蒸汽压力	电接点压力表信号（高压）	汽压超高
	锅炉水位	水位表高水位信号	高水位
		水位表低水位信号	低水位
		水位表极限低水位信号	极限低水位

3. 锅炉语言报警器的特点

锅炉语言报警器采用单片机和语音合成技术，技术先进，性能稳定,工作可靠,语言清晰,直观性强。

二、锅炉语言报警控制器

锅炉语言报警控制器是在锅炉语言报警器的基础上,又增加了自动联锁功能。即在单片机循环检测到锅炉异常工况时,进行语言报警。此后在规定的时间内,如因某种原因司炉人员未能及时处理时,锅炉语言报警控制器将自动发出控制信号,启动或停止相应电机,从而保证了锅炉的正常运行。

锅炉语言报警控制器的联锁功能如表4—5所示。

表4—5　　　锅炉语言报警控制器的联锁功能

锅炉类型	监视工况	联锁功能
热水炉	炉水温度	锅炉处于供暖状态:水温超过规定温度时,语言报警:"炉水超温",延时1 min左右,若水温度继续升高,则会自动停鼓风、停炉排,延时30 s后,停引风
		锅炉处于非供暖状态:水温超过规定温度时,语言报警:"炉水超温",并自动启动循环泵
	供水压力	当水压超过上限规定值时,语言报警:"水压超高",同时,停循环泵、补水泵
		当水压超过下限规定值时,语言报警:"水压偏低",同时启动循环泵
蒸汽炉	蒸汽压力	当汽压超过规定值时,语言报警:"汽压超高",延时5~30 s(可调),若仍继续超高,则自动停鼓风、炉排,延时30 s后,停引风
	锅炉水位	当水位达到高水位规定值时,语言报警."高水位",当水位继续超高时,停补水泵
		当水位低于低水位规定值时,语言报警:"低水位"
		当水位低于低水位极限值时,语言报警:"极限低水位",同时,启动补水泵,直至脱离低水位

三、锅炉微机监控仪

锅炉微机监控仪是将飞机"黑匣子"的机理引用到锅炉语言报警控制器中,即在锅炉语言报警控制器中,增加了锅炉事故和紧急停炉的记忆存储功能,同时增加了显示打印记忆存储信息的功能。为锅炉安全监察人员和锅炉管理人员提供了分析事故的科学依据。

1. 锅炉微机监控仪的结构和工作原理

锅炉微机监控仪的逻辑结构如图 4—56 所示。

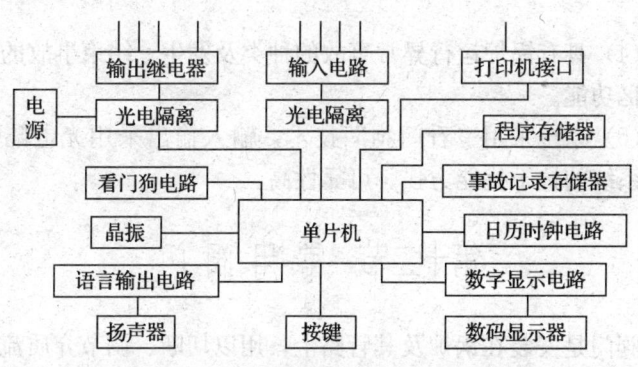

图 4—56 锅炉微机监控仪的逻辑结构

锅炉微机监控仪的报警和联锁功能的工作原理与锅炉语言报警控制器相同。锅炉微机监控仪在报警的同时,将锅炉事故或紧急停炉持续的时间(事故发生和恢复正常的日期及时间)写入事故记录存储器,必要时可显示或打印出来。

2. 锅炉微机监控仪的功能

锅炉微机监控仪的报警和联锁功能与锅炉语言报警控制器完全相同,新增加的功能如下:

(1) 系统设有日历时钟。

(2) 记忆事故发生和恢复正常的日期及时间,记忆次数可达 600 次以上,不怕掉闸。

(3) 设有 12 个按键,通过按键可使用某种功能。

(4) 设有数码显示器,通常显示当时时间。必要时通过按键,令其显示事故发生和恢复正常的日期及时间。

(5) 设有打印机接口,将打印机电缆插头插入打印机插座,可打印事故发生和恢复正常的日期及时间。

3. 主要特点

(1) 采用先进的单片机及语言合成技术。

(2) 语言报警,直观性强,提高锅炉运行的安全系数。

(3) 具有水温、水压、汽压、水位超限的报警和自动联锁控制。

(4) 具有锅炉运行异常事故的种类及发生、结束事故的时间的记忆功能。

(5) 系统采用"看门狗"技术,输入输出采用光电隔离技术,系统的抗干扰能力强、可靠性高。

第十二节 常用阀门

阀门是安装在锅炉及其管路上,用以切断、调节介质流量或改变介质流动方向的重要附件。在锅炉系统上常用的各种阀门除已介绍过的安全阀和排污阀以外,还有截止阀、闸阀、止回阀和减压阀等。

一、阀门型号的编制

1. 阀门型号的编制方法如下:

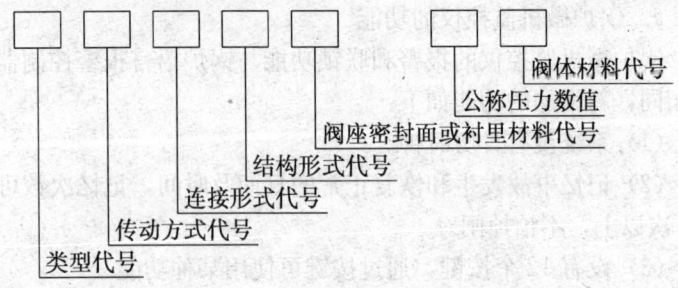

2. 类型代号用汉语拼音字母表示：

表 4—6

类　型	代　号	类　型	代　号
闸　阀	Z	旋　塞　阀	X
截止阀	J	止回阀和底阀	H
节流阀	L	安　全　阀	A
球　阀	Q	减　压　阀	Y
蝶　阀	D	疏　水　阀	S
隔膜阀	G		

注：低温（低于$-40℃$）、保温（带加热套）和带波纹管的阀门，在类型代号前分别加 D、B 和 W 汉语拼音字母。

3. 传动方式代号用阿拉伯数字表示：

表 4—7

传动方式	代　号	传动方式	代　号
电　磁　动	0	伞　齿　轮	5
电磁—液动	1	气　　动	6
电—液动	2	液　　动	7
蜗　　轮	3	气—液动	8
正齿轮	4	电　动	9

注：①手轮、手柄和扳手传动以及安全阀、减压阀、疏水阀省略本代号。
②对于气动或液动：常开用 6_K、7_K 表示；阀式用 6_B、7_B 表示；气动、带动、手动用 6_S 表示；防爆电动用 9_B 表示。

4. 连接形式代号用阿拉伯数字表示：

表 4—8

连接形式	代　号	连接形式	代　号
内螺纹	1	对　夹	7
外螺纹	2	卡　箍	8
法　兰	4	卡　套	9
焊　接	6		

注：焊接包括对焊和承插焊。

5. 结构形式代号用阿拉伯数字表示：

表4—9

闸阀结构形式			代 号
明杆	楔形	弹性闸板	0
		刚性 单闸板	1
		刚性 双闸板	2
	平行式	刚性 单闸板	3
		刚性 双闸板	4
暗杆楔式		单闸板	5
		双闸板	6

表4—10

截止阀和节流阀结构形式		代 号
	直通式	1
	角式	4
	直流式	5
平衡	直通式	6
	角式	7

表4—11

旋塞阀结构形式		代 号
填料	直通式	3
	T形三通式	4
	四通式	5
油封	直通式	7
	T形三通式	8

表 4—12

止回阀和底阀结构形式		代 号
升 降	直通式	1
	立式	2
旋 启	单瓣式	4
	多瓣式	5
	双瓣式	6

表 4—13

安全阀结构形式				代 号
弹 簧	封 闭	带散热片	全 启 式	0
				1
				2
	不 封 闭	带扳手	全 启 式	4
			双弹簧微启式	3
			微 启 式	7
		带控制机构	全 启 式	8
			微 启 式	5
			全 启 式	6
	脉 冲 式			9

注：杆杠式安全阀在类型代号前加 G 汉语拼音字母。

表 4—14

减压阀结构形式	代 号
薄 膜 类	1
弹簧薄膜式	2
活 塞 式	3
波纹管式	4
杠 杆 式	5

表 4—15

疏水阀结构形式	代　号
浮球式	1
钟形浮子式	5
脉冲式	8
热动力式	9

6. 阀座密封面或衬里材料代号用汉语拼音字母表示：

表 4—16

阀座密封面或衬里材料	代号	阀座密封面或衬里材料	代号
铜合金	T	渗氮钢	D
橡胶	X	硬质合金	Y
尼龙塑料	N	衬胶	J
氟塑料	F	衬铅	Q
锡基轴承合金（巴氏合金）	B	搪瓷	C
合金钢	H	渗硼钢	P

注：由阀体直接加工的阀座密封面材料代号用 W 表示；当阀座和阀瓣（闸板）密封面材料不同时，用低硬度材料代号表示。

7. 公称压力数值用阿拉伯数字直接表示，并用短线与阀座密封面或衬里材料代号隔开。

8. 阀体材料代号用汉语拼音字母表示：

表 4—17

阀体材料	代号	阀体材料	代号
HT25—47	Z	1Cr5Mo	I
KT30—6	K	1Cr18Ni9Ti	P
QT40—15	Q	1Cr18Ni12Mo2Ti	R
H62	T	12Cr1MoV	V
ZG25Ⅱ	C	ZG12CrMoV	V

注：$p_g \leqslant 1.6$ MPa 的灰铸铁阀体和 $p_g \geqslant 2.5$ MPa 的碳素钢阀体，省略本代号。

9. 举例

(1) Z40H—1.6C 法兰明杆楔式弹性闸板阀，阀座密封面或衬里材料为合金钢，公称压力为 1.6 MPa，阀体材料为碳钢。

(2) J11T—1.6 内螺纹截止阀，结构形式为直通式，阀座密封面或衬里材料为铜合金，公称压力为 1.6 MPa，阀体材料为灰铸钢。

(3) L41H—3.92Q 法兰节流阀，结构形式为直角式，阀座密封面或衬里材料为合金钢，公称压力为 3.92 MPa，阀体材料为球墨铸铁。

(4) H44T—1.0 法兰旋启式止回阀，结构形式为单瓣式，阀座密封面或衬里材料为铜合金，公称压力为 1.0 MPa，阀体材料为灰铸铁。

(5) A47H—1.6C 法兰弹簧式带扳手安全阀，结构形式为微启式，阀座密封面或衬里材料为合金钢，公称压力为 1.6 MPa，阀体材料为灰铸铁。

(6) Y43H—1.6 法兰活塞式减压阀，阀座密封面或衬里材料为合金钢，公称压力为 1.6 MPa，阀体材料为灰铸铁。

(7) S41H—1.6 法兰浮球式疏水器，阀座密封面或衬里材料为合金钢，公称压力为 1.6 MPa，阀体材料为灰铸铁。

二、闸阀

闸阀主要由手轮、填料、压盖、阀杆、闸板、阀体等零件组成。

闸阀按闸板形式可分为楔式和平行式两类。楔式大多制成单闸板，两侧密封面成楔形。平行式大多制成双闸板，两侧密封面是平行的。图 4—57 所示为楔式单闸板闸阀，闸板在阀体内的位置与介质流动方向垂直，闸板升降即是阀门启闭。

闸阀在锅炉上使用很广泛，如用作供汽和排污等。但它仅可用于截断汽、水通路（阀门全闭或全开），而不宜用作调节流量（阀门部分开启）。否则容易使闸板下半部（未提起部分）长期受介质磨损与腐蚀,以致在关闭后接触面不严密而泄漏。

闸阀的优点是,介质通过阀门为直线流动,阻力小,流势平稳,阀体较短,安装地位紧凑。缺点是,在阀门关闭后,闸板一面受力较大容易磨损,而另一面不受力,故开启和关闭需用较大的力量。为此,常在高压或大型闸阀的一侧加装旁通管路和旁通阀,在开启主阀门前,先开启旁通阀,既起预热作用,又可减少主阀门闸板两侧的压力差,使开启阀门省力。

三、截止阀

截止阀主要由阀杆、阀体、阀芯和阀座等零件组成,如图4—58所示。

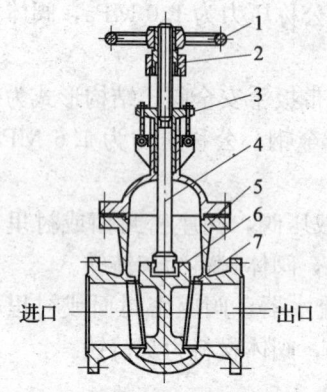 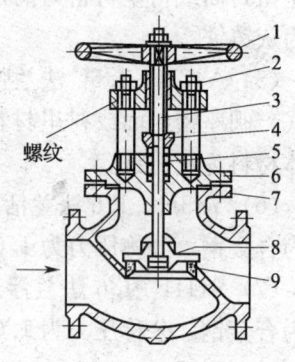

图4—57 楔式单闸板闸阀　　　　图4—58 截止阀
1—手轮 2—阀杆螺母　　　　1—手轮 2—阀杆螺母 3—阀杆
3—压盖 4—阀杆 5—阀体　　　4—填料压盖 5—填料 6—阀盖
6—闸板 7—密封面　　　　　　7—阀体 8—阀芯 9—阀座

截止阀按介质流动方向可分为标准式、流线式、直流式和角式等数种,如图4—59所示。

截止阀阀芯与阀座之间的密封面形式,通常有平形和锥形两种。平形密封面启闭时擦伤少,容易研磨,但启闭力大,多用在大口径阀门中。锥形密封面结构紧密,启闭力小,但启闭时容易擦伤，研磨需要专门工具，多用在小口径阀门中。

安装截止阀时，必须使介质由下向上流过阀芯与阀座之间的间隙，如图4—59中箭头所示方向，以减小阻力，便于开启。并且要在阀门关闭后，填料和阀杆不与介质接触，不受压力和温度的影响，防止汽、水侵蚀而损坏。

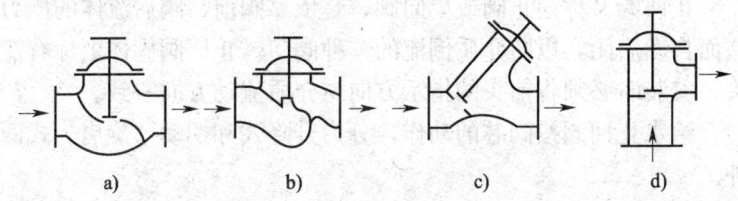

图4—59 截止阀通道形式
a) 标准式 b) 流线式 c) 直流式 d) 角式

截止阀的优点是，结构简单，密封性能好，制造和维护方便，广泛用于截断流体和调节流量的场合，例如用做锅炉主汽阀、给水阀等。缺点是，流体阻力大，阀体较长，占地较大。

四、节流阀

节流阀又名针形阀，主要由手轮、阀杆、阀体、阀芯和阀座等零件组成，如图4—60所示。

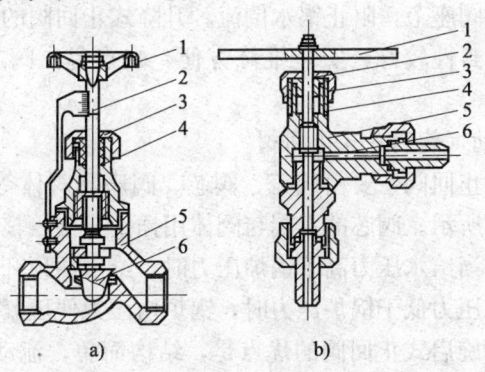

图4—60 节流阀
1—手轮 2—阀杆 3—填料盖 4—填料 5—阀体 6—阀芯

阀芯直径较小，呈针形或圆锥形，通过阀芯与阀座之间间隙的细微改变，能精细地调节流量，或进行节流调节压力。

节流阀的优点是，外形尺寸小，重量轻，密封性能好。缺点是，制造精度高，加工较困难。

五、止回阀

止回阀又称逆止阀或单向阀，是依靠阀前、阀后流体的压力差而自动启闭，以防介质倒流的一种阀门。止回阀阀体上标有箭头，安装时必须将箭头的指示方向与介质流动方向一致。

给水止回阀按阀芯的动作，分为升降式和摆动（旋启）式两种。

1. 升降式止回阀

升降式止回阀又称为截门式止回阀，主要由阀盖、阀芯、阀杆和阀体等零件组成，如图4—61所示。在阀体内有一个圆盘形的阀芯，阀芯连着阀杆（也可用弹簧代替），阀杆不穿通上面的阀盖，并留有空隙，使阀芯能垂直于阀体作升降运动。这种阀门一般应安装在水平管道上。例如安装在给水管路上的止回阀，当给水压力比锅炉压力高时，给水顶起阀芯进入锅炉。当给水压力比锅炉压力低时，由于阀芯的自重，再加上锅炉内压力的作用，将阀芯压在阀座上，阻止锅水倒流。升降式止回阀的优点是，结构简单，密封性较好，安装维修方便。缺点是，阀芯容易被卡住。

2. 摆动（旋启）式止回阀

旋启式止回阀主要由阀盖、阀芯、阀座和阀体等零件组成，如图4—62所示。阀芯的上端与阀体用插销连接，整个阀芯可以自由摆动，当给水压力高于锅炉压力时，给水便顶开阀芯进入锅炉。当给水压力低于锅炉压力时，锅炉内压力便压紧阀芯，阻止锅水倒流。旋启式止回阀的优点是，结构简单，流动阻力较小。缺点是，噪声较大，在锅炉压力低时，密封性差，因此不适用于低压锅炉的给水管路。

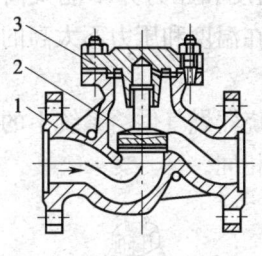 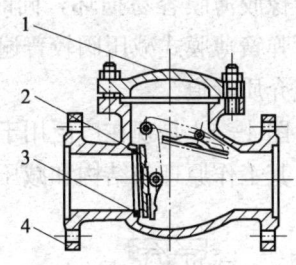

图 4—61 升降式止回阀　　　图 4—62 摆动（旋启）式止回阀
1—阀体　2—阀芯　3—阀盖　　1—阀盖　2—阀芯　3—阀座　4—阀体

六、减压阀

减压阀主要有两种作用，一是将较高的气压自动降到所需的低气压，二是当高压侧的气压波动时，起自动调节作用，使低压侧的气压稳定。

减压阀的作用原理，主要是依靠膜片、弹簧等敏感元件来改变阀芯与阀座之间的间隙，使流体通过时产生节流，从而达到对压力自动调节的目的。

常用的减压阀有弹簧薄膜式、活塞式、波纹管式等。

1. 弹簧薄膜式减压阀

弹簧薄膜式减压阀主要由弹簧、薄膜、阀杆、阀芯、阀体等零件组成，如图 4—63 所示。当薄膜上侧的蒸汽压力高于薄膜下侧的弹簧压力时，薄膜向下移动，压缩弹簧，阀杆随即带动阀芯下向移动，使阀芯的开启度减小，由高压端通过的蒸汽流量随之减小，从而使出口压力降低到规定的范围内。当薄膜上侧的蒸汽压力小于下侧的弹簧压力时，弹簧自由伸长，顶着薄膜向上移动，阀杆随即带动阀芯向上移动，使阀芯的开启度增大，由高压端通过的蒸汽流量随之增多，从而使出口处的压力升高到规定的范围内。

弹簧薄膜式减压阀的灵敏度比较高，而且调节比较方便，只需旋转手轮，调整弹簧的松紧度即可。但是，如果薄膜行程大时,橡胶薄膜容易损坏,同时承受温度和压力亦不能太高。因此,弹簧薄膜式减压阀较普遍地使用在温度和压力不太高的水和空气介质管道。

图4—64是现在广泛用于燃气燃烧器燃气供给系统上的调压器,其工作原理与结构和减压阀基本相同。

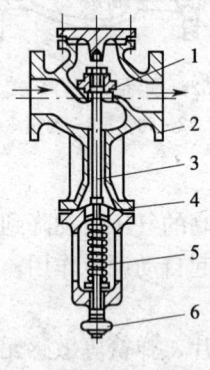
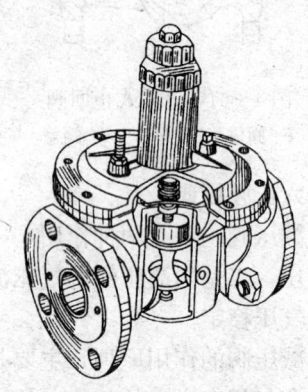

图4—63 弹簧式薄膜减压阀　　　　图4—64 煤气调压器
1—阀芯　2—阀体　3—阀杆
4—薄膜　5—弹簧　6—手轮

2. 活塞式减压阀

活塞式减压阀主要通过活塞来平衡压力,如图4—65所示。

当调节弹簧1在自由状态时,主阀瓣5和辅阀瓣3由于阀前压力的作用和下边的主阀弹簧6顶着而处于关闭状态。拧动调整螺栓7顶开辅阀瓣,介质由进口通道α经辅阀通道γ进入活塞4上方。由于活塞的面积比主阀瓣大,而受力后向下移动,使主阀瓣开启,介质流向出口。同时介质经过通道β进入薄膜2下部,逐渐使压力与调节弹簧压力平衡,使阀后压力保持在一定的误差范围内。如阀后压力过高,膜下压力大于调节弹簧压力,膜片即向上移动,辅阀关小使流入活塞上方介质流量减小,引起活塞及主阀上移，减小主阀瓣开启程度，出口压力随之下降，达到新的平衡。

活塞式减压阀，由于活塞在汽缸中的摩擦较大，因此灵敏度比弹簧薄膜式减压阀差，制造工艺亦要求严格。它适用温度、压力较高的蒸汽和空气等介质管道和设备上。

3. 波纹管式减压阀

波纹管式减压阀主要通过波纹等来平衡压力，如图4—66所示。

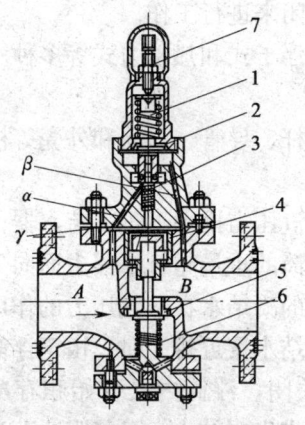 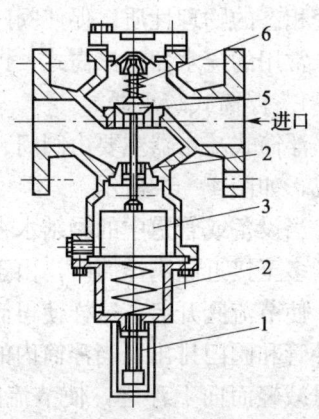

图4—65　活塞式减压阀
1—调节弹簧　2—金属薄膜
3—辅阀　4—活塞　5—主阀
6—主阀弹簧　7—调整螺栓

图4—66　波纹管式减压阀
1—调整螺栓　2—调节弹簧
3—波纹管　4—压力通道
5—阀瓣　6—顶紧弹簧

当调节弹簧2在自然状态时，阀瓣5在进口压力和预紧弹簧力的作用下处于关闭状态。拧动调整螺栓1，使调节弹簧2顶开阀瓣5，介质流向出口，阀后压力逐渐上升至所需压力。阀后压力经通道4，作用于波纹管3外侧，使波纹管向下的压力与调整弹簧向上的压力平衡，达到阀后的压力稳定在需要的压力范围内。如阀后压力过大，则波纹管向下压力大于调节弹簧压力，使阀瓣关小，阀后压力降低，达到要求的压力。

波纹管式减压阀，适用于介质参数不高的蒸汽和空气管路上。

七、疏水器

疏水器又称阻汽排水阀。它的作用是在蒸汽管道中自动排出凝结水，同时阻止蒸汽外逸，以提高热量利用率，节约能源，并防止管道发生水冲击故障。

疏水器的工作原理，是利用蒸汽和凝结水两者的密度差，或改变相态的物理性质，促使阀门启闭来进行工作。

常用的疏水器有浮筒式、钟形浮子式和热动力式等多种。

1. 浮筒式疏水器

浮筒式疏水器主要由阀门、轴杆、导管、浮筒和外壳等构件组成，如图4—67所示。

当设备或管道中的凝结水在蒸汽压力推动下进入疏水器，逐渐增多至接近灌满浮筒时，由于浮筒的重量超过了浮力而向下沉落，使节流阀开启。这样使得筒内的凝结水在蒸汽压力的作用下经导管和阀门排出。当浮筒内的凝结水接近排完时，由于浮筒的重量减轻而向上浮起，使节流阀关闭，浮筒内又开始积存凝结水。这样周期性地工作，即可自动排出凝结水，又能阻止蒸汽外逸。

2. 钟形浮子式疏水器

钟形浮子式疏水器又称吊桶式疏水阀，主要由调节阀、吊桶、外壳和过滤装置等构件组成，如图4—68所示。

疏水器内的吊桶被倒置，开始时处于下降位置，调节阀是开启的。当设备或管道中的冷空气和凝结水在蒸汽压力推动下进入疏水器，随即由调节阀排出。一方面，当蒸汽与没有排出的少量空气逐渐充满吊桶内部容积，同时凝结水不断积存，吊桶因产生浮力而上升，使调节阀关闭，停止排出凝结水，如图示位置。另一方面，吊桶内部的蒸汽和空气有一小部分从桶顶部的小孔排出，而大部分散热后凝成液体，从而使吊桶浮力逐渐减小而下落，使调节阀开启，凝结水又排出。这样周期性地工作，既可自动排出凝结水，又能阻止蒸汽外逸。

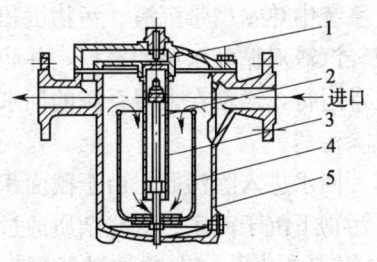 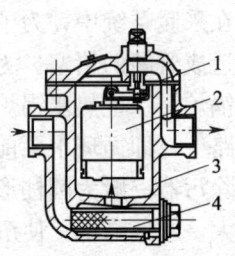

图4—67 浮筒式疏水器　　　　图4—68 钟形浮子式疏水器
1—节流阀 2—轴杆　　　　　　1—调节阀 2—吊桶
3—导管 4—浮筒 5—外壳　　　3—外壳 4—过滤装置

3. 热动力式疏水器

热动力式疏水器主要由变压室、阀片、外壳和过滤装置等构件组成，如图4—69所示。

当设备或管道中的凝结水流入疏水器后，变压室内的蒸汽随之冷凝而降低压力，阀片下面的受力大于上面的受力，故将阀片顶起。因为凝结水比蒸汽的黏度大，流速低，所以阀片与阀座间不易造成负压，同时凝结水不易通过阀片与外壳之间隙流入变压室，使阀片保持开启状态，凝结水流经环形槽排出。

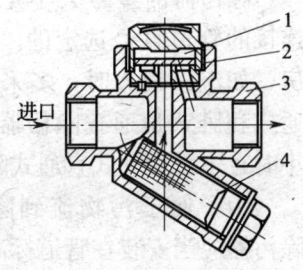

图4—69 热动力式疏水器
1—变压室 2—阀片
3—外壳 4—过滤装置

当设备或管道中的蒸汽流入疏水器后，因为蒸汽比凝结水的黏度小，流速高，所以阀片与阀座间容易造成负压，同时部分蒸汽流入变压室，故使阀片上面的受力大于下面的受力，使阀片迅速关闭。这样周期性地工作,既可自动排出凝结水,又能阻止蒸汽外逸。

八、除污器

在采暖系统中,为了防止系统中热水携带沉渣、污物沉积一处,造成管路的堵塞。为了减轻沉渣对循环水泵的磨损,并防止进入锅炉,保证热水锅炉的正常运行,通常在采暖系统的回水主干管路上,即循环水泵前设置除污器。

除污器一般为圆柱形筒体。回水进入除污器,由于截面积突然扩大,水速降低,使沉渣、污物下沉于筒底。这些杂质通过排污管定期排出。清水通过出口管上的小孔(有的加过滤网)流动,从而达到除污的效果。

除污器有卧式直角式、卧式角通式和立式直通式三种,图4—70是立式直通式除污器的构造示意图。

除污器的型号大小是按照与之连接的管道直径选定的。热水锅炉房,如流量较大时,多采用卧式直通式和卧式角通式除污器;流量较小时,多采用立式直通式除污器。

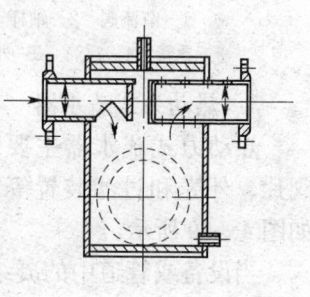

图4—70 立式直通式除污器

为了便于污物流到除污器中,除污器应当安装在管道标高最低的地方。除污器的进、出口都应装设作隔离用的阀门,并有旁通管,以便清扫。

九、对阀门的要求

(1)锅炉管道上的阀门和烟风系统的挡板均有明显标志,标明阀门和挡板的名称、编号、开关方向和介质流动方向,主要调节阀门还应有开度指示。

阀门、挡板的操作机构应装设在便于操作的地点。

(2)主阀应装在靠近锅筒或过热器集箱的出口处。立式锅壳锅炉的主汽阀可以装在锅炉房内便于操作的地方。连接锅炉和蒸汽母管的每根蒸汽管上，应装设两个泄汽阀门，阀门之间应装有通向大气的疏水管和阀门，其内径不得小于 18 mm。

（3）不可分式省煤器入口的给水管上应装置给水截止阀和给水止回阀。可分式省煤器的入口处和通向锅筒的给水管上，都应分别装给水截止阀和给水止回阀。

（4）给水截止阀应装在锅筒（或省煤器入口集箱）和给水止回阀之间，并与给水止回阀紧接相连。

（5）为便于处理额定蒸汽压力大于或等于 3.8 MPa 锅炉的满水事故，应在锅筒的最低安全水位和正常水位之间接出紧急放水管和阀门。

（6）在锅筒、过热器和省煤器等可能集聚空气的地方，都应装设空气阀。锅筒上的安全阀能够代替空气阀时，可以不装空气阀。

（7）每台热水锅炉与热水总管相连时，在其进水管和出水管上均应装截止阀。

出水管、锅筒及每个回路的最高位置，应装有公称直径不小于 20 mm 的放气阀。

（8）阀门是一种通用件，各种形式的阀门一般都以其公称压力（p_g）和公称直径（D_g）来作为选取的规格。选用阀门时，应由使用的介质及其压力和温度，以及工作条件来确定，避免由于使用不当而发生事故。

第十三节 管　道

一、概述

管道是连接锅炉及其附属设备的"动脉"，对其设计、布置、安装、管理的正确与否，直接影响到锅炉运行的安全性、经济性和方便性。

在锅炉房内普遍使用的是金属管道，应根据输送介质的特性、温度、压力、流量、允许温度降、允许压力降等因素来确定管道的材质、管径、壁厚、保温和热膨胀补偿等。

管道的规格一般用公称压力和公称直径来表示。公称压力是指管道在正常温度（对于碳钢为200℃，对于铸铁和铜为120℃）时的允许工作压力。当工作温度变化时，管道材料的强度相应变化，所以允许工作压力与工作温度有一定的关系。但在标称管道规格时，不可能将它在各温度下的允许工作压力全部标出，而只标出正常温度下的允许工作压力即称为公称压力，用符号"p_g"表示。

公称直径是指通路孔的有效直径，也就是与阀门相连接的管道直径。在拔制无缝钢管时，其外径随拔模而定。为了适应不同的工作压力，外径相同的无缝钢管可拔成不同的壁厚，因而内径不相同。为了便于选配管路附件，将数值相近的内径归为一类，以其平均内径来表示，称为公称直径或名义直径，用符号"D_g"表示。

二、管道的热膨胀补偿

管道在输送热介质时，其壁温要相应提高，从而引起膨胀，使长度增加。对于1 m长度的碳钢管，当温度每升高100℃时，管道要伸长1.2 mm。这时，如果管道的热膨胀不能自由进行，就容易造成变形、损坏，严重时还会破坏支、吊架和与管道相连接的设备。因此，当钢管受到40℃以上温度时，就要考虑热膨胀补偿。

热膨胀首先应考虑自然补偿，即尽可能将管道布置成L形或Z形，如图4—71所示，利用管道的弯曲部分在受热时自由伸长来进行补偿。当自然补偿不能满足要求时应加装补偿器来补偿。常用的补偿器外形有方角和圆角两种，如图4—72所示。这种补偿器的优点是，制造方便，补偿能力大，运行可靠，无须经常维修。缺点是，外形尺寸较大，增加流动阻力，需增设管架。

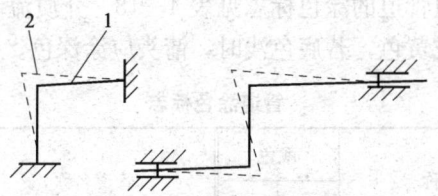

图 4—71 管道热膨胀自然补偿
1—未受热时 2—受热伸长时

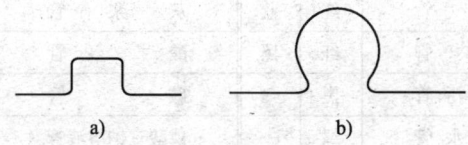

图 4—72 管道热膨胀补偿器
a) 方角 b) 圆角

三、管道的油漆、保温和标志

1. 管道油漆的目的

是防止钢铁受大气中的氧气、水分等杂质的腐蚀。有保温层的管道一般应涂两层防锈漆。无保温层的管道，一般先涂两层防锈漆，再涂一层调和漆。输油管道一般先涂一层打底漆或防锈漆，再涂一层磁漆或调和漆。

2. 管道保温的目的是减少散热损失

满足生产需要的压力和温度；改善劳动条件和环境卫生；防止管道腐蚀，延长其使用年限。常用的保温材料有泡沫混凝土制件、石棉硅藻土、矿渣棉毡、水泥珍珠岩制件、水泥蛭石制件等。保温层厚度应通过经济对比来确定，使全年热损失价值及全年保温投资的折旧价值之和为最小值。

3. 管道外表面的标志

包括区别不同流动介质的各种涂色，以及指示介质流动方向的箭头符号。

不同介质管道的涂色标志见表4—18。介质流动方向的箭头一般涂白色或黄色,若底色浅时,箭头应涂深色。

表4—18　　　　　　　管道涂色标志

管道名称	颜色		管道名称	颜色	
	底色	色环		底色	色环
过热蒸汽管	红	黄	压缩空气管	蓝	—
饱和蒸汽管	红	—	油　　　管	橙黄	—
排　汽　管	红	蓝	灰　浆　管	灰	—
废　汽　管	红	黑	酸　　　管	紫红	—
锅炉排污管	黑		碱　　　管	白	—
锅炉给水管	绿	—	磷酸三钠溶液管	褐	红
疏　水　管	绿	黑	原　煤　管	浅灰	黑
凝结水管	绿	红	煤　粉　管	壳灰	—
软化(补给)水管	绿	白	盐　水　管	浅黄	—
生　水　管	绿	黄	冷　风　管	蓝	黄
热　水　管	绿	蓝	热　风　管	蓝	—
解析除氧气体管道	浅蓝	—	烟　　　管	暗灰	—

注:①色环的宽度以管子或保温层外径为准,外径小于150 mm者,为50 mm;外径为150～300 mm者,为70 mm;外径大于300 mm者,为100 mm;
②色环与色环之间的距离视具体情况掌握,以分布匀称、便于观察为原则。除管道弯头及穿墙处必须加色环外,一般直管段上环间距离可取1～5 m。

四、对管道的布置要求

(1) 工作压力不同的锅炉,应分别有独立的蒸汽管道和给水管道。如合用一条蒸汽母管时,较高压力的蒸汽管道上必须有自动减压装置,以及防止低压侧超压的安全装置。向运行压力不同的锅炉给水,若相互压差不超过其中最高压力的20%时,可以由总的给水系统向锅炉给水。

(2) 管道的敷设应尽可能沿墙或立柱进行,以便于安装、检修和支撑,也减小占地空间。管道的布置,应大管在内小管在外,保温管在内不保温管在外。如果分层布置,蒸汽和热水管应在上,冷却水管应在下。

(3) 架空装置与通过街道、通道的管道,从地面到管道保温层下缘的高度不得小于 5 m;在室内沿墙、柱布置时,此高度不得低于 2 m。

(4) 管道安装要有利于管道放气、放液和疏水,因此一般应考虑有不小于千分之三的坡度,且坡向和介质流动方向相同,在最低点应设放液口,在最高点应设放气口。

(5) 管道的连接,应尽可能采用焊接或法兰对接。对小直径的低压蒸汽管道或低温水管,可采用螺纹连接。不论采用何种连接方式,都应考虑安装、检修方便,并做到密封、牢固性好。

(6) 额定蒸发量大于或等于 1 t/h 的锅炉,应有锅水取样装置。对蒸汽品质有要求时,还应有蒸汽取样装置。取样装置和取样点位置应保证取出的水、汽样品具有代表性。

五、锅炉管道附件

工业锅炉管道附件配套可参考表 4—19 设置。

热水锅炉由于循环水量较大,故进、出水管比蒸汽锅炉给水和蒸汽管要大,通常在进、出水管中的热水流速应控制在 1 m/s 以下。

表 4—19 工业锅炉管道附件配套

	容量 (t/h)	0.2	0.5		1	2		4		6			10		20	
	压力 MPa (kgf/cm²)	0.5(5)	0.5(5)	0.8(8)	0.8(8)	0.8(8)	1.3(13)	0.8(8)	1.3(13)	0.8(8)	1.3(13)	2.5(25)	1.3(13)	2.5(25)	1.3(13)	2.5(25)
蒸汽	主气阀	Dg20	Dg40	Dg40	Dg50	Dg80	Dg80	Dg100	Dg100	Dg125	Dg125	Dg125	Dg150	Dg150	Dg200	Dg200
给水	止回阀	Dg20	Dg25	Dg25	Dg32	Dg32	Dg32	Dg40	Dg40	Dg50	Dg50	Dg50	Dg65	Dg65	Dg80	Dg80
给水	截止阀	Dg20	Dg25	Dg25	Dg32	Dg32	Dg32	Dg40	Dg40	Dg50	Dg50	Dg50	Dg65	Dg65	Dg80	Dg80
排污	快速闸阀		Dg40	Dg40	Dg20	Dg20	Dg20	Dg20	Dg20	Dg50	Dg50	Dg50	Dg50	Dg50	Dg50	Dg50
锅筒	水位表		Y150	Y150	Y150	Y150	Y150	Y150	Y150	Y150	Y150	Y150	Y150	Y150	Y200	Y200
锅筒	压力表		0-16	0-16	0-25	0-16	0-25	0-16	0-25	0-16	0-25	0-40	0-25	0-40	0-25	0-40
锅筒	安全阀		Dg40 1个	Dg40 1个	Dg40 2个	Dg50 2个	Dg50 2个			Dg80 2个	Dg80 2个	Dg80 2个	Dg125 2个	Dg125 2个	Dg125 2个	Dg125 2个

第五章 锅炉辅助设备

本章介绍与锅炉配套的给水、通风、上煤、除渣和除尘等设备,使司炉人员了解和掌握锅炉辅助设备的用途。有关操作要领见第七章。

第一节 给水设备

为了保证锅炉正常与安全运行,必须有可靠的给水设备。给水设备的容量必须大于锅炉的蒸发量,给水压力必须高于锅炉的工作压力。

常用的给水设备有电动离心泵、蒸汽往复泵和注水器等,小型低压锅炉也使用压力式水箱代替给水设备。

一、电动离心泵

电动离心泵简称离心泵或电动泵,是利用电力驱动叶片旋转而产生离心作用的给水泵。电动离心泵是锅炉上使用最广泛的给水设备,种类很多,当用于蒸汽锅炉时,由于压力高,流量相对较小,有单吸多级泵;当用于热水锅炉时,其压力和流量正好与蒸汽锅炉相反,所以就有单吸、双吸单级泵。在布置上,又有卧式和立式两种,见图5—1和图5—2。

现将电动离心泵的型号举例如下:

$$DG6—25\times 7$$

这种型号表示用于锅炉(G)的单吸多级分段式电动(D)离心给水泵,6表示设计点流量,单位为m^3/h,单级扬程为25 m,共有7个叶轮。

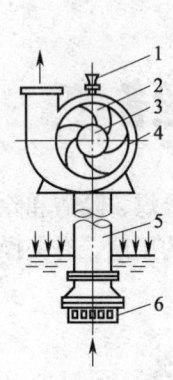
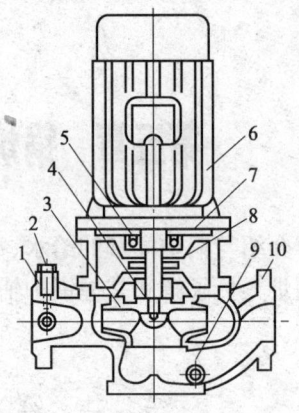

图5—1 单级(卧式)
电动离心泵
1—漏斗 2—叶片
3—叶轮 4—外壳
5—吸水管 6—滤阀

图5—2 单吸单级立式离心水泵
1—测压孔 2—排气孔 3—叶轮
4—机械密封 5—轴承 6—电动机
7—连接盖 8—挡水圈
9—放水孔 10—泵体

1. 电动离心泵的结构与原理

电动离心泵的外形像蜗牛，主要由叶片、叶轮、外壳和吸水管等构件组成，如图5—1所示。电动离心泵在启动之前，必须往吸水管和泵内灌满水，否则叶轮空转，不能自行吸水。当叶轮以1 500～3 000 r/min的高速旋转时，在离心力的作用下，水从叶轮中心甩向壳壁，使水泵内产生真空，水源水便在大气压力的作用下经吸水管进入泵内。被叶轮甩出的水具有一定的压力，从而顶开给水止回阀进入锅炉。水泵的叶轮直径越大，出水压力也越大。只有一个叶轮的水泵称为单级离心泵，一般可产生0.5～0.8 MPa的压力。如果需要更高的出水压力，可在泵主轴上顺序装置数个叶轮，并用隔板将它们彼此隔开，再用连接管把各组泵体依次串接起来，成为多级离心泵，使出水压力逐级递增。

2. 在电动离心泵上应配备的附件

(1) 在通到锅炉的给水管上应有截止阀和止回阀。
(2) 在水泵出口处应有压力表。
(3) 在水泵外壳上应有空气阀。
(4) 应有向泵壳内灌水的漏斗或水管。
(5) 若水泵用于抽水，应有测量吸水管负压的真空计。
(6) 在吸水管末端应有吸水阀和过滤网。

电动离心泵与蒸汽往复泵比较，具有给水连续均匀，体积小和重量轻等优点；但操作不方便，运行费用较高，在小水量和高压头时效率较低。

二、蒸汽往复泵

蒸汽往复泵简称往复泵或汽动泵，是利用蒸汽驱动活塞作往复运动的给水泵，有立式与卧式、单缸与双缸等多种型号。

单缸往复泵由于出水不连续，运行不稳定，所以很少使用。双缸往复泵使用较多，现将它的型号举例如下：

$$2QS—53/17$$

表示卧式双缸（2），以汽力驱动（Q），用于吸送清水（S）的往复泵，最大出口流量为 53 m^3/h（正常流量在 25～53 m^3/h 之间），出口压力为 17×0.1＝1.7 MPa，最高水温为 105℃，活塞往复数为 26～58 次/min。

1. 蒸汽往复泵的原理与结构

蒸汽往复泵主要由蒸汽机、水泵和传动部件等三部分组成。

蒸汽机的工作原理如图 5—3 所示。从锅炉来的蒸汽，由进汽口经配汽室和左汽路引入汽缸的左侧，推动活塞向右运动，活塞右侧的废汽，经右汽路从排汽口排出。当活塞运动到右端时，滑动阀移动到左端，将左汽路遮住，右汽路同时被打开。蒸汽随即进入汽缸的右侧，推动活塞向左运动。活塞左侧的废汽，经左汽路从排汽口排出。这样，蒸汽推动活塞不停地往复运动，活塞的往复运动又带动活塞杆,使水泵活塞作相同的往复运动,从而使水泵周期性地吸水与出水。

水泵的工作原理如图5—4所示。当水泵尚未工作时,吸水管内充满空气。开始工作后,水缸内活塞被蒸汽机带动向上运动,使水缸在活塞下面的容积随之增大而形成负压。这时,压水阀关闭,吸水阀开启,水受大气压力作用进入压水管内。当活塞再向下运动时,水缸下部的压力增大,使吸水阀关闭,压水阀开启,压水管内的水被压入水箱。

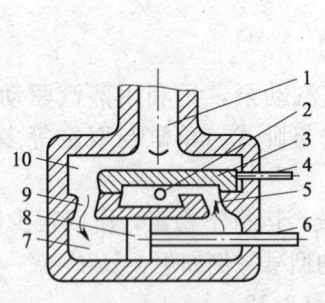
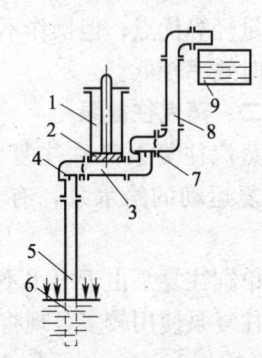

图5—3 蒸汽机工作原理示意图
1—进汽口 2—排汽口 3—滑动阀
4—连杆 5—右汽路 6—活塞杆
7—汽缸 8—活塞
9—左汽路 10—配汽室

图5—4 水泵工作原理示意图
1—水缸 2—活塞 3—压水管
4—吸水阀 5—吸水管
6—水源 7—压水阀
8—上水管 9—水箱

卧式双缸蒸汽往复泵的结构如图5—5所示。为了简化传动机构,蒸汽机活塞和水泵活塞安装在同一根活塞杆上。由于左端的汽缸活塞面积大于右端的水缸活塞面积,所以用锅炉蒸汽推动汽缸活塞连带推动

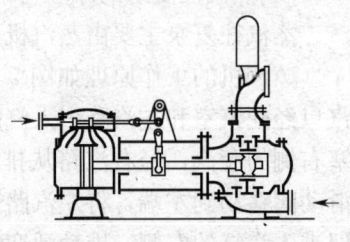

图5—5 卧式双缸蒸汽往复泵

水缸活塞，可使给水获得较高的压力进入锅炉。

　　双缸蒸汽往复泵的工作特点是，两个汽缸通过牵动装置连接，使两个活塞的运动方向恰好相反。当一个汽缸内的活塞行程接近终了而速度降低的时候，另一个汽缸内的活塞即开始运动，所以能够连续不断地向锅炉给水，又因为两个活塞的位置总是相反的，当一个活塞处于"死点"位置时，另一个活塞上面的进汽口就开始进汽，推动活塞运动。所以活塞不论在什么位置，只要开启进汽阀，水泵就能启动。

　　蒸汽往复泵的最大理论吸水高度为 10 m。但由于管道阻力和严密性等影响，实际吸水高度一般不超过 7 m。吸水高度还随水温升高而降低，当水温超过 70℃时，就不能自行吸水。这时，需对给水施加压力，才能压入吸水管内。

　　蒸汽往复泵的优点是，工作可靠，启动容易，水量调节方便，操作维护简单；缺点是，消耗蒸汽较多，工作时有间隙性，使给水有一定的脉冲。适用于小型蒸汽锅炉，或者作为停电时运行的备用水泵。

　　2. 蒸汽往复泵的操作步骤与注意事项

　　(1) 油杯内的润滑油应足够，填料箱中的填料应松紧合适。

　　(2) 先开启通到锅炉给水管上的阀门，再开启通到水源（水箱或水池）进水管上的阀门。

　　(3) 开启汽缸底部的泄水旋塞排放存水，开启水缸上部的空气旋塞排放空气。

　　(4) 汽缸废汽管应畅通，如管上装有阀门应予开启，以备排放废汽。

　　(5) 滑动阀不得处于正中间位置，否则难以启动水泵，稍开蒸汽阀，使蒸汽缓慢进入配汽箱。当从汽缸泄水旋塞中冒出干燥蒸汽时，即暖管结束后，先关闭泄水旋塞，再逐渐开大蒸汽阀使水泵运转。当从水缸空气旋塞中流出不带气泡的水流时，即可关闭空气旋塞，使水泵向锅炉进水。

在水泵正常运行过程中,每隔 3 h 左右向油杯内加油一次,以保持销子、连杆和滑动部分的润滑。还应定期开启空气旋塞排放空气,以免泵内积存空气影响进水。

(6) 锅炉进水完毕,先缓慢关闭蒸汽阀,再关闭进水管和给水管上的阀门。冬季锅炉停用后,应将水泵和管路内的存水放净,以免冻坏设备。

(7) 当给水管上的阀门关闭和水缸内的存水未放净时,不得将泵启动,否则会使水压很快升高而损坏水泵。

(8) 长期处于备用的蒸汽往复泵,应定期空载启动,以保持运动部件可靠,防止腐蚀生锈。

三、注水器

注水器又称射水器或引水器,是利用锅炉自身蒸汽的能量,将给水引射到锅炉中去的一种简易给水设备。

注水器的种类较多,一般有单管与双管、上吸式与压力式之分。目前普遍使用的是水平单管上吸式注水器,其规格见表 5—1。

表 5—1　　　　水平单管吸式注水器规格

号数	公称直径 (mm)	蒸汽压力 MPa (kgf/cm²)	注水量[①] (t/h)
4	15	0.2—0.54 (2~5.5)	0.45
6	20	0.2—0.54 (2~5.5)	0.65
8	25	0.25—0.7 (2.5~7)	1.6
10	32	0.25—0.7 (2.5~7)	2.0
12	40	0.27—0.7 (2.8~7)	3.2
16	50	0.27—0.7 (2.8~7)	4.8

注:①表列注水量是在蒸汽压力为 0.5 MPa、供水温度 20℃时的数值。

1. 注水器的结构与工作过程

水平单管上吸式注水器的结构,主要由蒸汽喷嘴、吸水嘴、混合喷嘴和射水喷嘴等组成,如图 5—6 和图 5—7 所示。

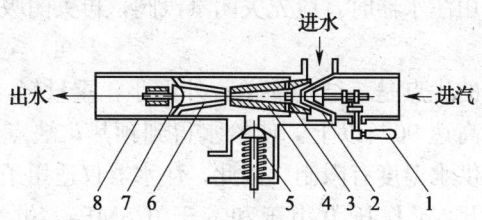

图 5—6　水平单管上吸式注水器
1—手柄　2—蒸汽喷嘴　3—吸水嘴　4—混合喷嘴
5—溢水阀　6—射水喷嘴　7—止回阀　8—外壳

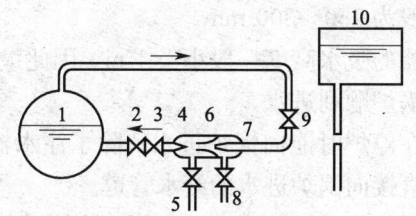

图 5—7　注水器工作原理示意图
1—锅筒　2—给水截止阀　3—止回阀　4—射水喷嘴　5—溢水管
6—混合喷嘴　7—蒸汽喷嘴　8—吸水管　9—蒸汽阀　10—水箱

注水器的工作过程如下：

(1) 先稍开启蒸汽阀，使锅筒内的少量蒸汽进入注水器，并由流通截面逐渐缩小的蒸汽喷嘴高速喷出。同时带动喷嘴附近的空气一起由溢水管排出，从而使注水器内部形成真空。水箱内的水因受大气压力作用，则自动经吸水管进入注水器。

(2) 开大蒸汽阀，使较多的蒸汽进入混合喷嘴（流通截面仍是逐渐缩小）内与水混合。此时，大部分的蒸汽因冷却而凝结，给水则被蒸汽加热提高温度。

(3) 混合水得到蒸汽的动能，以更高的速度进入射水喷嘴。因为射水喷嘴的流通截面逐渐扩大，所以混合水的流速逐渐降低，而压力随之增高。当水压超过锅炉工作压力时，即可顶开止回阀进入锅筒。

(4) 停用注水器时，应先关闭蒸汽阀，再关闭吸水管和给水管上的阀门。

注水器的优点是，结构简单，外形小，重量轻，操作简便，热能利用率高达 90% 以上，使给水得到预热；缺点是，耗用蒸汽较多，对供水温度有限制。因此，注水器仅适用于蒸发量小于和等于 2 t/h、工作压力小于和等于 0.8MPa、供水温度低于 40℃ 的小型锅炉。

2. 注水器的安装使用注意事项

(1) 注水器与锅筒之间应安装截止阀和止回阀。止回阀与注水器的距离一般为 150～300 mm。

(2) 注水器的吸水高度一般小于 1 m，因此最好安装高位水箱，以保证向锅炉顺利进水。

(3) 为了在停炉时能向锅炉进水。除了注水器给水管道外，还应安装可以直接向锅炉进水的给水管道。

(4) 注水器经长时间使用后，内部可能结垢，应定期检查疏通，以免阻碍进水。

四、压力式水箱

压力式水箱属于压力容器，承受与锅炉相等的工作压力。其安装位置必须高于锅炉，如图 5—8 所示。利用水箱与锅炉之间高度差产生的静压，将水箱内的水注入锅炉。

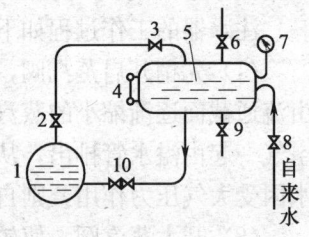

图 5—8 压力式水箱
1—锅筒 2—锅炉副汽阀
3—进汽阀 4—水位表 5—水箱
6—空气阀 7—压力表 8—进水阀
9—放水阀 10—锅炉给水阀

压力式水箱的工作过程如下：

(1) 水箱进水

关闭进汽阀和给水阀，开启空气阀，使水箱不受压。然后开启进水阀向水箱进水。待进水完毕，关闭进水阀和空气阀。

(2) 水箱受压

开启进气阀,使锅炉蒸汽进入水箱,水箱压力表指针逐渐上升,直至与锅炉工作压力相等。

(3) 向锅炉给水

开启锅炉给水阀,水箱内的水自动顶开止回阀进入锅炉。

压力式水箱设备简单,操作方便,可使给水得到预热。但是只能间断给水,特别是水箱的结构和强度必须符合有关规定,并且应与锅炉同样进行维护和检验。因此,压力式水箱仅适用于小型低压蒸汽锅炉。

五、对锅炉给水设备的选择要求

1. 锅炉的给水设备要保证安全可靠地向锅炉供水。锅炉房应有备用给水机械,除属于1级电力负荷或有可靠电源的锅炉房,或者因停电而停止给水后不会造成事故的锅炉,都应有备用汽动给水设备。

2. 给水泵台数的选择,应适应锅炉房负荷变化的要求。当任何一台给水泵停止运行时,其余给水泵的总流量,应能满足所有运行锅炉在额定蒸发量时所需给水量的110%。对于不能并联运行的给水泵,当需要同时给水,以满足上述给水量时,应装设两根给水母管,分别向不同的锅炉给水。

3. 采用电动给水泵为主要给水设备时,备用汽动给水泵的选择应符合下列要求:

(1) 停电后不能正常燃烧和供汽的锅炉,当停止给水有可能造成锅炉缺水事故时,备用的汽动给水泵的流量,应能满足所有运行锅炉在额定蒸发量时所需给水量的40%~60%。

(2) 停电后能正常燃烧和供汽的锅炉,备用汽动给水泵的流量应能满足供汽要求。

4. 额定蒸发量小于或等于2 t/h、工作压力小于和等于0.8 MPa的锅炉,其给水泵可用注水器代替。注水器宜单炉配置,并应各设置一台备用。

5. 工作压力小于和等于 0.2 MPa 的锅炉，可用自来水直接向锅炉内进水，但必须有可靠的水源。自来水的压力必须高于锅炉工作压力 0.1 MPa 以上，并且应在给水管道上装设止回阀。

6. 蒸发量大于 4 t/h 的锅炉，应装置自动给水调节器，并且在司炉操作地点装有手动控制给水的装置。

六、热水泵

热水锅炉网路循环水泵，因材质不同而适用于不同温度的热水，一般分为两类：Ⅰ类循环泵的适用水温不超过150℃，Ⅱ类循环泵的适用水温不超过 250℃。

常用热水循环泵的型号有下列两种：

一种型号表示方法为：

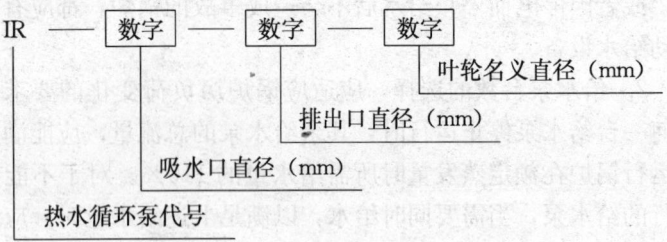

例如 IR80－65－160 型热水循环泵的主要参数是：水泵吸水口直径为 80 mm，排出口直径 65 mm，叶轮名义直径160 mm，IR 泵用于水温 150℃以下。

对 150℃以上、250℃以下热水可用 R 型泵。

1. 对循环水泵的选择要求

（1）循环水泵的流量，应根据设计温差、用户耗热量和管网热损失等因素确定。在锅炉出口管段与循环水泵进口管段之间装设旁通管时，还应计入流往旁通管的循环水量。

（2）循环水泵的扬程不应小于下列各项之和

① 热水锅炉或热交换器内部系统的压力降。

②供、回水干管的压力降。
③用户内部系统的压力降。
(3) 并联工作的循环水泵，其使用特性曲线宜相同。
(4) 循环水泵的台数，应根据供热系统规模和运行调节方式确定，一般不应少于两台。在其中任一台停止运行时，其余水泵的总流量应满足最大循环水量的需要，并且应有防止突然停泵后锅炉超温、锅水汽化和水击的可靠措施。

2. 对补给水泵的选择要求

(1) 补给水泵的流量，除应满足热水系统的正常补给水量外，还应能满足因事故增加的补给水量，一般为正常补给水量的 4~5 倍。

(2) 补给水泵的扬程，不应小于补水点压力加 $3 \times 10^4 \sim 5 \times 10^4$ Pa。

(3) 补给水泵一般不应少于两台，其中一台备用。

(4) 热水锅炉应装有自动补给水装置，并且在司炉或司泵操作地点装有手动控制补给水装置。

第二节 通风设备

锅炉通风的任务，是向炉膛内连续不断地供应足够的空气，同时连续不断地将燃烧所产生的烟气排出炉外，以保证燃料在炉内稳定燃烧，使锅炉受热面有良好的传热效果。

按照气体流动方向区分，锅炉通风有送风和引风两种。送风又称鼓风，是指向炉内供应空气。引风又称吸风，是指把烟气排出炉外。

按照气体流动动力区分，锅炉通风有自然通风和机械通风两种。自然通风主要是利用烟囱的抽力来实现的。机械通风又称强制通风，是利用风机的力量来实现的。

一、烟囱

烟囱的作用,一是产生引力(又称"抽力"),以克服烟气流程的阻力,使锅炉正常运行;二是将烟气和飞灰排到室外高空扩散,以减轻对周围环境的集中污染。

烟囱引力的产生,是由于在烟囱内部流动的烟气温度高,在烟囱外部流动的空气温度低,因而造成两者的容重不同,也就是形成了压力差,使两部分气体不断地流动,如图5—9所示。

烟囱抽力的大小,取决于烟囱的高度,以及烟气与空气的温度差。当排烟温度在150℃左右时,每米烟囱高度可产生3 Pa的抽力。当排烟温度升至400℃时,抽力可增至7 Pa。自然通风既受烟囱高度和阻力的限制,又受气候的影响。例如空气潮湿、气压低、气温高和烟道漏风等,都会降低烟囱的抽力。因此,自然通风仅适用于小型锅炉。

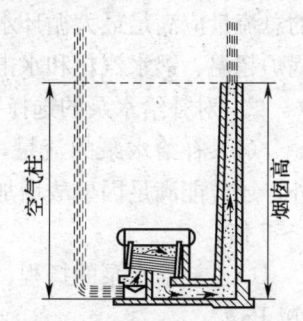

图5—9 锅炉自然通风原理示意图

二、风机

1. 风机的通风方式

当锅炉通风阻力较大,烟囱的抽力不足以克服时,则应装设风机来加强锅炉通风。锅炉只装设引风机时,如图5—10a所示。风道、燃烧设备、烟道和烟囱的阻力,全部由引风机来克服,整个通风系统处于负压状态,故称为负压通风。锅炉只装设送风机时,如图5—10b所示。风道、燃烧设备和烟道的阻力,基本上由送风机来克服,一部分阻力由烟囱的引力来克服,整个通风系统基本上处于正压状态,故称为正压通风。锅炉同时装设送风机和引风机时,如图5—10c所示。风道和燃烧设备的阻力由送风机来克服,烟道的阻力由引风机和烟囱来克服,整个通风系统处于平衡或微负压状态,故称为平衡通风,是锅炉房广泛采用的通风方式。

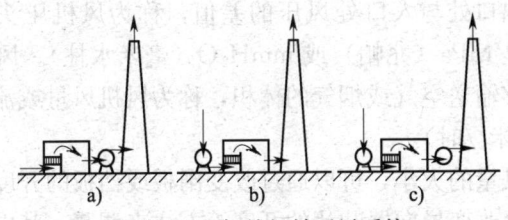

图 5—10　锅炉机械通风系统
a) 负压通风　b) 正压通风　c) 平衡通风

2. 风机的结构与原理

在锅炉运行中最常用的是离心式送风机和离心式引风机，它们的结构基本相同，主要由叶片、叶轮、转轴和壳体等构件组成，如图 5—11 所示。风机壳体的外形，具有沿半径方向由小渐大的蜗壳形特点，使壳体的气流通道也由小渐大，空气的流速则由快变慢，而压力由低变高，致使风机出口处的风压达到最高值。

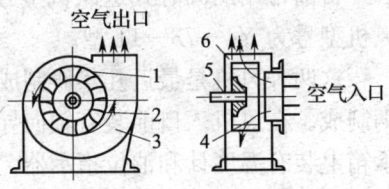

图 5—11　离心式风机
1—叶片　2—叶轮　3—壳体
4—吸气口　5—转轴　6—排气口

当电动机带动风机叶轮旋转时，叶轮间的空气随之旋转流动，并且受离心力的作用被甩向壳壁，然后由风机出口排出。此时，在叶轮中心的空间形成了负压，使风机入口处的空气在大气压力的作用下自动进入风机。由于风机叶轮的连续旋转，就使吸风与排风的过程连续不断地进行，从而达到了向锅炉通风的目的。

送风机输送的是洁净冷空气，即使在热风再循环系统中，送风温度也很少超过 100℃。引风机输送的一般是 200℃ 以上的高温烟气，在烟气中还含有飞灰和二氧化硫等腐蚀性气体。由于引风机的工作条件比送风机差很多，所以对其材质和结构的要求比较严格。例如，引风机的叶片和壳体要适当加厚，或者采取防腐蚀与防磨损的措施，轴承要有冷却措施等。

风机出口处与入口处风压的差值,称为风机压头,简称风压,单位是 MPa(兆帕)或 mmH₂O(毫米水柱)。风机在单位时间内能够输送空气或烟气的体积,称为风机风量或流量,单位是 m^3/h(米³/时)。

风机风量的大小,可以通过改变闸板或挡板的开度、改变叶轮的转数、改变导向器叶片的开度等方法来调节,其中以调节导向器较为经济。当两台风机并联运行时,每台风机出口处都应装设闸板,以便在检修其中任一台时将其闸板关闭,而不致影响锅炉正常运行。

3. 常用风机的型号

目前常用的离心式送风机型号为 G4—73—11 型,离心式引风机型号为 Y4—73—11 型。

这两种风机是最近几年研制成功的新型风机,均由优质碳素钢制成。在风机入口前装有轴向导流器,以调节风机风量。在轴承箱上装有温度计和油位指示器,以检查温度和油量。在引风机的轴承箱内还装有冷却水管,以冷却润滑油。

风机的风量为 17 000~68 000 m^3/h,全风压为 590~7 000 Pa。G4—73—11 型输送空气的最高温度为 80℃,Y4—73—11 型输送烟气的最高温度为 250℃。适用于蒸发量 2 t/h 以上的锅炉,具有效率高、噪声低、强度好和运转平稳等优点。

此外,常用的离心式引风机还有 Y4—70 型,适用于蒸发量 1.5~4 t/h 的小型锅炉。

4. 对风机的选择要求

(1)锅炉的送风机、引风机宜单独配置,以减少漏风量,节约用电和便于操作。当集中配置时,为防止漏风量过大,每台锅炉与总风道、总烟道的连接处,应设置严密的闸门。

(2)风机的风量和风压,应按锅炉的额定蒸发量、燃料品种、燃烧方式和通风系统的阻力经计算确定,并应计入当地气压和空气、烟气温度对风机特性的校正。

(3) 单炉配置风机时，风量的富裕量一般为 10%，风压的富裕量一般为 20%。集中配置风机时，送、引风机应各设两台，并应使风机符合并联运行的要求，其风量和风压的富裕量应较单炉配置时适当加大。

(4) 尽量选用效率高的风机，以降低电动机功率、缩小风机外形尺寸，同时应使风机在常年运行中，处于最高的效率范围，以降低电耗，节约能源。

(5) 引风机技术条件规定的烟气温度范围，必须与锅炉的排烟温度相适应。在锅炉升火时，烟气温度较低，引风机的电动机有可能超载运行，应当勤检查，以防电动机烧坏。

(6) 为保持风机安全可靠运行，应在引风机前装设除尘器。

第三节 上煤设备

上煤设备是指将煤炭从锅炉房煤场运送到炉前煤斗的机械设备。按结构形式有提升式上煤机（代号 T），如电动葫芦、单斗提升机、多斗提升机，刮板式上煤机（代号 G）和皮带运输机等多种。

一、电动葫芦

电动葫芦的结构主要由垂直提升电动机、水平运行电动机、控制箱、卷筒、钢丝绳和吊钩等构件组成，如图 5—12 所示。吊钩吊起煤罐后，可进行水平和垂直方向的运动，如图 5—13 所示。煤罐的底部是一个活动的钟罩，可以控制其开关来实现运煤和卸煤。电动葫芦和煤罐占地面积小，操作简便，适用于装有小型快装锅炉等耗煤量较少的锅炉房。

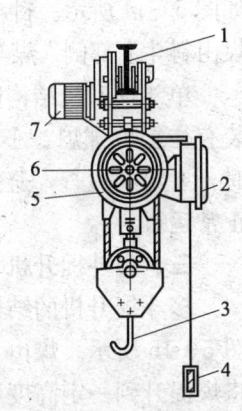

图 5—12 电动葫芦
1—工字形滑轨 2—控制箱
3—吊钩 4—按钮 5—卷筒
6—垂直提升电动机
7—水平运行电动机

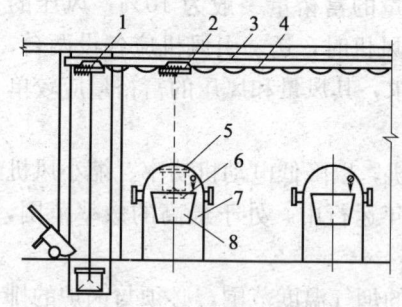
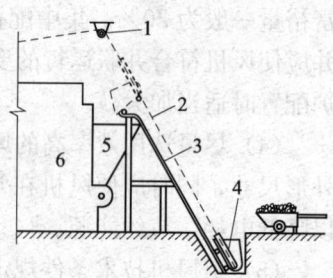

图5—13 电动葫芦上煤系统
1—电动葫芦 2—限位开关
3—导轨 4—滑线 5—吊煤罐
6—钟罩 7—锅炉 8—煤斗

图5—14 单斗提升机上煤系统
1—滑轮 2—钢丝绳 3—导轨
4—料斗 5—炉前煤斗 6—锅炉

二、单斗提升机

单斗提升机的结构主要由料斗、导轨和钢丝绳等构件组成，如图5—14所示。料斗有翻斗式和底开式两种。翻斗式料斗内的煤由料斗上部倒入煤斗，底开式料斗内的煤由料斗底部落入煤斗。

单斗提升机结构简单，容易制造和安装，操作简便，适用于装有往复炉排炉、小型链条炉等耗煤量不多的锅炉房。在运行时，要定期检查，避免使小车卡住或把钢丝绳拉断，影响锅炉的正常运行。

三、多斗提升机

多斗提升机的结构主要由料斗、胶带和机壳等构件组成，如图5—15所示。煤由下部进料口落入料斗内，料斗随着胶带转动将煤提升到一定高度后，从上部出料口倒入炉前煤斗内。

多斗提升机能够连续运输给煤，占地面积小，但只能提升，不宜运输大块煤，适用于耗煤量较多的锅炉房。

四、刮板式上煤机

刮板式上煤机的结构主要由刮板、链带和机壳等构件组成，如图5—16所示。其工作原理与多斗提升机相似，不但可以水平

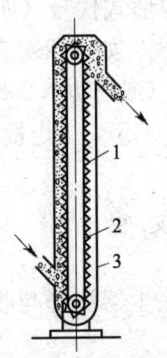 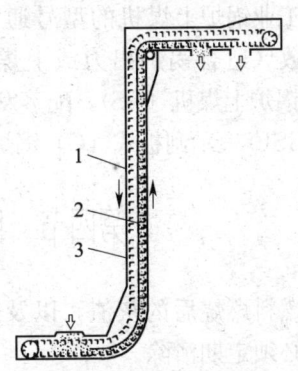

图 5—15　多斗提升机　　图 5—16　刮板运输机
1—料斗　2—胶带　3—机壳　　1—刮板　2—链带　3—机壳

运输和提升,而且还可以灵活布置,做到多点给煤和多点卸煤。

五、皮带运输机

皮带运输机的结构主要由机头（传动装置和传动滚筒）、托辊、皮带、机尾（拉紧装置和尾部滚筒）、机架和给（卸）料装置等组成。

皮带运输机的布置,一般有四种形式,如图 5—17 所示。可以兼做水平与倾斜向上运输。提升时皮带的最大倾角为 20°。皮带运输机结构简单,运行可靠,管理方便,因此被广泛使用,特别适用于运输量较大,运输距离较长的场合。

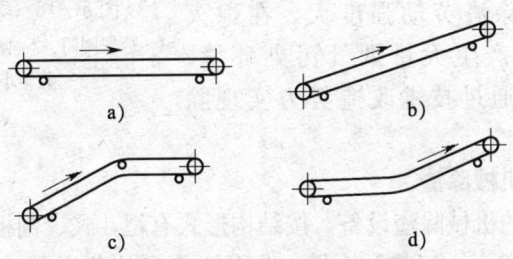

图 5—17　皮带运输机的布置形式
a) 水平运输　b) 倾斜向上运输　c) 由倾斜转为水平运输
d) 由水平转为倾斜向上运输

工业锅炉上煤机的型号通常由结构形式代号（如 T、G 等）及参数（适合锅炉出力或上煤量）组成。如 TGS4 表示提升式（T）锅炉上煤机（GS），配蒸发量 4 t/h（或热功率 2.8 MW）；又如 GGS10 表示刮板式（G）锅炉上煤机（GS），上煤量为 10 t/h。

第四节　除渣设备

燃料燃烧后的灰渣，以及烟道和除尘器沉降与收集到的烟灰，必须定期清除。

除渣的方法，有人工除渣、机械除渣、气力除渣和水力除渣等数种。

一、人工除渣

人工除渣的主要工具是手推翻斗车，如图 5—18 所示。在放灰渣之前，要用水冷却赤热的灰渣，然后开启炉膛底部的灰渣门，灰渣依靠自重落入翻斗车，由人工推车。

为了保证除渣人员的安全，炉膛灰渣门必须牢固可靠，翻斗车要有可靠的制动装置，通行路面要平整和有照明，岔道处要有联络信号。

人工除渣劳动强度大，在熄灭灰渣时会产生大量烟气污染环境，因此，应通过技术改造努力实现除渣机械化。

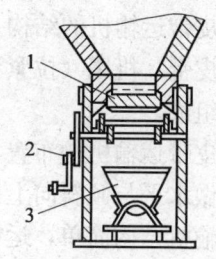

图 5—18　除渣车
1—放渣闸门　2—闸门控制机构
3—翻斗小车

二、机械除渣

锅炉的机械除渣设备，按结构形式有耙斗式、刮板式、电动小车架空索道式和螺旋式（或称绞笼出渣机）等多种，如图 5—19 所示，其中以刮板式和螺旋式应用最为广泛。

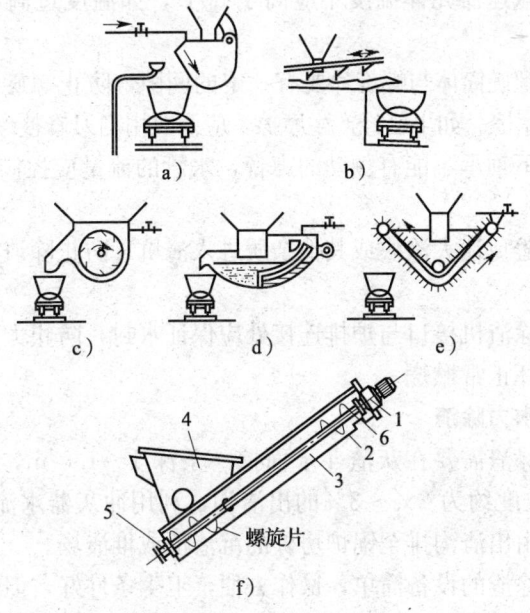

图 5—19 机械除渣示意图
1—齿差行星减速器 2—螺旋轴 3—螺旋筒体
4—渣斗 5—除渣器下轴承 6—螺旋片

图 5—19a 是一种比较简单的除渣设备。赤热的灰渣先落入半圆形的水封槽冷却，然后转动水封槽，将灰渣倾入小车推走。图 5—19 中的 b、c、d、e、f 表示灰渣在水封槽中通过刮灰器、转轮、推渣器、刮板等机械，源源不断落入小车推走。

图 5—19f 是另一种比较简单的除渣设备——螺旋除渣机。它是由齿差行星减速器、螺旋轴、螺旋筒体、螺旋片、渣斗和出渣机轴承等部件组成。炉渣从炉排后部落入渣斗内，由螺旋片带到出渣口，最后倾入小车被推走。

螺旋除渣机运行时的注意事项
(1) 减速器和螺旋轴的不同心度应满足设计要求。
(2) 要定时向减速器注入 $20^\#$ 或 $30^\#$ 机械油。

(3) 减速器壳体温度不应高于 50℃，如温度过高应及时查找原因。

(4) 螺旋筒体与螺旋片要有一定的间隙，防止螺旋筒体与螺旋片产生摩擦。如果已经产生摩擦，应及时用割刀修整螺旋片。

(5) 下轴承不能有颤动的声音，水管的流量应控制在 $0.5 \sim 1 \text{ m}^3/\text{h}$。

(6) 避免让大渣块或其他杂质进入渣坑，防止除渣机卡住或别坏。

(7) 除渣机接口与炉排连接处应保证水封，防止大量冷空气进入，破坏正常燃烧。

三、水力除渣

水力除渣需要在灰渣斗下面挖一条深 $1 \sim 1.5$ m、宽 $0.5 \sim 0.8$ m、坡度约为 $2‰ \sim 3‰$ 的出渣沟，利用冲灰器水流的力量，将灰渣经由出渣沟排至锅炉房外的沉渣池或堆渣场。

水力除渣的设备简单，操作方便，卫生条件好，但受锅炉房地势、水源等限制，如能利用工业废水则经济效果更佳。

锅炉除渣设备已有其形式代号，如 GB（刮板）、LX（螺旋）和 SL（水力）等。

第五节 除尘脱硫设备

为保护大气环境，国家颁布了《锅炉大气污染物排放标准》，标准规定了不同地区锅炉排放的烟尘和二氧化硫等污染物的排放指标。为达到标准要求，锅炉就要配置相应的除尘脱硫设备。

一、除尘设备的分类

按照烟尘从烟气中分离出来的不同原理，除尘设备大体分为以下六种类型：

1. 重力沉降式除尘设备

当烟气流速降低时，借助烟尘自身的重力，从烟气中自然沉降分离出来。例如沉降室式除尘器，可以除去直径 50 μm 以上的粉尘，除尘效率约为 50%。

2. 惯性力除尘设备

当烟气流动方向急剧改变时，借助烟尘的惯性力，通过尘粒与除尘设备中的隔板碰撞，使烟尘从烟气中分离出来。例如立帽式除尘器，可以除去直径 40 μm 以上的粉尘，除尘效率约为 60%。

3. 离心力除尘设备

当烟气作高速旋转运动时，借助烟尘的离心力，使烟尘从烟气中分离出来。例如旋风除尘器，可以除去直径 10 μm 以上的粉尘，除尘效率为 70%~90%。

4. 湿式除尘设备

利用水滴或水幕来洗涤含尘烟气，使尘粒粘附、凝聚在水中，从而由烟气中分离出来。例如管式水膜除尘器，可以除去直径 5 μm 以上的粉尘，除尘效率约为 90%。

5. 过滤式除尘设备

当含尘烟气通过纤维织物滤料时，尘粒被阻留在滤料表面，从而由烟气中分离出来。例如布袋除尘器，可以除去直径 1 μm 以上的粉尘，除尘效率约为 95%~99%。

6. 电力除尘设备

通过放电使烟气中的尘粒带电，在电压的作用下，将尘粒从烟气中分离出来。例如高压静电除尘器，可以除去直径 0.05 μm 以上的粉尘，除尘效率约为 99%。

二、常用的除尘设备

常用的除尘设备有沉降室式除尘器、帽式除尘器、旋风除尘器等多种。

1. 沉降室式除尘器

沉降室式除尘器是在锅炉后部与引风机之间，砌筑一个狭长的沉降室，在沉降室内再砌两道不同形式的隔墙或挡板，如图 5—20 所示。

当锅炉排烟由烟道进入沉降室后,由于流通截面突然增大,烟气流速显著降低,使较大的尘粒在自身重力作用下,被分离沉降到底部水池。烟气在向前流动过程中,首先碰到第一道人字形隔墙而产生分流,烟气中的一部分尘粒受惯性力的作用,与人字形隔墙碰撞后被分离沉降。接着烟气又与第二道凹形隔墙的两边相遇,烟气中尚未除掉的尘粒再一次被分离沉降。最后烟气经过凹形隔墙的中间缺口,由引风机抽入烟囱排至大气。此外,当烟气进入沉降室后,由于受不同形式的隔墙阻挡,流动方向几经曲折,促使各个"死角"部分形成涡流,在旋涡负压中心的作用下,又使部分尘粒得到分离沉降。

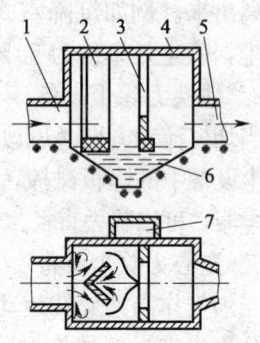

图 5—20 沉降室式除尘器
1—含尘烟气进口 2—人字形隔墙
3—凹形隔墙 4—外壳
5—净化烟气出口 6—水池
7—出灰口

沉降室底部的水封池有两个作用,一是将分离沉降的尘粒浸没于水中,不致被烟气夹带走,以提高除尘效率;二是造成出灰坑与沉降室底部的密封,以便不停炉清灰,保证锅炉正常运行。

沉降室式除尘器的优点是,结构简单,投资省,经济耐用,沉降室阻力小,一般不需加大原有引风机的功率;缺点是,占地面积大,除尘效率低,一般只有 50% 左右,如在沉降室内增设喷水装置,除尘效率可提高到 80%。此外,由于烟气中的二氧化硫和三氧化硫溶解于水,使水封池呈酸性,对引风机和烟囱有一定的腐蚀作用,如果能引入锅炉排污的碱性水与其中和,则可消除此弊病。

2. 帽式除尘器

帽式除尘器又称钟罩式除尘器,安装在锅炉烟囱的顶部出口处,外形像一顶帽子,实际是沉降室,如图 5—21 所示。当锅炉排烟由烟囱顶部进入沉降室时,因为流通截面突然增大和改变了流动方向，所以烟气流速降低，从而使尘粒在惯性力和自身重力作用下分离沉降，再经溜灰管排出，而净化后的烟气继续向上流动，经出烟管排入大气。

帽式除尘器结构简单，几乎不占有用面积，投资又省，所以广泛用于小型立式锅炉上。但除尘效率低，一般只有 40%～60%。

3. 旋风除尘器

旋风除尘器的种类较多，常用的有单筒旋风式、双筒旋风式和多筒旋风式除尘器等多种。

(1) 单筒旋风式除尘器（代号 XDT）

单筒旋风式除尘器的外形是个圆锥体，如图 5—22 所示。锅炉排烟由于引风机的抽力作用，以 15～20 m/s 的高速从除尘器上部圆筒切向进入，在筒内形成螺旋形运动。尘粒由于受离心力作用被甩向筒壁，然后由于重力作用被分离沉降。沉降的灰可经自动卸灰装置（图 5—23）排出。净化后的烟气继续向上流动，经顶部出烟管排入大气。

旋风除尘器适用于层燃炉，或者作为煤粉炉双级除尘的第一级。其圆筒直径不宜超过 1 m，否则会降低除尘效果。

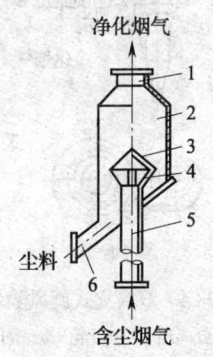

图 5—21　帽式除尘器
1—净化烟气出口管　2—沉降室
3—锥形隔烟板　4—支板
5—含尘烟气进口管　6—溜灰管

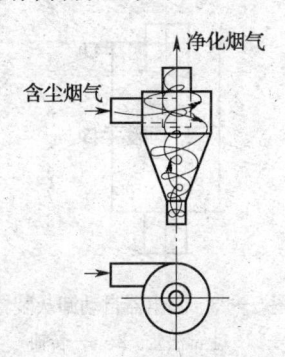

图 5—22　单筒旋风式除尘器

(2) 双筒立式旋风除尘器（代号 XST）

双筒立式旋风除尘器，由蜗壳分离器和旁路式旋风除尘器两级复合组成，如图 5—24 所示。第一级是蜗壳分离器，其外形像蜗牛，里面装有固定叶片，主要作用是含尘烟气进行浓缩分离，为第二级除尘创造条件。第二级是小直径的旁路式旋风除尘器，主要作用是除去烟气中的尘粒。锅炉排烟以 18～25 m/s 的高速度切向进入蜗壳运动，烟气中的大部分尘粒在离心力作用下被甩向壳壁，依靠自身重力分离沉降。较洁净的烟气通过蜗壳中部的固定叶片间隙，烟气中的尘粒在惯性力作用下直接碰撞叶片表面，其中一部分尘粒被反向弹回壳壁，再一次被浓缩分离。由蜗壳分离器流出的较洁净烟气，又进入旁路式旋风除尘器进行二次净化，被进一步分离出的尘粒沉降到排灰斗后排出。而被净化了的烟气，通过引出管与蜗壳分离器流出的净化烟气汇合，然后一起进入引风机，再由烟囱排入大气。

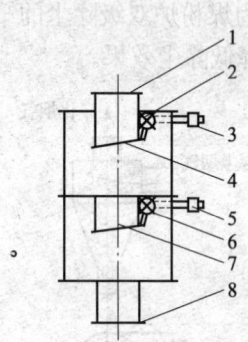

图 5—23 除尘器自动卸灰装置

1—上部法兰　2、6—转轴
3、5—平衡锤　4、7—翻板
8—下部法兰

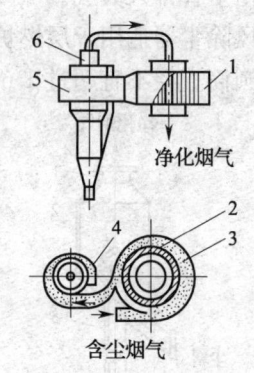

图 5—24 双筒立式旋风除尘器

1—蜗壳分离器　2—叶轮　3—固定叶片
4—旁路分离器　5—旁路式旋风除尘器
6—净化烟气出口管

(3) 双筒卧式旋风除尘器（代号 XST）

双筒卧式旋风除尘器是在双级涡旋旋风除尘器的基础上发展

起来的，其结构主要由大旋风筒、小旋风筒、牛角弯头和水封冲灰器等组成，如图5—25所示。锅炉排烟先进入大旋风筒内进行平面旋转运动。在旋转过程中，尘粒受离心力作用被甩向壳壁，依靠自身重力作用分离沉降。而较洁净烟气又流入小旋风筒再次进行分离。净化后的烟气从小旋风筒流出，经过引出管与大旋风筒流出的净化烟气相汇合，然后一起进入引风机，再由烟囱排入大气。被分离出来的尘粒，经过牛角弯头落入水封冲灰器。如果没有条件采用水力冲灰，也可装设锁气器，改为干式出灰。

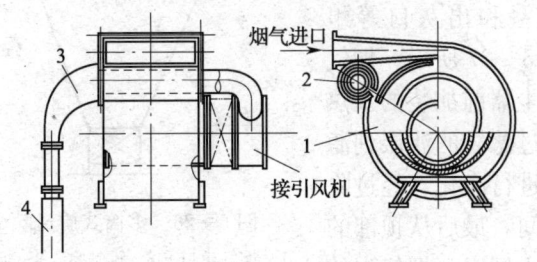

图5—25 双筒卧式旋风除尘器
1—大旋风筒 2—小旋风筒 3—牛角弯头 4—水封冲灰器

4. 多筒式旋风除尘器（代号XDG）

由若干个单筒旋风除尘器组合而成的多筒旋风除尘器，其结构见图5—26。它们有共同的烟气进、出口短管，烟气进入后经烟气分配室，将烟气平均分配到每个旋风除尘筒，含尘烟气进入旋风除尘器后，由于轴向导向装置的作用，烟气在旋转运动中使尘粒分离出来落入集尘室，并经排灰阀排出。多筒式旋风除尘器可用在压出或吸入系统中，最大工作压力或负压为2 500 Pa，最高工作温度为400℃。旋风筒直径有100、150、250 mm三种，前两种效率较高，但易堵塞和磨损。其规格有9筒、12筒和16筒等。近年来采用先进高效陶瓷作旋风筒，阻力小、耐磨、耐腐蚀、耐高温、除尘效率高。这种多筒式旋风除尘器的优点是用来处理不同的烟气量，能除去3 μm以上的尘粒，其除尘效率为85%～99%。铸铁多筒式旋风除尘器的优点是可以处理较大的烟气量，并且有较高的除尘效率，多个旋风筒组装成一个整体。便于烟道的连接和设备的布置。缺点是金属耗量大，且易于磨损。

5. 袋式除尘器

袋式除尘器是由排气管、除尘室、滤袋、振动装置、沉降室和出灰口等组成，如图 5—27 所示。烟气来自于降尘器前加装的余热水箱，通过滤袋的滤层到滤袋的外面进行净化，经过除尘室的空间，最后从顶部的排气管进入烟囱。烟气中的灰粒被截留在滤袋里，较大的落入尘降室，较小的依靠振动装置定期除掉。

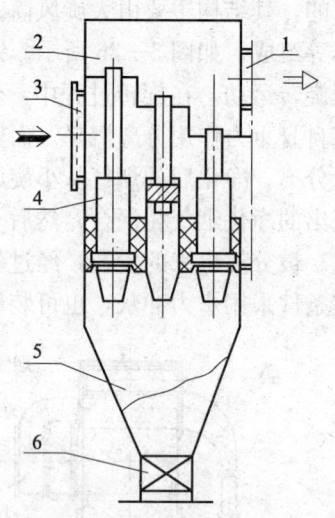

图 5—26　多筒式旋风除尘器
1—烟气出口　2—排气室　3—烟气进口
4—旋风筒　5—贮灰斗　6—排灰阀

袋式除尘器效率较高，最高可达 99%，可捕集 $0.5\ \mu m$ 以上的尘粒。但袋式除尘器占地面积较大，设备费用较高，气流阻力较大。

使用袋式除尘器时，要定期检查滤袋是否有破坏，沉降室的灰尘要定期除去，以防烟尘飞扬而污染环境。

6. 离心式水膜除尘器

离心式水膜除尘器由壳体、喷嘴、排灰口等部分组成，如图 5—28 所示。

烟气从圆筒形的壳体下部以高速切线方向进入，沿着筒壁旋转而上，而喷嘴沿着筒壳上部圆周切线方向均匀喷水，在筒壳内壁形成水膜时，由于离心力的作用，烟尘被抛向筒壁，并被水膜粘住后随水膜一起流入锥形灰斗由排灰口排出。净化的烟气则从壳体上部排出。

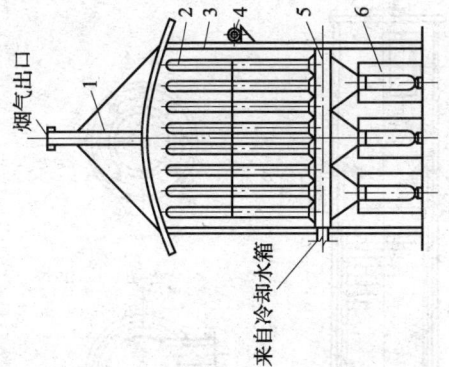

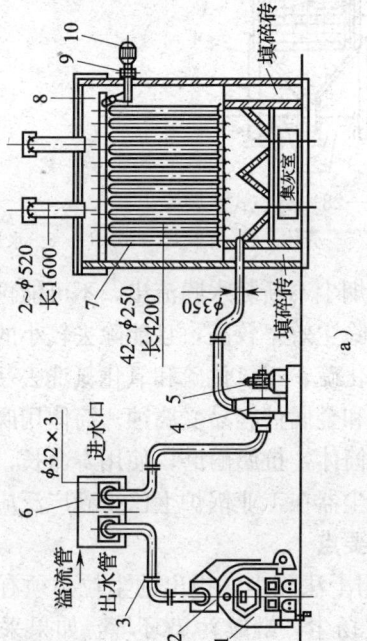

图 5—27

a) 袋式除尘器
1—锅炉 2—省煤器 3—管道 4—引风机
5—电动机 6—余热水箱 7—玻璃丝滤袋
8—振动装置 9—减速箱 10—电动机

b) 袋式除尘器组成
1—排气管 2—滤袋 3—除尘室
4—抖灰机构 5—沉降室 6—出灰室

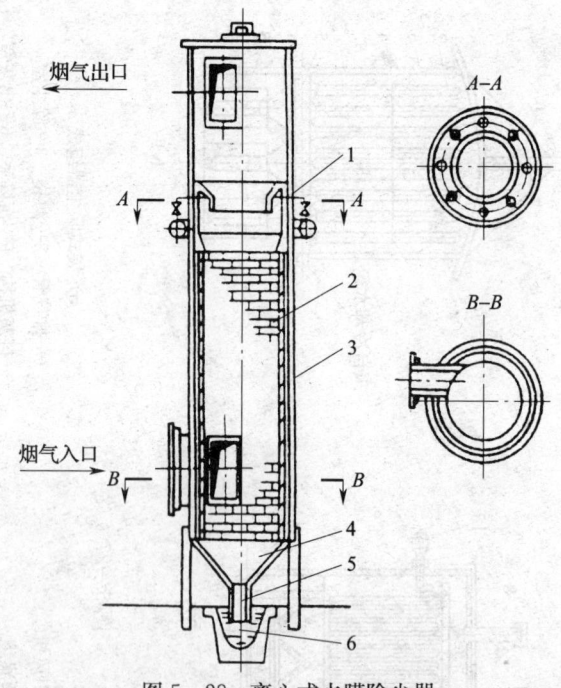

图 5—28 离心式水膜除尘器
1—喷嘴 2—麻石 3—壳体 4—灰斗 5—排灰口 6—水封

由于被分离出来的烟尘不断随水膜流出，不可能再被烟气第二次带走，所以，它的除尘效率较高，且能除去较小的尘粒，同时还能把烟气中的二氧化硫、三氧化硫和氧化氮洗去一部分。

这种除尘器的筒壳和金属件容易受腐蚀。筒体用麻石（即花岗岩）砌筑，代替金属筒体，抗腐耐磨，使用寿命长，维修工作量小，因此麻石水膜除尘器在工业锅炉上已得到广泛应用。

三、选用除尘器的要点

1. 工业锅炉宜采用干法除尘，排出的尘粒必须有妥善的存放场地，防止造成二次扬尘，继续污染环境。如果采用湿法除尘，应防止除尘器和后部排烟系统的腐蚀，在寒冷地区还应采取防冻措施。

2. 除尘器的容量必须与锅炉的排烟量相适应,并且留有一定的裕量,最好通过计算来确定。

3. 设置除尘器后,一般都要增加排烟阻力,因此需要对原有风机的功率进行核算。

4. 安装除尘器时,必须进行内外部检查,看内部是否有堵塞,耐磨涂油是否脱落和损坏等,质量必须符合设计要求。

5. 排灰装置应可靠地密封,锁气器是密封关键部件,必须密封好不得泄漏,运行时要注意关好灰斗的小门,防止除尘器处漏风,其他各部分接缝和烟道接口也应密封严密。

6. 布置在室内的除尘器,当表面温度超过50℃时,应进行保温,并保证烟气温度高于其露点温度10～20℃。

7. 在除尘器运行期间,要经常检查锁气器是否灵活可靠。在定期检修锅炉的同时,必须检修除尘设备,以保持除尘器的完好。

四、除尘器配套方案

各种除尘器都有其一定的优缺点和适用范围,因此,选择除尘器必须根据本单位的具体情况,例如炉型、燃料、资金、场地等,经过技术经济方案论证后再确定。

五、脱硫方法

根据大气治理的要求,城市中的锅炉烟气排放对二氧化硫也有严格限制。为此应采用除尘脱硫双功能除尘器。通常是在原除尘器的基础上向除尘器内喷入碱性水或附加碱性水槽,对二氧化硫进行中和以达到脱硫目的。

第六章 锅炉水质处理

第一节 天然水中的杂质及对锅炉的危害

天然水在大自然的循环过程中,无时不与大气、土壤和岩石接触。由于水极易与各种物质混杂,并具有较强的溶解能力,所以任何水体都不同程度地含有多种多样的杂质。

天然水中的杂质按其颗粒大小可分为三类:颗粒最大的称为悬浮物;其次称为胶体颗粒;最小的是分子和离子,称为溶解物,如表6—1所示。除此之外水中还含有气体杂质。

表 6—1　　　　　水中杂质的分类

颗粒直径(mm)	10^{-7}	10^{-6}	10^{-5}	10^{-4}	10^{-3}	10^{-2}	10^{-1}	1	10
分类	溶解物		胶体		悬浮物				
特征	透明		光照下浑浊		浑浊		肉眼可见		
处理方法	离子交换 反渗透膜		自然沉降、混凝、澄清、过滤						

一、悬浮物

1. 悬浮物的成分

悬浮物颗粒尺寸较大,是使水产生浑浊的主要原因。它在水中的状态受颗粒本身质量影响较大。在流动水中,由于水的紊流作用,常呈悬浮状态。在静水中,密度较大的颗粒在重力的作用下容易自然下沉;密度较小的颗粒,可上浮水面。易于下沉的悬浮物主要是颗粒较大的黏土、细沙以及矿物废渣等杂质。能够上浮的一般是体积较大、密度小于水的有机悬浮物。

2. 悬浮杂质的来源

(1) 水流对地表、河床的冲刷。

(2) 各种废水、废弃物侵入水体。

(3) 水生动植物及其死亡残骸的肢解。

3. 悬浮杂质的危害

(1) 悬浮物的存在，会影响离子交换设备的运行。如果它们在离子交换器内沉积将会使离子交换剂（尤其是离子交换树脂）受到污染，从而使其交换容量降低，制水量减少，增加水流阻力，使交换器出水质量降低。

(2) 若悬浮物直接进入锅炉，它会沉积在锅炉的受热面上，使传热情况变坏，金属因过热强度降低而导致事故发生。

(3) 悬浮物如果沉积在锅内，会影响水循环，严重时堵塞炉管，产生事故。

(4) 若它们悬浮在锅水中，会引起汽水共腾，降低蒸汽品质。

二、胶体物

1. 胶体物的性质

天然水中的胶体是一些低分子物质的集合体。它具有较小的粒径和较大的表面积，在胶体的表面通常都带有电荷，并且大部分带有负电荷，因此它们之间不能相互聚合下沉，在水中能稳定地存在。

2. 胶体物的成分

天然水中的胶体成分比较复杂，其中主要是由铁、铝和硅的化合物形成的无机矿物胶体；其次是水生动植物胶体腐烂和分解而形成的有机胶体，它是使水体产生色、臭、味的主要原因之一。此外水中溶解某些高分子物质（如腐植质）和生长的微生物（如病毒和细菌）也属于胶体范围。

3. 胶体物的危害

(1) 若不除去水中的胶体物质,将会使锅炉结成难以去除的坚硬水垢。

(2) 使锅水产生大量泡沫,引起汽水共腾,污染蒸汽品质,影响锅炉正常运行。

去除水中的胶体杂质必须用混凝、沉淀和过滤等处理方法。

三、气体杂质

天然水中气体杂质多以低分子状态存在于水中。主要气体是氧气和二氧化碳气。个别地区有时也会溶入有少量的二氧化硫和硫化氢等气体。

1. 氧气(O_2)

天然水中的氧气主要是由大气中的氧气溶解到水中,有的也部分来自水生植物的光合作用产生的氧气。溶解在水中的氧气简称为溶解氧。

地表水中溶解氧含量与水温、气压及水中有机物的含量有关。在一个大气压力及不同温度下,水中氧的溶解度,如表6—2所示。

表6—2　　　水中氧(O_2)的溶解极限 (mg/L)

天然水温度(℃)	0	5	10	15	20	25	30	40	50	60	70	80	90
水中含氧量	14.6	12.8	11.3	10.2	9.2	8.4	7.6	6.5	5.6	4.8	3.9	2.9	1.6

水中有机物进行生物氧化分解需消耗溶解氧。如果有机物较多,耗氧速度超过从空气中补充的溶氧速度,则水中的溶解氧量将减少。

地下水与空气接触较少,含氧量通常比地表水少,且随着深度增加而减少。

溶解氧对金属有着强烈的腐蚀作用,所以对锅炉来说,溶解氧是一种十分有害的杂质。

2. 二氧化碳气（CO_2）

天然水中都含有溶解的二氧化碳气体。它的主要来源是水体或土壤中的有机物质进行生物氧化时的分解产物。在深层地下水中，有时会含有大量二氧化碳，这是由地球的地质化学过程产生的。空气中的二氧化碳也可溶入水中，通常空气中的二氧化碳所占比例只有 0.03%～0.04%，相应在水中可溶的二氧化碳只能有 0.5～1 mg/L。但实际上，大多水体中的二氧化碳的含量都高于此值。

地表水中溶解二氧化碳，一般不会超过 20～30 mg/L；地下水中可含 15～40 mg/L，最大不超过 150 mg/L。而某些矿泉水中二氧化碳含量可高达数百 mg/L。

天然水中溶解的二氧化碳，约 99% 呈分子状态，称为游离二氧化碳。仅有 1% 左右与水作用生成碳酸。这两部分的总量也称为游离碳酸。含游离碳酸较多的水，具有一定的酸性，它不仅对金属有腐蚀作用，同时还会加剧溶解氧对金属的腐蚀。所以，在锅炉用水和冷却水中含有二氧化碳对锅炉的安全运行都有较大的危害。

四、水中离子

天然水中的离子几乎都是无机盐溶于水后电离形成的。其中阳离子主要有 Ca^{2+}、Mg^{2+}、Na^+ 和 K^+，此外还含有少量的 Fe^{2+}、Mn^{2+}、NH_4^+ 等离子。阴离子主要有 HCO_3^-、SO_4^{2-} 和 Cl^- 三种，此外还含有少量 $HSiO_3^-$、CO_3^{2-} 及 NO_3^- 等阴离子。

1. 钙离子（Ca^{2+}）

天然水流经含有石灰石 $CaCO_3$ 或石膏石 $CaSO_4 \cdot 2H_2O$ 的岩层时，$CaCO_3$ 和 $CaSO_4$ 溶解于水便产生 Ca^{2+} 离子。其中 $CaCO_3$ 溶解度虽然很小，但当水中有足够 CO_2 时，$CaCO_3$ 便按下式进行溶解：

$$CaCO_3 + H_2O + CO_2 \rightleftharpoons Ca^{2+} + 2HCO_3^-$$

由于地下水中 CO_2 含量较高，故地下水中 Ca^{2+} 通常高于地表水。

2. 镁离子（Mg^{2+}）

在一般天然水中，Mg^{2+}含量比Ca^{2+}少，两者之比随岩层性质和水的含盐量而变化。在低含盐量水中，Mg^{2+}约为Ca^{2+}的$\frac{1}{2} \sim \frac{1}{4}$。

3. 钠离子（Na^+）和钾离子（K^+）

钠盐广泛存在于自然界中，海相沉积岩中最多。钾离子在天然水中一般不多，但性质与Na^+相似，因此在水分析时通常以$Na^+ + K^+$总量表示。

4. 铁离子（Fe^{2+}）

水中的铁离子主要是Fe^{2+}，而Fe^{3+}因容易水解而生成难溶的$Fe(OH)_3$胶体物质，所以在水中不能游离存在。二价铁Fe^{2+}主要存在于地下水中，地表水极少，因地表水含有充足的溶解氧，Fe^{2+}易被氧化成Fe^{3+}，继而水解生成$Fe(OH)_3$。所以地表水只可能存在$Fe(OH)_3$胶体物或某些高价有机铁。

5. 重碳酸根（HCO_3^-）

重碳酸根主要来自水中的CO_2与碳酸盐或金属氧化物反应的结果，还有部分是来自CO_2本身的溶解。它是一般低含盐量水中含量最多的阴离子。

6. 硫酸根（SO_4^{2-}）

硫酸盐在自然界分布也较广。当天然水流经硫酸盐岩层时便溶解出少量的硫酸根。

7. 氯离子（Cl^-）

氯离子是天然水普遍存在的一种离子。这是由于水流经含有氯化物岩层时而溶入的。天然水中Cl^-含量相差悬殊，因氯化物的溶解度都很高，所以，它通常随着水的含盐量的增加而升高。

第二节 工业锅炉水质标准及主要水质指标

一、工业锅炉水质标准

为了保证低压锅炉的安全运行,2001年,国家将原GB 1576《低压锅炉水质》标准修改为《工业锅炉水质》标准。

1. 适用范围

GB 1576 适用于额定出口蒸汽压力≤2.5 MPa,以水为介质的固定式蒸汽锅炉和汽水两用锅炉,也适用于以水为介质的固定式承压热水锅炉和常压热水锅炉。

2. 标准要求

(1) 蒸汽锅炉和汽水两用锅炉的给水一般采用锅外化学水处理。额定蒸发量≤2 t/h,额定出口蒸汽压力≤1.0MPa的蒸汽和汽水两用锅炉可采用锅内加药处理,但必须对锅炉的结垢、腐蚀和水质加强监督,认真做好加药、排污和清洗工作。但不管是采用锅外水处理还是锅内加药处理,要想保证锅炉在运行中不结垢不腐蚀,就必须保证锅水达到标准的要求。这是保证锅炉安全运行的关键。

(2) 蒸汽锅炉采用锅内加药水处理时,水质应符合表6—3的规定。

表6—3

项目		给水	锅水
悬浮物	mg/L	≤20	
总硬度	mmol/L	≤4	
总碱度	mmol/L	—	8~26
pH (25℃)		≥7	10~12
溶解固形物	mg/L	—	<5 000

(3) 蒸汽锅炉和汽水两用锅炉采用锅外化学水处理时,水质应符合表6—4的规定。

表 6—4

项目		给水			锅水		
额定蒸汽压力,MPa		≤1.0	>1.0 ≤1.6	>1.6 ≤2.5	≤1.0	>1.0 ≤1.6	>1.6 ≤2.5
悬浮物,mg/L		≤5	≤5	≤5			
总硬度,mmol/L①		≤0.03	≤0.03	≤0.03			
总碱度 mmol/L②	无过热器				6～26	6～24	6～16
	有过热器					≤14	≤12
pH (25℃)		≥7	≥7	≥7	10～12	10～12	10～12
溶解氧 mg/L③		≤0.1	≤0.1	≤0.05			
溶解固形物 mg/L④	无过热器				<4 000	<3 500	<3 000
	有过热器					<3 000	<2 500
SO_3^{2-},mg/L						10～30	10～30
PO_4^{3-},mg/L						10～30	10～30
相对碱度 $\left(\dfrac{游离\ NaOH}{溶解固形物}\right)$⑤						<0.2	<0.2
含油量,mg/L		≤2	≤2	≤2			
含铁量,mg/L⑥		≤0.3	≤0.3	≤0.3			

注:①硬度 mmol/L 的基本单元为 c ($1/2Ca^{2+}$、$1/2Mg^{2+}$);下同。

②碱度 mmol/L 的基本单元为 c (OH^-、$1/2CO_3^{2-}$、HCO_3^-);下同。

对蒸汽品质要求不高,且不带过热器的锅炉,使用单位在报当地特种设备安全监察机构同意后,碱度指标上限值可适当放宽。

③当锅炉额定蒸发量大于等于 6 t/h 时应除氧,额定蒸发量小于 6 t/h 的锅炉如发现局部腐蚀时,给水应采取除氧措施。对于供汽轮机用汽的锅炉给水含氧量应小于等于 0.05 mg/L。

④如测定溶解固形物有困难时,可采用测定电导率或氯离子(Cl^-)的方法来间接控制。但溶解固形物与电导率或与氯离子(Cl^-)的比值关系应根据试验确定,并应定期复试和修正此比值关系。

⑤全焊接结构锅炉相对碱度可不控制。

⑥仅限燃油、燃气锅炉。

(4) 承压热水锅炉应进行锅外水处理,对于额定功率小于等于 4.2 MW 的非管架式承压热水锅炉和常压热水锅炉,可采用锅内加药处理。但必须对锅炉的结垢、腐蚀和水质加强监督,认真做好加药工作,其水质应符合表 6—5 的规定。

表 6—5

项目	锅内加药处理		锅外化学处理	
	给水	锅水	给水	锅水
悬浮物,mg/L	≤20	—	≤5	—
总硬度,mmol/L	≤6	—	≤0.6	—
pH（25℃）①	≥7	10～12	≥7	10～12
溶解氧,mg/L②	—	—	≤0.1	—
含油量,mg/L	≤2	—	≤2	—

注：(1) 通过补加药剂使锅水 pH 值控制在 10～12。
　　(2) 额定功率大于等于 4.2MW 的承压热水锅炉给水应除氧,额定功率小于 4.2MW 的承压热水锅炉和常压热水锅炉给水应尽量除氧。

(5) 直流（贯流）锅炉给水应采用锅外化学水处理,其水质按表 6—4 额定蒸汽压力为大于 1.6 MPa、小于 2.5 MPa 的标准执行。

(6) 余热锅炉及电热锅炉的水质指标应符合同类型、同参数锅炉的要求。

二、锅炉用水主要评价指标

1. 悬浮物

因为水中悬浮物会影响锅内加药处理的防垢效果,又因原水经澄清后,一般悬浮物含量约在 20 mg/L 以下,所以规定锅内加药处理时,悬浮物含量＜20 mg/L。锅外化学处理时,因悬浮物会影响离子交换器的正常运行,而原水经澄清过滤后,其悬浮物含量在 5 mg/L 左右,所以,锅外化学处理时,规定悬浮物含量＜5 mg/L。

2. 硬度（YD）

锅内加药处理时，限制给水总硬度≤4 mmol/L。这要求锅炉定期清洗，保证热强度最大的受热面上每年可结水垢厚度不超过1.5 mm。如果硬度再大，锅炉的安全经济运行就很难保证。

采用锅外处理时，限制给水总硬度≤0.03 mmol/L。一方面考虑到在离子交换工艺上能够达到，另一方面，在锅炉定期清洗的情况下，能保证热强度最大的受热面上每年积水垢不超过0.5 mm。这样基本上可以保证锅炉的安全经济运行。

水中所含的总硬度可根据水中钙、镁离子与不同阴离子的结合而定。一般分碳酸盐硬度和非碳酸盐硬度两类。

碳酸盐硬度是指水中钙、镁的碳酸盐和重碳酸盐含量之和。由于天然水中碳酸根的含量很少，大部分都是重碳酸根，所以，一般碳酸盐硬度都是指钙、镁的重碳酸盐硬度。重碳酸盐硬度又具有一经加热马上会分解的特性，所以，又称它为暂时硬度，简称暂硬。

非碳酸盐硬度是指水中钙、镁离子与硫酸根、硝酸根、氯根及硅酸根所结合生成的盐类。由于这些盐类不会受热分解，所以又称为永久硬度，简称永硬。

还有一种提法叫做负硬水，其实负硬水就是水中钙离子加镁离子的总和小于重碳酸根加碳酸根离子的总和，对这种水称之为负硬水。

3. 碱度（JD）和pH值

碱度指水中含有能接受氢离子的物质的量。例如氢氧根、碳酸根、重碳酸根、碳酸根、磷酸氢根、硅酸根、亚硫酸根、腐植酸盐和氨等。因此，碱度是测出来的 OH^-、CO_3^{2-}、HCO_3^-、SiO_3^{2-}、PO_4^{2-} 等的总含量。在锅炉运行中，以控制前三项为主，其余可以忽略。其中 OH^- 构成氢氧碱度、CO_3^{2-} 构成碳酸盐碱度，HCO_3^- 构成重碳酸盐碱度。碱度的单位以毫摩/升表示(mmol/L)。但是，在水中这三种碱度并不能同时存在。在天然

水中往往只含有 HCO_3^- 和 CO_3^{2-}；而在锅水中则只有 OH^- 和 CO_3^{2-}。锅水的碱度在工业锅炉的安全运行中所起到的作用是十分关键的和绝对重要的。我们必须在工作中十分重视和遵照工业锅炉水质标准中的指标来控制，才能保证安全。

在锅水标准中还有另一个重要的指标必须严格地遵守，那就是锅水的 pH 值。在锅水标准中 pH 值应控制在 10~12 之间，这个指标既能够保证锅炉的安全运行，又给运行操作带来不少方便。当 pH 值小于 9 时将加速锅炉氧腐蚀，而当 pH 值超过 13 时，又会造成锅炉的碱性腐蚀。设定 pH 值为 10~12 正是给了运行一个可控制的空间。

在锅炉的实际运行中，我们经常对锅水的碱度成分进行测试。一般测试时采用容量法进行测定，通常是利用盐酸或硫酸对水样进行滴定分析。开始时，先以酚酞作指示剂，接着再用甲基橙作指示剂。如果用 P 表示水的酚酞碱度，用 M 表示水的总碱度（其中包括酚酞碱度），那么就可以根据 P 和 M 的数值近似地表示出总碱度内的各个分量（见表 6—6）。由于锅水中的硅酸、腐植酸碱度分量很小，因此，在这里就忽略不计了。

表 6—6

P 与 M 的关系	总碱度的分量		
滴定数值	氢氧碱度 OH^-	碳酸盐碱度 CO_3^{2-}	重碳酸盐碱度 HCO_3^-
P＝M	水中只有 OH^- 碱度	无	无
P＞0.5M	水中有 OH^- 碱度 数值＝2P－M	水中只有碳酸盐碱度 数值＝2（M－P）	无
P＝0.5M	无	水中只有碳酸盐碱度 数值＝M＝2P	无
P＜0.5M	无	水中有碳酸盐碱度 数值＝2P	水中有重碳酸盐碱度数值＝M－2P

续表

P 与 M 的关系	总碱度的分量		
P=0，M>0	无	无	水中只有重碳酸盐碱度数值=M

根据表 6—6 所列的结果，就可以按照我们对锅水水样滴定的数值来表示总碱度内的各种碱度的分量。

为防止锅炉发生苛性脆化腐蚀，对锅水还给出了相对碱度指标。相对碱度表示锅水中游离 NaOH 含量与溶解固形物的比值，即：

$$相对碱度=\frac{游离\,NaOH}{溶解固形物}$$

苛性脆化腐蚀的形成是一个相当复杂的多方面的因素造成的，它的详细成因不在这里介绍了。目前对游离 NaOH 就只能用我们对锅水分析的结果来确定。那就是表 6—6 中所得到的数值，再乘上 40 这个数值。(40 是指 1 摩尔 NaOH 的质量的数值)。

4. 含盐量和溶解固形物

含盐量是表示水中各种溶解盐类的总和，其单位为 mg/L，由水质全分析中所测得阴、阳离子总和求得。这种测量方法操作复杂，又费时间。所以通常用溶解固形物（或蒸发残渣）近似地表示。

工业锅炉蒸汽污染的主要原因，是蒸汽携带锅水水滴。当水的含盐量达到某一极限值时，锅水就会形成很厚的泡沫层，既所谓汽水共腾，造成蒸汽带水量急剧增加，蒸汽品质恶化。这时的锅水含盐量，称为临界含盐量。为了保证蒸汽的品质，必须将锅水的含盐量控制在极限数值以下。

5. 氯化物（Cl^-）

水中的氯化物是指氯离子的含量，以 mg/L 表示。锅水中其含量越小越好，含量高时则会腐蚀锅炉金属和引起汽水共腾。氯化物还有另一个特点，就是 Cl^- 离子比较稳定，不易随温度和压力的变化而变化。因此，常用 Cl^- 离子浓度的变化间接表示锅水含盐量的变化。

6. 二氧化硅（SiO_2）

水中的二氧化硅含量单位以 mg/L 表示。在一般天然水中硅的含量不大，但对锅炉结生水垢的性质和速度，都有很大影响。特别是硬度较低含盐量较少的水中，当二氧化硅含量较大时，很容易结生坚硬的导热性很低的硅酸盐水垢。

第三节 离子交换水处理方法及特点

一、钠离子交换法

1. 钠离子交换的原理

水中含有 Ca^{2+}、Mg^{2+} 盐类，这是形成硬度的物质。为防止在锅炉金属受热面上产生水垢，须将水中的 Ca^{2+} 及 Mg^{2+} 用另外不会生成硬度的阳离子（Na^+ 及 H^+）来取代，从而使水得到软化。当原水经过钠离子交换剂层时，水中的 Ca^{2+} 及 Mg^{2+} 等阳离子与交换剂中的 Na^+ 进行交换，使被处理水的硬度降低到符合国家标准，这就是钠离子交换软化法的基本原理。其离子反应如下：

$$Ca^{2+} + 2NaR \rightleftharpoons 2Na^+ + CaR_2$$

$$Mg^{2+} + 2NaR \rightleftharpoons 2Na^+ + MgR_2$$

式中 NaR 代表钠离子交换剂，Na 代表交换剂中的交换离子，R 表示交换离子以外的母体部分，它并不参加反应，有的资料中写成 RNa 一般没有什么区别。

2. 钠离子交换的特点

从钠离子交换反应式可以分析钠离子交换软水过程有如下特点：

（1）硬度可以降低或消除

经钠离子交换软化后的水质，其残余硬度可以降低至

0.03 mmol/L 以下。软化过程中硬度的变化如图 6—1 所示。

曲线，横坐标表示经过交换器的被软化水量（Q），纵坐标表示硬水和软化水总硬度之差（$\Delta YD_总$）。

当由阳离子交换器流过的水量为 Q_1 时，出水质量才达到稳定。而前期出水硬

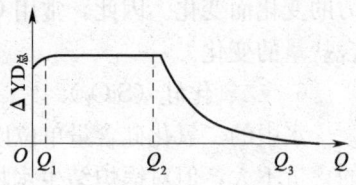

图 6—1　软化过程中硬度的变化

度一般都比较高（随原水硬度的大小而变化），但持续时间很短暂，一般在正常交换流速下，只有几分钟。当原水继续交换至水量 Q_2 时，水中钙镁离子便开始出现在处理后的水中，而且软水中的总硬度会逐渐增大。其硬度出现的规律是开始硬度增大得很快，以后增加速度减缓。但是如果达到水量 Q_3 时，即 $\Delta YD_总$ 减小至零（原水总硬度和软水总硬度相同），则需要很长一段时间。

(2) 碱度不变

经钠型离子交换后的水，由于碳酸盐硬度等量地转变成了碳酸氢钠，所以交换后的软化水和原水碱度相等。

(3) 含盐量增加

经钠离子交换后的软化水，由于原水中的阴离子，即水中氯离子（Cl^-）、硫酸根（SO_4^{2-}）、碳酸氢根（HCO_3^-）和硅酸根（SiO_3^{2-}）等并不改变，只是钙、镁盐类转变成了不能生成水垢的钠盐。当带有两个电荷的一个钙离子被带有一个电荷的两个钠离子所交换时，则水中可增加盐量达 5.32 mg/L〔即 46.12（$2Na^+$ 相对原子质量）-40.8（Ca^{2+} 相对原子质量）〕。而带有两个电荷的一个镁离子被带有一个电荷的两个钠离子所交换时，则水中可增加盐量达 21.8 mg/L〔即 46.12（$2Na^+$ 相对原子质量）-24.32（Mg^{2+} 相对原子质量）〕。因此使软化后水质，其含盐量要比原水高。

(4) 钠离子交换是一种可逆化学反应

我们大家知道,随着生水在离子交换器中软化作用的不断进行,交换剂中的钠离子逐渐被生水中的钙镁离子置换出来,出水硬度也逐渐升高。当交换剂中绝大部分钠离子被置换出来,出水硬度超过某一值后,已不符合水质标准要求,这时称之交换剂"失效"。此时需用含有大量钠离子的食盐水对交换剂进行还原(即再生),即用盐水中钠离子将交换剂吸附的钙、镁离子置换出来,使交换剂重新获得可游离的钠离子,从而恢复其软化能力。如果把软化过程和再生过程结合起来,并用离子方程式表示则可写为:

$$2NaR + \begin{matrix} Ca^{2+} \\ Mg^{2+} \end{matrix} \underset{再生}{\overset{软化}{\rightleftharpoons}} \begin{matrix} CaR_2 \\ MgR_2 \end{matrix} + 2Na^+$$

(5) 钠型离子交换过程是分层进行的

钠离子交换过程是分层进行的。因为在交换过程的开始,水中钙镁首先遇到处于表面层的交换剂,与 Na^+ 进行交换。所以这层交换剂遇水后很快就失效了。以后当水再通过时,水中的 Ca^{2+}、Mg^{2+} 已不能与此层交换剂进行交换,交换作用便在下一层的交换剂中进行。因此,整个交换剂可分为三个区域,如图6—2所示。

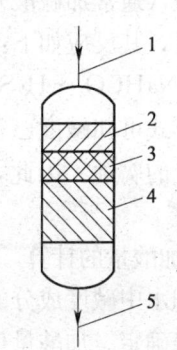

图6—2 离子交换器的工作情况
1—原水入口 2—失效层
3—工作层 4—尚未工作交换剂层
5—软化水出口

上部是已失效的交换剂层。在这一层中,交换剂均呈Ca、Mg型。水通过这层交换剂时,水质没有变化,故这一层称为失效层(也叫饱和层)。

失效层下面的一层称为工作层。水经过这一层时,水中的

Ca^{2+}、Mg^{2+}和交换剂逐步进行交换反应,直至它们达到平衡。

最下部的交换剂层是未参加交换的一层。因为通过工作层后的水质,已达到和这里的离子交换剂成平衡状态。

由此可见,当工作层的下边缘移动到和交换剂层的下边缘重合时,此时出水硬度已超出了控制标准(即为失效)。

二、钠离子交换软化加酸处理法

1. 加酸处理的目的及原理

经过钠离子处理以后的水,硬度大体上已被除去,而碱度基本上不变。特别是当软化水中的碱度超过 2 mmol/L 以上时,如不加酸,锅水中由于碱度超过标准(这时锅水溶解固形物并未超标),锅炉就要排污,因此浪费了大量的热和水。所以在这样的水中加酸(通常加硫酸)。较高碱度的水和酸起中和反应,可以降低碱度,其反应如下:

$$2NaHCO_3 + H_2SO_4 == Na_2SO_4 + 2CO_2\uparrow + 2H_2O$$

由上式可知碱度已被除去,但产生的 CO_2 若不除去,则可引起系统的腐蚀。因此,这种水处理方式,应和除 CO_2 结合起来考虑。

2. 加酸量的计算

中和水中碱度成分的加酸量是由原水碱度及中和后保留的残余碱度来确定。加酸量可按下式计算:

$$G_{H_2SO_4} = \frac{49(JD_原 - JD_残)}{w}$$

式中 $G_{H_2SO_4}$——每立方米水中硫酸的加入量,g/m^3;

$JD_原$——原水碱度,mmol/L;

$JD_残$——软水残留碱度,mmol/L;

49——$\frac{1}{2}H_2SO_4$ 的相对分子质量;

w——H_2SO_4 的质量分数,10^{-2}。

例 6—1 某厂软化水量为 4 m^3/h,原水碱度为 3.0 mmol/L,

加酸后要求软化水残留碱度为 1.0 mmol/L，若硫酸质量分数为 $98×10^{-2}$，求硫酸的加入量。

解：

$$G_{H_2SO_4} = \frac{49(JD_原 - JD_残)}{w} = \frac{49(3.0-1.0)}{98/100} = 100(g/m^3)$$

答：硫酸加入量为 100 g/m³。

三、部分钠离子交换法

1. 部分钠离子交换水处理的原理

我国有些地区的天然水硬度和碱度都比较高，而且还有部分永硬。如果采用锅内加碱处理，不仅耗碱量大，而且沉渣较多，污物不易排尽，如果采用锅外钠离子交换法虽然可以除去硬度，防止钙、镁水垢，但给水碱度不变，为了维持锅水碱度不能过高，往往需要大量排污，浪费很多给水和热量。为此，可以采用部分钠离子交换软化法水处理系统，如图 6—3 所示。

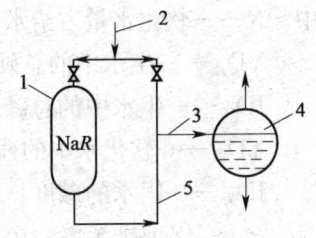

图 6—3 部分钠离子交换软化系统
1—交换器 2—原水进口
3—混合水入口 4—锅炉
5—软化水入口

这种方法是一部分给水经过钠离子交换器除去硬度，留下碱度，另一部分原水不经过钠离子交换器直接进入锅炉。这样可以利用前一部分水中保留下来的碱度，对后一部分水中的硬度进行锅内碱处理。因此，部分钠离子交换软化法是一种锅内和锅外相结合的水处理方法。其反应式如下：

$$2NaHCO_3 \xrightarrow{加热} Na_2CO_3 + CO_2\uparrow + H_2O$$

$$Na_2CO_3 + 2H_2O \xrightarrow{加热} 2NaOH + CO_2\uparrow + H_2O$$

$$2NaOH + Ca(HCO_3)_2 == CaCO_3\downarrow + Na_2CO_3 + 2H_2O$$

$$Na_2CO_3 + CaCl_2 == CaCO_3\downarrow + 2NaCl$$

2. 软化水及原水量的控制

采用这种方法时,必须控制好给水中软化水量和生水量之比,保证混合水的碱度略大于硬度。两者之比应使进入锅炉的碱度减去排污排掉的碱度(略去蒸汽携带的微量碱度)等于进入锅炉的硬度。即

$$X(JD_{总}-YD_{残})-JD_{锅}P=(100-X)(YD_{总}-JD_{总})$$

整理上式得

$$X=\frac{100(YD_{总}-JD_{总})+JD_{锅}P}{YD_{总}-YD_{残}}$$

式中 X——软化水量占给水量的质量分数,10^{-2};

$YD_{总}$——生水中的总硬度,mmol/L;

$JD_{总}$——生水中的总碱度,mmol/L;

$YD_{残}$——软化水中的残留硬度,mmol/L;

$JD_{锅}$——锅水的碱度,mmol/L;

P——锅炉排污率,10^{-2}。

因为在上述计算中没有把蒸汽带走的碱度和因锅炉泄漏带走的碱度计算在内,因此实际采用的 X 值可略高于计算值,应根据生水的硬度和碱度随时调整。

3. 给水硬度的控制

由于上式只计算出在已知排污率时,保护锅水碱度符合要求条件下的软化水百分数,并不能肯定该生水能否适用部分钠离子交换软化法。还必须计算出经钠离子交换的软化水与未经钠离子交换软化的水经混合后的给水硬度 $YD_{给}$ 是否在允许范围内。计算公式如下:

$$YD_{给}=\frac{XYD_{残}+(100-X)YD_{总}}{100} \quad (mmol/L)$$

一般来说,如果计算出的 $YD_{给} \leqslant 4.0$ mmol/L,则说明这种生水在给定的排污率的条件下适用部分钠离子交换软化法,否则将不适用。因为工业锅炉水质标准中,规定给水总硬度 $\leqslant 4.0$ mmol/L。

四、氢离子交换法

1. 氢离子交换原理

（1）交换过程

氢离子交换是以交换剂上的氢离子与原水中的钙和镁等阳离子进行交换，即为氢离子交换软化，其化学反应式如下：

$$Ca(HCO_3)_2 + 2HR \rightleftharpoons 2H_2O + 2CO_2 \uparrow + CaR_2$$
$$CaCO_3 + 2HR \rightleftharpoons H_2O + CO_2 \uparrow + CaR_2$$
$$Mg(HCO_3)_2 + 2HR = 2H_2O + 2CO_2 \uparrow + MgR_2$$
$$NaHCO_3 + HR \rightleftharpoons H_2O + CO_2 \uparrow + NaR$$
$$CaSO_4 + 2HR \rightleftharpoons H_2SO_4 + CaR_2$$
$$MgSO_4 + 2HR \rightleftharpoons H_2SO_4 + MgR_2$$
$$Na_2SO_4 + 2HR \rightleftharpoons H_2SO_4 + 2NaR$$
$$CaCl_2 + 2HR \rightleftharpoons 2HCl + CaR_2$$
$$MgCl_2 + 2HR \rightleftharpoons 2HCl + MgR_2$$
$$NaCl + HR \rightleftharpoons HCl + NaR$$

（2）再生过程

在离子交换剂失效以后，可以用盐酸或硫酸溶液进行再生，其反应如下：

$$CaR_2 + 2H^+ \rightleftharpoons 2HR + Ca^{2+}$$
$$MgR_2 + 2H^+ \rightleftharpoons 2HR + Mg^{2+}$$
$$NaR + H^+ \rightleftharpoons HR + Na^+$$

2. 氢离子交换特点

氢离子交换处理后的水质有如下特点：

（1）氢离子交换处理以后的水，不再含有碳酸盐和氢氧化物，并使原水的碱度降低，硬度也得以消除。

（2）经氢离子交换后，水的非碳酸盐被酸（硫酸或盐酸）所代替，故出水呈酸性。

（3）经过离子交换处理后的水质，虽然原来水中的部分阴离子（即水中氯离子，硫酸根等）在交换过程中并不改变，然而重碳酸根即因生成了碳酸，通过脱气而去除，故可起到部分除盐作用（还有 Ca^{2+}、Mg^{2+} 和 Na^+ 变成了 H^+，也可降低出水含盐量）。

（4）经氢离子交换以后水中的酸度的高低，是由原水中 Cl^-、SO_4^{2-} 和 NO_3^- 的大小所决定的。因此氢离子交换软化水是不能直接做锅炉给水的，必须与其他方法联合使用。最常用的是 H—Na 离子交换软化法。

五、H—Na 离子交换法

H—Na 离子交换原理

此法就是将氢离子交换处理后水中的酸度和经钠离子交换软化后的碱度发生中和反应，消除酸性并剩有一定的碱度，这样既降低了原水中的碱度，又除去了原水中的硬度，因而满足了锅炉给水的要求。其酸和碱中和反应如下：

$$H_2SO_4 + 2NaHCO_3 = Na_2SO_4 + 2CO_2\uparrow + 2H_2O$$
$$HCl + NaHCO_3 = NaCl + CO_2\uparrow + H_2O$$

上式反应中的 H_2SO_4 和 HCl 是经氢离子交换后水中的产物，$NaHCO_3$ 是经钠离子交换后水中的产物，当两种水混合后发生了上述化学反应。

H—Na 离子交换软化处理一般适用于处理碳酸盐硬度较高的原水。

第四节 固定床离子交换器的运行及有关计算

一、固定床顺流再生离子交换器的工艺流程

顺流再生方式就是指交换时水流的方向和再生时再生液流动的方向是一致的。

顺流再生设备的操作分为反洗、还原、正洗及交换四个阶段。

1. 反洗

离子交换剂在交换软化过程结束后，为了保证还原的效果，需要对交换剂层进行反洗，反洗的作用是：

(1) 松动交换剂层，为再生创造良好条件。在交换过程中，带有一定压力的水自上而下地通过交换剂层，故交换剂层被压得很紧。为了使再生液在交换剂层中分布得均匀，增加与交换剂的接触面积，所以还原前要进行充分反洗。

(2) 清除交换剂上层中的悬浮物和交换剂的碎粒、气泡。在交换过程中，交换剂上层还起着过滤作用，水中的悬浮物被截留在交换剂上层中。这不仅使流通的压强增大，还可使交换剂结块而降低其交换容量。此外运行中产生的交换剂碎粒会增大水流的阻力。反洗即可清除这些悬浮物碎粒和排除交换剂层中的气泡。

在原水水质很清的情况下，每次再生不必都进行反洗，而是运行几个周期后，定期反洗。因为交换剂层中截留的悬浮物和交换剂碎粒不多，交换剂压得不紧。再生前如不反洗，交换剂层保持着原有的状态，再生液易于从那些孔隙较大、失效程度较深的通道中流过，可提高再生效果，延长运行周期。

2. 再生（还原）

再生的目的是使失效的离子交换剂恢复交换能力。离子交换剂的再生方法有动态法和静态法两种，静态法（浸泡）效果不好，现在很少采用。提倡采用动态法（再生液不断进入交换器，废再生液不断排除）。再生是离子交换器运行操作中的一个重要环节，影响再生效果的因素很多。

3. 正洗

离子交换器再生后必须立即进行正洗。其目的在于清除交换剂中残余的再生剂和再生产物，防止再生后可能出现的逆向反应。清洗时水按再生液的流向进行清洗。在清洗过程的初期阶段，实际上，是再生过程的继续。故在清洗开始时，宜使流速与再生流速相同（3～5 m/h）的情况下清洗 15 min 左右，然后加大流速至 10～20 m/h，一般清洗 30 min 左右即可。对于一级阳离子交换器正洗至出水硬度小于 0.04 mmol/L，氯离子不超过进水含量的 100 mmol/L 时，即可投入交换运行。

当交换器正洗后不立刻投入运行时，最好不进行正洗；或先用 20×10^{-2}～30×10^{-2} 的正洗水量洗一下，使交换剂浸泡在稀再生剂溶液中，投入运行前再正洗。

为了减少阳离子交换器本身的用水量和降低再生剂的盐耗，可将后期含有一定量再生剂的正洗水送入反洗水箱，留作交换器的反洗水。

4. 交换

正洗以后，离子交换器即可投入运行。交换器的运行流速是影响出水质量的重要因素，如原水中要除去的离子浓度越大，则运行流速应越小。对于一级阳离子交换器，采用磺化煤时的运行流速为 5～20 m/h；采用阳离子交换树脂时为 20～30 m/h。

交换过程应连续进行，间断运行的离子交换器，每次启动后的出水水质都会有短时间的不合格现象，从而影响出水质量。这是由于交换器在停运状态下，交换剂中交换离子发生逆反应，使原已吸着的离子又重新释放出来所致。所以连续运行的出水水质比间断运行好。当生产上必须采取间断运行时，应在每次启动前进行一下正洗，待水质合格后再投入运行。

阳离子交换器软化处理时，通常每小时化验一次出水残留硬度。当交换器接近失效时，应每半小时或更短时间化验一次。当出水残留硬度超过出水指标时，应立即停止运行。

二、经济核算

现在多数单位的水处理设备没有建立经济核算制度，因此浪费再生剂、水和电等现象很严重。为了搞好水处理设备的经济运行，每个化验员必须掌握再生剂的用量、盐耗及交换剂工作交换容量的计算，特别是再生剂的盐耗。下面分别介绍有关概念和用量的计算。

1. 交换速度

交换流速是指其交换器在空罐状态下，单位时间，单位面积上通过的水流量，其单位为 m/h，（实际上就是空罐状态下水下降的高度）。

例如，某交换器的截面积为 $F m^2$，在 1 h 内水位下降高度为 C m，则此时通过的水流量按下式计算：

$$C = \frac{Q}{F}$$

式中　C——交换流速，m/h；

　　　Q——单位时间水流量，m^3/h；

　　　F——交换器的截面积，m^2。

例 6—2　某厂一台交换器内径为 0.5 m，1 h 出软化水 3 m^3，求此时间内该交换器的交换流速为多少？

解：因为　　　　　　$C = \frac{Q}{F}$

所以　　　$C = \dfrac{3}{3.14 \times \left(\dfrac{0.5}{2}\right)^2} \approx 15$ （m/h）

答：此时交换器的流速为 15 m/h。

2. 交换剂的工作交换容量

交换剂的工作交换容量是指单位体积的交换剂在工作状态下交换剂所能交换的部分单位的电荷的基本单元的物质的量除以交换剂的体积，其单位是 mol/m^3，工作交换容量可按下式计算：

$$E_I = \frac{Q[\mathrm{YD}_{原(\frac{1}{2}Ca^{2+},\frac{1}{2}Mg^{2+})} - \mathrm{YD}_{残(\frac{1}{2}Ca^{2+},\frac{1}{2}Mg^{2+})}]}{V}$$

式中　E_I——交换剂工作交换容量，mol/m^3；

　　　Q——交换器周期出水量，m^3；

　　　V——交换剂体积，m^3；

　　　$\mathrm{YD}_{原(\frac{1}{2}Ca^{2+},\frac{1}{2}Mg^{2+})}$——原水总硬度，mmol/L；

$YD_{残(\frac{1}{2}Ca^{2+}、\frac{1}{2}Mg^{2+})}$——软化水平均残余硬度，mmol/L。

例 6—3 某厂一台交换器内装 001×7 树脂为 1 m³，经化验原 $YD_{(\frac{1}{2}Ca^{2+}、\frac{1}{2}Mg^{2+})}$ 为 2.52 mmol/L，软化水平均残余硬度 $YD_{(\frac{1}{2}Ca^{2+}、\frac{1}{2}Mg^{2+})}$ 为 0.02 mmol/L，周期出软化水为 400 m³，求此时交换剂的工作交换容量为多少？

解：

$$E_I = \frac{Q[YD_{原(\frac{1}{2}Ca^{2+}、\frac{1}{2}Mg^{2+})} - YD_{残(\frac{1}{2}Ca^{2+}、\frac{1}{2}Mg^{2+})}]}{V}$$

$$= \frac{400(2.52-0.02)}{1} = 1\,000(mol/m^3)$$

答：此时 001×7 树脂工作交换容量为 1 000 mol/m³。

3. 再生一次用盐量

使已失效的一定体积的交换剂重新获得软化水能力一次所需用的食盐量，其单位为千克，再生一次用盐量可按下式计算：

$$G = \frac{E_I V b}{1\,000\alpha}$$

式中 G——再生一次用盐量，kg；

b——交换剂的盐耗，g/mol；

α——食盐的纯度，10^{-2}；

1 000——将克变（换算）成千克数；

E_I 及 V 符号意义同前。

例 6—4 某厂一台交换器内装 001×7 树脂 0.3 m³，其工作交换容量为 1 000 mol/m³，再生时盐耗为 120 g/mol，使用食盐纯度为 90×10⁻²，求再生一次用盐量为多少？

解：

因为 $$G = \frac{E_I V b}{1\,000\alpha}$$

所以 $$G = \frac{1\,000 \times 0.3 \times 120}{0.9 \times 1\,000}$$

$$=40 \text{ (kg)}$$

答：该交换剂再生一次需 40kg 食盐。

4. 盐耗的计算

盐耗是钠型阳离子交换器再生时消耗食盐的质量除以交换器所除去的 $\frac{1}{2}Ca^{2+}$、$\frac{1}{2}Mg^{2+}$ 物质的量。

$$b_{NaCl} = \frac{G_{NaCl}}{n_{\frac{1}{2}Ca^{2+}} + n_{\frac{1}{2}Mg^{2+}}} \text{ (g/mol)}$$

根据硬度的量方程可得

$$n_{\frac{1}{2}Ca^{2+}} + n_{\frac{1}{2}Mg^{2+}} = Q \cdot YD_{(\frac{1}{2}Ca^{2+},\frac{1}{2}Mg^{2+})}$$

所以 $b_{NaCl} = \dfrac{G_{NaCl}}{Q[YD_{(\frac{1}{2}Ca^{2+},\frac{1}{2}Mg^{2+})}]} \times 10^3 \text{(g/mol)}$

如果软化水硬度不为零，则

$$n_{\frac{1}{2}Ca^{2+}} + n_{\frac{1}{2}Mg^{2+}} = Q[YD_{原(\frac{1}{2}Ca^{2+},\frac{1}{2}Mg^{2+})} - YD_{残(\frac{1}{2}Ca^{2+},\frac{1}{2}Mg^{2+})}]$$

$$b_{NaCl} = \frac{G_{NaCl}}{Q[YD_{原(\frac{1}{2}Ca^{2+},\frac{1}{2}Mg^{2+})} - YD_{残(\frac{1}{2}Ca^{2+},\frac{1}{2}Mg^{2+})}]} \times 10^3 \text{(g/mol)}$$

式中所有符号意义同前。

例 6—5 某厂一台交换器中内装 001×7 树脂 1 m^3，周期出水量为 500 m^3，经化验给水总硬度为 2.02 mmol/L，软化水平均残余硬度为 0.02 mmol/L，食盐纯度为 90×10^{-2}，再生一次用盐量为 140 kg，求盐耗为多少；软化 1 m^3 水用食盐多少克？

解：

盐耗为

$$b = \frac{G}{Q[YD_{原(\frac{1}{2}Ca^{2+},\frac{1}{2}Mg^{2+})} - YD_{残(\frac{1}{2}Ca^{2+},\frac{1}{2}Mg^{2+})}]} \times 10^3$$

$$\frac{140 \times \frac{90}{100}}{500(2.02-0.02)} \times 10^3 = 126 \text{(g/mol)}$$

软化 1 m^3 水用食盐量为 $\dfrac{140 \times 1\,000}{500} = 280 \text{ g/m}^3$

答：盐耗为 126 g/mol，每出 1 m³ 软化水需 90×10^{-2} 食盐 280 g。

第五节　固定床逆流再生工艺

为了克服顺流式离子交换器底部交换剂再生程度较低的缺点，通常采用逆流再生方式，即再生时再生液的流向与运行时的原水流向相反。有两种逆流再生方法：一是再生时，再生液自下向上通过交换剂层，交换时原水自上向下通过交换剂层；二是再生液自上向下通过交换剂层，软水从交换器上部流出。

逆流再生方式可用于逆流式单层床、双层床、浮动床和混合床等离子交换器。这里只对逆流式单层床的原理和操作步骤作如下介绍。

一、逆流再生工艺的原理及特点

1. 逆流再生工艺的原理

逆流再生时，再生液先与交换器底部尚未完全失效的交换剂接触，使底部交换剂得到很高的再生度，再生彻底。当再生液上移时，交换剂的再生程度逐渐下降，但较顺流再生工艺要慢得多（因为下部交换剂的饱和度比上部小，置换出来的反离子少）；当再生液与上部完全失效的交换剂接触时，再生液仍具有一定的"新鲜性"。由此可见，逆流再生工艺可以提高交换剂的再生程度。

运行时，原水先接触上部再生程度较低的交换剂，但水中 Ca^{2+}、Mg^{2+} 浓度较高，可使化学反应向交换方向进行。水中的硬度经交换后而逐渐降低，最后，硬度较低的水接触底部再生程度很高的交换剂，从而保证了出水质量。

2. 逆流再生工艺特点

图 6—4 为顺流再生与逆流再生两种工艺的情况。从图中可以看出逆流再生具有下列特点：

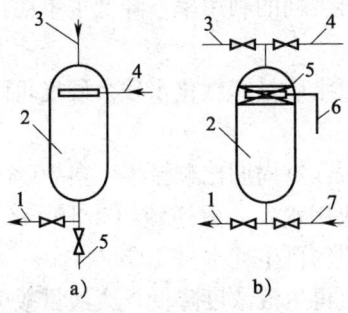

图 6—4 两种再生工艺示意

a) 顺流再生
1—软化水出口　2—交换剂
3—原水入口　4—再生液入口
5—废液排出口

b) 逆流再生
1—软化水出口　2—交换剂
3—原水入口　4—压缩空气入口
5—压实层　6—废液排出口
7—再生液入口

(1) 顺流再生与逆流再生阳离子交换器失效后离子交换剂分层分布情况基本差不多。交换剂上层为完全失效的交换剂,底部是部分失效的交换剂。

(2) 逆流再生时,再生液由下而上通过交换剂。底部交换剂先与新鲜的再生液接触,使其得到极高的再生度,即全部都是再生彻底的阳树脂。而在交换器上部的交换剂再生效果最差。

(3) 在运行时由于最后接触的是再生最彻底的交换剂,使出水中硬度的泄漏量基本上被消除,因此,得到极好的出水水质。

(4) 在运行时,再生较差交换剂首先与入口水相接触,水中的反离子浓度很小,故这些交换剂还是能够朝除盐或软化方向进行的,那就充分利用了这一部分交换剂的交换容量,提高其经济性。

(5) 交换时水的流向和再生时再生液流向相反。

(6) 运行关键在于不能使交换剂乱层。

3. 逆流再生工艺优点

逆流再生工艺与顺流再生工艺相比,具有如下优点:

(1) 提高了再生剂的利用率，降低了单耗，比顺流再生工艺省盐 30% 左右。

(2) 提高了出水质量，软化水残余硬度可降到 0.03 mmol/L 以下。

(3) 制水量大，每周期比顺流再生多 10%～20% 左右。

(4) 节约工业用水，一般逆流再生时，10～20 个周期进行一次大反洗，可节约再生耗水量 40% 左右。

(5) 排出的废再生液浓度降低，废液量减少并减少对天然水的污染。

二、逆流再生交换器的运行

1. 小反洗

为保证交换剂层不乱，每次还原前，只对中间排液装置以上的压实层进行小反洗，冲洗掉运行时积聚在压实层和中间排液装置上的污物。反洗流速可采用 10 m/h。反洗氢及钠离子交换器可用运行入口水，阴床可用氢离子交换器出口水，反洗至出水澄清为止。一般需要 10～15 min。

2. 放水

小反洗结束，待交换剂颗粒下降后，放掉中间排液装置以上的水，以便进行顶压。如果用水进行顶压，就不要进行放水操作了，可直接开水顶压。

3. 顶压

开压缩空气或开启水顶压阀门，使器内压力维持在 0.03～0.05 MPa，以防乱层。用作顶压的压缩空气要进行除油净化。

4. 进再生液

在顶压的前提下，将再生液引入交换器内。为了得到良好的再生效果，应严格控制再生条件。如用氯化钠再生时，质量分数为 $(6～8)\times10^{-2}$，再生流速 5 m/h，接触时间为 40～50 min。另外配制再生液，钠离子交换器用软化水；氢离子交换器用氢型水；阴离子交换器用除盐水。

5. 逆流冲洗

进完再生液，关闭再生液阀门，再按再生液流速逆向继续用稀释再生剂的水进行冲洗，一直冲洗到出水指标接近合格为止。如钠离子交换器冲洗到 Cl^- 为入口水的 1～2 倍或 $YD<0.5$ mmol/L。冲洗时间一般为 30～40 min。逆流冲洗结束后，应停止顶压。在逆流冲洗过程中，应使汽（水）压力稳定。

6. 小反洗

再生后的压实层中，往往残留一部分再生液。如不冲洗干净，将影响运行时的出水品质。这次小反洗操作和第一次小反洗操作是一样的。水从中间排液装置进入，从顶部排出，一直到残留的再生液冲洗干净为止。小反洗时间一般为 20 min 左右。小反洗时由于气顶压，整个压实层是干的，交换剂容易浮起，不易冲洗干净，因此，故用小正洗。水从上部进入，从中间排出。流速采用 8～10 m/h，时间为 10～15 min。如果采用水力顶压，这次小反洗可不进行。

7. 正洗

最后按一般运行方式，用正常入口水自上而下正洗，直到水指标完全符合国家标准为止。

三、低流速再生法的操作

此法在再生时，将再生液的流速控制到使交换剂层次不乱，从而得到良好的再生效果。本法不需要压缩空气，也没有水顶压，操作简单可靠。下面以钠离子交换器为例，说明操作过程。

1. 小反洗

为了能够较彻底地清洗，必须有足够的反洗强度。一般对于磺化煤，反洗流速控制在 11～18 m/h；对于树脂可控制在 8～12 m/h。但应防止反洗水流速过高将交换剂冲出。小反洗一直冲洗到出水澄清为止，这一过程约需 10～20 min。

2. 进再生液

实践证明，为了在保证低流速逆流再生时不使交换剂乱层，有静压水时的再生效果要比无静压水时的再生效果好。因此，在压实层上部要充满水以产生静压。在有静水压的情况下，用盐液泵或高位盐液箱将盐液从底部布水装置送入交换器，由中间排液装置排出废液。为了确保再生效果，对于再生流速，盐液质量分数和进盐液时间均有一定要求。

再生流速：磺化煤 3～5 m/h，树脂 2～3 m/h

盐液质量分数：磺化煤 $(4～8)×10^{-2}$，树脂$(6～10)×10^{-2}$

进盐液时间：磺化煤 25～40 min

树脂 40～60 min

为了使逆流再生取得良好效果应严格控制再生流速；防止交换剂乱层；配制盐液的体积宜大于交换剂体积的1.5倍；同时，要保证盐液与交换剂接触时间大于45 min。

3. 逆向冲洗

再生完毕，先将交换剂中残留的盐液等杂质洗去，并使盐液继续与交换剂作用一段时间。软水从交换器底部布水装置进入进行逆向冲洗，冲洗流速同再生流速，冲洗至出水硬度小于0.5 mmol/L或氯离子小于入口水的两倍为止。

4. 小正洗

在逆流再生时，可能有部分盐液渗入压实层中，为了节省正洗水耗量及缩短正洗时间，采用小正洗方法将这部分废盐液洗去。原水由上部进水管进入，从中间排液装置排出，小正洗流速为15～20 m/h，小正洗控制的终点同逆向冲洗。

如小正洗一开始出水水质即已符合逆向冲洗控制指标，则小正洗可省去。

5. 正洗

小正洗结束后，关闭中间排液装置的排水阀、开启底部出水阀门进行正洗，流速同运行流速，待出水符合要求时即可投入运行。

6. 大反洗

由于长时间运行，下部交换剂可能受到污染，因此，要进行定期大反洗。每次大反洗后第一周期的再生剂用量应当是正常量的 1.2～1.5 倍。其大反洗间隔应按被处理水的混浊度而定，采用 10～20 个周期大反洗一次是适宜的。

大反洗前，首先要进行小反洗。松动压实层，水量要逐步由小到大进行大反洗，以免中间排液装置损坏。

第六节　锅内水处理

锅内水处理是锅炉水处理历史上最先采用的方法。早期是向锅炉内投加一些自然植物枝秆和果实，如烟秸、白薯、柞木条等。它们在锅水中，浸渍出单宁及磷酸化合物等物质，能够起到一些防止或延缓锅炉结垢的作用。

现代锅内水处理是向给水或锅水中投加适当的药剂（防垢剂），与锅水中 Ca^{2+}、Mg^{2+} 或 SiO_3^- 等容易结垢的物质，发生化学作用生成松散的悬浮在锅水中的渣滓，通过排污排出锅外，以达到减轻锅炉结垢的目的。

锅内水处的优点是：对原水水质适用范围较大，设备简单，投资小，操作方便，运行费用低，管理、维护简便及节省劳动力。该法如果在药剂选择、加药方法、加药量及锅炉排污等方面掌握得当，对于单纯采用锅内水处理的小型锅炉防垢效率可达 80％以上。对于有锅外水处理的锅炉，辅以锅内水处理将更能保证锅炉的防腐、防垢的作用。

锅内水处理的缺点是：锅炉的排污率较高，致使锅炉热损失增大；不能完全防止锅炉结垢，而且防垢效果不够稳定，还需对锅炉运行定期清洗；在循环不良的地方因锅内处理生成大量的沉渣，不容易被排净，有可能发生沉渣聚积形成二次水垢。因此，这种方法不如钠离子交换法，能够达到较为彻底的防垢目的。

任何一种处理方法都不是万能的，不管是采用锅外离子交换法还是锅内处理方法，甚至是两种方法的联合使用，都必须牢牢地记住一个关键问题：那就是必须使锅水的碱度和 pH 值达到工业锅炉水质标准所规定的指标。

一、搞好锅内水处理的关键

1. 对症下药

要做到什么样的水质，选择什么样的药剂。

2. 量水投药

要做到按锅炉上水的数量，投加一定数量的药剂。切不可多投，当然也不能少投。

3. 科学排污

为了将所生成的泥垢（水渣）排出锅外，防止结生二次水垢，一定要做到根据化验结果，进行科学的排污。

4. 严格监督

为了使所加的软水剂数量合适，排污符合要求，一定要做到严格监督锅水的品质，用锅水化验结果来指导加药和排污操作。

二、锅内水处理适应范围

根据锅内水处理的特点，只要符合下列条件，就可以采用锅内水处理法。

1. 锅炉没有过热器。
2. 在运行中能保证可靠地排除在锅内所形成的泥垢（水渣）。
3. 通风加药而生成的泥垢，不会影响锅炉安全运行。
4. 锅炉用户对蒸汽质量要求不高。

随着锅内水处理技术的不断发展，特别是新型水处理药剂的不断出现，锅内水处理的适应范围越来越广泛。例如，前苏联曾建议在 1.5 MPa 以下的锅炉，都采用锅内水处理的方法。我国 GB 1576《工业锅炉水质》标准规定，燃煤立式水管锅炉、立式火管锅炉、卧式内燃锅炉及出口蒸汽压力 $\leqslant 1.0$ MPa，蒸发量 $\leqslant 2$ t/h 的水管锅炉或水火管组合锅炉，也可以采用锅内水处理。但给水总硬度应在 4.0 mmol/L 以下。如果给水总硬度超过此标准时,在呈报本地上级主管部门批准同意后可以适当放宽。

三、锅内水处理常用药剂的种类和性能

1. 常用水处理药剂的种类

锅内水处理药剂,根据处理目的的不同,可以分为以下几种:

(1) 软水剂(防垢剂)

主要用来清除给水中的硬度,其中的碱性药剂是使它转变成为泥垢;也有属于能改变泥垢的性质,使其不易在受热面上粘附成为水垢的药剂,称为泥垢调节剂。

软水剂主要有:

①碱性药剂:主要有火碱($NaOH$)、纯碱(Na_2CO_3)、磷酸盐(磷酸三钠、六偏磷酸钠等)。

②有机胶体:主要有腐植酸钠、栲胶等。

③水质稳定剂:主要有有机磷酸盐(如乙二胺四甲叉磷酸盐等)、有机羧酸盐(如聚马来酸酐等)。

(2) 降碱剂

主要是用来降低给水或锅水中的碱度,以防止汽水共腾和苛性脆化。

降碱剂主要有磷酸、磷酸二氢钠、草酸、硫酸铵等。

(3) 缓蚀剂

主要是用来防止锅炉金属(水侧)的腐蚀。缓蚀剂主要有亚硫酸钠、亚硝酸钠等。过去常用的联胺、重铬酸钠等,因为毒性很大,近年已很少采用。

(4) 消沫剂

主要是用来防止锅水发生起沫或汽水共腾,可以提高蒸汽质量。消沫剂主要有酰胺类消沫剂(如乙二硬酯酰乙二胺)和聚醚酯型消沫剂(如聚氧乙烯聚氧丙烯甘油二硬脂酸酯)。

(5) 防油垢剂

主要是用来吸附锅水中的油脂,以防止难以清除含油水垢的

结生,防油垢剂主要有活性炭、胶体石墨、木炭粉等。

在进行锅内水处理时,上述各种药剂并不是每一种都使用的。而是根据给水质量、锅炉类型,以及运行中的要求,选择其中的几种,配制成锅内水处理药剂来使用。

2. 几种常用水处理药剂的性能和作用

国内外用作锅内水处理的药剂有上百种,现在仅就工业锅炉常用的水处理药剂介绍如下:

(1) 氢氧化钠（NaOH）

氢氧化钠俗称烧碱、火碱、苛性钠,是白色的固体,密度为 2.13 g/cm^3,吸水性很强,极易溶于水而放出大量的热量,有强烈的腐蚀性,是一种强碱。氢氧化钠主要作用是:

①能有效地消除给水中的碳酸盐硬度和镁硬度。尤其是对消除镁的非碳酸盐硬度有极强的功效。

②能防止一些结垢物质在金属表面结生水垢。

③保持锅水碱度,防止锅炉腐蚀。

(2) 碳酸钠（Na_2CO_3）

碳酸钠俗称纯碱、苏打。工业用的无水碳酸钠为白色粉末,密度为 2.53 g/cm^3,易溶于水,水溶液呈碱性。碳酸钠主要作用是:

①能有效地消除给水中的钙硬度。

②在锅内,碳酸钠可以部分地水解为氢氧化钠,因此具有氢氧化钠的作用。

③能消除给水中的镁硬度。

④保持锅水的碱度,使碳酸钙成为泥垢,而不易结为水垢。所以采用单一纯碱处理时,也能近似地取得同时投加氢氧化钠和碳酸钠的效果。

(3) 磷酸三钠（$Na_3PO_4 \cdot 12H_2O$）

磷酸三钠也称磷酸钠,为白色晶体,密度为 1.62 g/cm^3,在干燥的空气中能风化。加热到100℃以上时会失去结晶水而形成无水物,溶于水,水溶液呈碱性。磷酸三钠的主要作用是:

①能使水中的钙、镁盐类产生沉淀。

②增加泥垢的流动性。

③能使硫酸盐和碳酸盐等老水垢疏松脱落，特别是清除没有经过水处理而结生的老水垢尤为显著。

④防止锅炉金属腐蚀。因为磷酸三钠能在金属表面形成磷酸铁的保护膜，从而起到防止锅炉金属腐蚀的作用。

(4) 栲胶

在近些年栲胶的使用很少，这种材料已逐渐停止使用了。

(5) 腐植酸钠

腐植酸钠是一种复杂的多芳香族有机物。它没有固定的分子结构和分子量，是一种黑褐色颗粒状物质。它溶于水，水溶液呈棕褐色，呈弱碱性。密度 $1.2\sim 1.4$ g/cm^3。它的主作用是：

①软化水作用。

②增加泥垢的流动性。

③对金属起到缓蚀作用。

④使老水垢疏松脱落。

(6) 水质稳定剂

有机水质稳定剂，目前用于低压锅炉锅内水处理。主要是有机聚磷酸盐（如乙二胺羧四甲叉磷酸钠，水解聚马来酸酐等）。它们都属于高分子聚合物，其中有机聚磷酸盐不易水解，并具有较好的化学稳定性。有机聚羧酸盐在水中会发生部分水解，生成氢离子和负离子聚合物。

有机聚磷酸盐的主要作用是：

①螯合作用。

②晶格歪曲作用。

四、锅内水处理常用药剂配方及其选择

1. 锅内水处理常用药剂配方

(1) 纯碱法

此法主要向锅内投加纯碱（Na_2CO_3），如上所述 Na_2CO_3 在

锅水中，虽然也具有 NaOH 的作用，但对于成分复杂的给水，此法效果并不能令人满意。

(2) 纯碱—栲胶法

在近年来所使用的配方中已很少使用，并且效果也不好。

(3) 纯碱—腐植酸钠法

此法又比单纯使用纯碱效果要好，若采用磷酸盐—腐植酸钠法则更适合使用软化水的锅炉，可作为锅水的校正处理用。

(4) 三钠—胶法

指的是碳酸钠、氢氧化钠、磷酸三钠和栲胶。此种方法在我国铁路系统蒸汽机车上使用，防垢率可达 80% 以上。但现在栲胶已基本上不用了，所以这种方法用的不多。

(5) 四钠法

四钠是指碳酸钠、氢氧化钠、磷酸三钠和腐植酸钠，此方法处理效果优于以上四种方法。此法对各种水质都有良好的适应性。

(6) 有机聚磷酸盐、有机聚羧酸盐和纯碱法

此法在实用中效果比较理想。

从以上几种方法我们已经看出来，低压锅炉锅内水处理药剂有很多种，但是不管是哪种方法都离不开纯碱（$NaCO_3$）。所以，在锅内水处理中纯碱担当着十分重要的角色。

2. 根据具体的水质特点选用水处理配方

(1) 对于中等硬度的非碳酸盐硬度水质：

对于总硬度在 1.5～40 mmol/L，且含有非碳酸盐硬度的水质，给水中的 MgO/SiO_2（重量比）又在 1.0～1.6 之间，可选用四钠法的配方。实践证明，此种配方可以获得比较满意的水处理效果。

(2) 对于二氧化硅（SiO_2）含量较高的水质：

对于总硬度 1.5 mmol/L 以下，二氧化硅含量又比较高的水质，给水中的二氧化硅/溶解固形物＞0.1，MgO/SiO_2＜1.0 时，如果采用一般的配方就容易结生导热性能极差、又难以清除的二

氧化硅水垢。对于这种水质的处理常用下面的方法。

①提高锅水的碱度。增加锅水中 NaOH 含量,即将锅水中 NaOH/SiO$_2$ 的摩尔比控制在 0.8~1.0。这样就可以使大部分胶体的 SiO$_2$ 转变成 SiO$_3^{2-}$,使之溶解在锅水中以减少硅垢的结生。

$$2NaOH + SiO_2 = Na_2SiO_3 + H_2O$$

②提高磷酸盐的用量。要求锅水中剩余的 PO$_4^{3-}$ 保持在 30 mg/L 即可,如果采用纯碱消除给水中的非碳酸盐硬度,每吨锅水另加 Na$_3$PO$_4$·12H$_2$O 40 克,也能获得较满意的效果。

③选用适当的泥垢调节剂。采用有机水质稳定剂、腐植酸钠等以改变泥垢、水垢的结构和性能,对防止硅垢的结生也有一定的作用。

(3) 对于高硬度、高碱度的水质

对于总硬度比较高（>4 mmol/L）、给水中 MgO/SiO$_2$（重量比）>1.6 时,容易结生硬质的碳酸盐水垢,而且水垢结生的速度也比较快。如给水中碳酸盐硬度很高,这时就容易结生软质的碳酸盐水垢。对于这类水质,可以采用如下配方:

①尽量采用火碱作沉淀剂。最好采用以火碱（NaOH）为主的水处理药剂,以增加锅水中的 OH$^-$ 浓度,从而使易结生水垢的 CaCO$_3$ 晶体稳定,同时最好再加入一些腐植酸钠效果会更理想。

②减少或不用磷酸盐。对于碳酸盐硬度比较高,并且给水中镁硬度又较高（MgO/SiO$_2$ > 1.6）的水质,应减少或不用 Na$_3$PO$_4$·12H$_2$O,以防止生成 Mg$_3$(PO$_4$)$_2$ 沉淀。此沉淀极易粘附在锅炉金属表面上成为水垢。

(4) 对于高碱性水质

当给水中的钠钾碱度 >2.0 mmol/L 时,可以选用草酸或磷酸作为降碱剂,它不仅能防止因锅水碱度过高给锅炉带来的危害,还能与水中的钙、镁离子生成泥垢,对保证蒸汽质量,防止水垢结生都有良好的效果。

(5) 对于软化水

采用软化水时,为消除软水中残余硬度并防止锅炉金属腐蚀,可以向锅内投加一些 $Na_3PO_4 \cdot 12H_2O$ 和腐植酸钠。

五、锅内水处理常用药剂用量的计算

1. 锅炉在运行中各种水处理药剂用量计算

(1) 对于含有非碳酸钠硬度的给水

①氢氧化钠或碳酸钠用量的计算

$$X = (YD_F + JD_G P) E \ (g/t_水)$$

式中 X——为使给水中的硬度转变为泥垢,并保持锅炉水一定碱度所需的 NaOH 或 Na_2CO_3 的用量,$g/t_水$;

YD_F——给水的非碳酸盐硬度,mmol/L;

JD_G——锅水应保持的碱度,mmol/L,一般不采用水质稳定剂时,JD_G 保持在 15~18 mmol/L,采用有机水质稳定剂时,JD_G 可保持在 8~12 mmol/L;

P——锅炉的排污率,%;

E——碱剂的摩尔值,用 NaOH 时为 40;用 Na_2CO_3 时为 53。

如果 NaOH 和 Na_2CO_3 同时使用,则上述公式应分别乘以其各自所占的摩尔值。如 NaOH 的用量占总碱量的 η%,则 Na_2CO_3 所占的比值则为 $(1-\eta)$%。

②磷酸三钠用量的计算 磷酸三钠在软水剂中,一般用来作泥垢调节剂和处理水中的残余硬度用,并不按摩尔关系计算,而是按以下经验公式来计算。

$$Na_3PO_4 \cdot 12H_2O = YD_总 \times 5 \ g/t_水$$

式中 $YD_总$——给水的总硬度 mmol/L。

③腐植酸钠用量的计算 腐植酸钠主要起泥垢调节剂和防止氧腐蚀的作用,不能按摩尔关系计算,其经验投量是:

腐植酸钠用量 1 mmol/L 给水硬度投加 3~5 $g/t_水$。

④有机聚磷酸盐。常用的有机聚磷酸盐为:ATMP—氨基三

甲叉磷酸,EDTMP—乙二胺四甲叉磷酸。从它们的阻垢机理可以知道,其投加量也不能按摩尔关系计算,经验投加量(按100%纯度)为 $1\sim2$ g/t$_{水}$。

⑤有机聚羧酸盐。常用的聚羧酸盐为:PAA—聚丙烯酸钠、HPMA—聚马来酸酐,与有机聚磷酸盐一样,投加量也不能按摩尔关系计算,其经验投量(按100%纯度)为 $3\sim5$ g/t$_{水}$。

实践证明,有机磷酸盐和有机聚羧酸盐共同使用时效果最佳。

例 6—6 某工厂锅炉采用锅内水处理法,其锅炉给水水质为:$YD_{总}=3.0$ mmol/L,$YD_F=0.5$ mmol/L,$JD=2.5$ mmol/L,锅水碱度保持为 12 mmol/L,排污率8%,求:

如果采用 NaOH、Na_2CO_3、Na_3PO_4 和腐植酸钠的配方,其各成分的用量是多少?

解:由于给水 $YD_{总}>JD$,还含有非碳酸盐硬度。则:

NaOH 用量 $=(YD_F+JD_G\times P)\times\eta\times40$
$\qquad\quad=(0.5+12\times8\%)\times20\%\times40$
$\qquad\quad=11.68$ g/t$_{水}$

Na_2CO_3 用量 $=(YD_F+12\times P)\times(1-\eta)\times53$
$\qquad\qquad=(0.5+12\times8\%)\times(1-20\%)\times53$
$\qquad\qquad=61.9$ g/t$_{水}$

Na_3PO_4 用量 $=YD_{总}\times5$
$\qquad\qquad=3\times5$
$\qquad\qquad=15$ g/t$_{水}$

腐植酸钠 $=$(纯度50%)每吨水投加 10 g

答:每吨给水需投加 NaOH 11.7 g、Na_2CO_3 61.9 g、Na_3PO_4 15 g、腐植酸钠 10 g。

经验证明,若采用水质稳定剂时,锅水碱度可保持 $8\sim12$ 即能达防垢和防腐的效果。

这时给水只需加入 Na_2CO_3、EDTMP、HPMA 和腐植酸钠即可。

Na_2CO_3 用量 $= (YD_F + JD_G \times P) \times 53$
$= (0.5 + 10 \times 8\%) \times 53$（锅水碱度取 10）
$= 68.9 \ g/t_水$

这时给水中只需投加 Na_2CO_3 69.9 $g/t_水$、腐植酸钠 10 $g/t_水$、EDTMP 2 $g/t_水$、HPMA 5 $g/t_水$，就能够达到防腐、防垢的目的。

经验证明，采用水质稳定剂时，既能达到最佳效果又能节省水处理药剂。

（2）对于含有低钠、钾碱度的给水

如果水中的钠钾碱度，比锅水由于排污损失的碱度（$JD_G \times P$）大时，就不用再加碱性药剂；如果小时，就需要补充碱性药剂，一般只加纯碱就可以。

$NaCO_3$ 用量 $= (JD_G \times P - JD_{Na}) \times 53 \ (g/t_水)$

式中 JD_{Na}——给水的钠钾碱度，mmol/L，$JD_{Na} = JD - YD$；其他药剂的用量和 JD_G、P 意义同前。

例 6—7 某工厂锅炉采用锅内水处理的方法，锅炉给水水质为：$YD = 3.5$ mmol/L，$JD = 4.0$ mmol/L，欲投加有机水质稳定剂，锅水碱度保持在 8 mmol/L，排污率为 8%，求 Na_2CO_3、EDTMP、HPMA 和腐植酸钠的用量各为多少？

解：由于给水 JD＞YD
$JD_{Na} = JD - YD$
$= 4.0 - 3.5$
$= 0.5 \ mmol/L$

因为 $JD_{Na} < JD_G \times P$ 需加入 Na_2CO_3

Na_2CO_3 用量 $= (JD_G \times P - JD_{Na}) \times 53$
$= (8 \times 8\% - 0.5) \times 53$
$= 7.42 \ g/t_水 \approx 8 \ g/t_水$

EDTMP（纯度为 97.9%投 2 $g/t_水$）

HPMA（纯度88.2%）投 5 g/t$_水$

腐植酸钠（纯度50%）投 10 g/t$_水$

答：投加 Na_2CO_3 8 g/t$_水$、EDTMP 2 g/t$_水$、HPMA 5 g/t$_水$、腐植酸钠 10 g/t$_水$。

(3) 对使用软化后的水质

锅炉给水经锅外软化处理以后，通常残余硬度≤0.03 mmol/L，并都保持一定量的钠钾碱度，因此在大多情况下，不用投加碱性药剂。但是为了防止水垢的结生和锅炉金属腐蚀，最好投磷酸三钠和腐植酸钠，其投加量可用下式计算：

$$Na_3PO_4 \cdot 12H_2O \text{ 用量} = (YD_R + e \times P) \times 127 (g/t_水)$$

式中 YD_R——软化水中的残余硬度，mmol/L；

e——锅水中要保持的 PO_4^{3-} 浓度，mmol/L，GB 1576 要求 PO_4^{3-} 在锅水中应保持的浓度为 10～30 mg/L

$$e = \frac{PO_4^{3-}\ (mg/L)}{31.7}$$

127——$Na_3PO_4 \cdot 12H_2O$ 的摩尔值；

P——锅炉的排污率%。

其腐植酸钠的投加量为 10～20 g/t$_水$。

例 6—8 某工厂锅炉采用钠离子交换软化水，软水的残余硬度 $YD_R = 0.02$ mmol/L。要求锅水保持 PO_4^{3-} 根的含量为 20 mg/L，锅炉排污率为 5%，求磷酸三钠和腐植酸钠的用量各是多少？

解：因为 $e = \frac{20}{31.7} = 0.63$

$$\begin{aligned}Na_3PO_4 \cdot 12H_2O \text{ 用量} &= (YD_R + e \times P) \times 127 \\ &= (0.02 + 0.63 \times 5\%) \times 127 \\ &= 6.5 \ g/t_水\end{aligned}$$

腐植酸钠（纯度50%）投 10 g/t$_水$。

答：每吨水投加磷酸三钠 6.5 g、腐植酸钠 10 g。

2. 在锅炉点火前各种水处理药剂用量计算

对于新投入运行,或停炉冲洗以后重新上水点火运行的锅炉,为了使点火以后锅水碱度很快达到工业锅炉水质标准,在点火前必须一次性地向锅内投加较多的水处理药剂。一般情况只投加 Na_2CO_3、Na_3PO_4 和腐植酸钠(必要时也投加 NaOH)。

(1) 对于含有非碳酸盐硬度的给水

①磷酸三钠用量计算

$$Na_3PO_4 \cdot 12H_2O \text{ 用量} = 65 + YD \times 5 \text{ (g/t}_水\text{)}$$

式中 65——经验数字,点火前一次性向每吨水中多投入的磷酸三钠量。

②碳酸盐用量的计算

$$Na_2CO_3 \text{ 用量} = (YD_F + JD_G - E') \times 53 \text{ (g/t}_水\text{)}$$

式中 E'——投加 $Na_3PO_4 \cdot 12H_2O$ 的摩尔数,其值为:

$$E' = \frac{65 + YD \times 5}{127}$$

其他符号意义同前。

③腐植酸钠的用量,同运行加药量一样。

以上计算出来的每吨水投药量再分别乘以锅炉容水量,就是锅炉点火前应加的药量。

例 6—9 某工厂一台 2 t/h 快装锅炉,其水容量为 4 t,给水水质:$YD=3.0$ mmol/L, $JD=1.5$ mmol/L,锅水保持碱度为 12 mmol/L,如果锅炉点火时投加 Na_2CO_3、$Na_3PO_4 \cdot 12H_2O$ 和腐植酸钠,它们的加入量各是多少?

解:因给水 YD>JD, 含有 $YD_F = 3.0 - 1.5 = 1.5$ mmol/L

$Na_3PO_4 \cdot 12H_2O$ 用量 $= 65 + YD \times 5$

$$= 65 + 3.0 \times 5$$

$$= 80.0 \text{ g/t}_水$$

Na_2CO_3 用量 $= (YD_F + JD_G - E') \times 53$

$$= (1.5 + 12.0 - \frac{80}{127}) \times 53$$

$$=682.1 \text{ g/t}_{水}$$

腐植酸钠用量$=10$ g/t$_{水}$

答：锅炉点火时，总的投药量是：

$Na_3PO_4 \cdot 12H_2O$ 为 $80.0 \times 4 = 320.0$ g

Na_2CO_3 为 $682.1 \times 4 = 1\ 528.4$ g

腐植酸钠为 $10 \times 4 = 40.0$ g

（2）对含有低钠钾碱度的水质

①磷酸三钠用量的计算

$Na_3PO_4 \cdot 12H_2O$ 用量$=65+YD \times 5$（g/t$_{水}$）

式中符号与前同。

②碳酸钠用量的计算

Na_2CO_3 用量$=(JD_G - JD_{Na} - E') \times 53$(g/t$_{水}$)

③其他药剂的用量同运行加药量一样。

以上计算出的用量都是 1 吨水的投药量，还应乘以锅炉的水容量才能显示点火前锅炉总的加药量。

例 6—10 某工厂一台 2 t/h 快装锅炉，其水容量为 4 t，给水水质 $YD=3.0$ mmol/L，$JD=4.0$ mmol/L，锅水保持碱度为 10 mmol/L。如果锅炉点火时投加 Na_2CO_3、$Na_3PO_4 \cdot 12H_2O$ 和腐植酸钠，其用量各是多少？

解：因为给水 JD>YD，含有 $JD_{Na}=4.0-3.0=1.0$ mmol/L。

$Na_3PO_4 \cdot 12H_2O$ 用量$=65+YD_{总} \times 5$

$$=65+3.0 \times 5$$

$$=80.0 \text{ g/t}_{水}$$

Na_2CO_3 用量$=(JD_G - JD_{Na} - E') \times 53$

$$=(10.0-1.0-\frac{80}{127}) \times 53$$

$$=444 \text{ g/t}_{水}$$

腐植酸钠用量$=10$ g/t$_{水}$

答：锅炉点火时，总的投药量是：

$Na_3PO_4 \cdot 12H_2O$ 为 $80.0 \times 4 = 320$ g

Na_2CO_3 为 $444 \times 4 = 1\,776$ g

腐植酸钠为 $10 \times 4 = 40$ g

六、水处理药剂的配制与使用

1. 水处理用药剂的配制

锅炉使用的软水剂,是根据水质、炉型、蒸汽(热水)等用途及其运行参数,来选择组成软水剂的药剂品种的。根据用水量的多少,经过用量计算,再配制成粉末状的、液态的或固体的成品软水剂。

(1) 粉末状软水剂的配制

配制前可以先将固体的氢氧化钠($NaOH$),用蒸汽溶解成浓度约为 40% 的液体。配制时可将计算数量的纯碱(Na_2CO_3)、磷酸三钠($Na_3PO_4 \cdot 12H_2O$)、腐植酸钠等药剂称量好。并将结块的药剂打碎(一定要戴好防护眼镜以保护好眼睛),放在搅拌机内混合搅拌,并和称量好的氢氧化钠液体和经过水稀释的水质稳定剂混合均匀。

粉末状软水剂容易制做,在水中易溶解。运送使用也比较方便,在配制时不宜加过多的液体药剂,投用时需要一定的量器以确定其投药量。

(2) 液体软水剂的配制

配制前先将选定的各种药剂制成一定浓度的液体,然后根据各种药剂的计算用量按比例混合并配制成一定的体积,最后经过搅拌混合均匀即可。需要注意的是磷酸三钠在混合液中呈固体析出,可以配制成浓度稍稀一点的溶液或者单独盛放。使用六偏磷酸钠时,它能与氢氧化钠反应生成磷酸钠,因此不要将其混合在一起。

液体软水剂可以适应各种药剂的配比,配制起来非常简便,溶解迅速、均匀并容易定量投加。缺点是携带不安全、不方便,冬天在户外能够冻结。

(3) 固体软水剂的配制

配制前先将已粉碎的碳酸钠、磷酸三钠和腐植酸钠等按用量比例称量好,混合均匀,边混合边慢慢加入计算数量的液体氢氧化钠和经过稀释的水质稳定剂。然后适当地加入冷水,搅拌均匀达到成形的黏稠度,之后倒入模型(木框或铁框)中,摊平、压实,然后按需要划出割线,待稍凝固后再按所划割线取出成形的固体软水剂,置于风干架上阴干。

另外,也可将粉末状的软水剂,用压机压制成固体软水剂,如块状、球状的等。

固体软水剂携带及使用都很方便,投加量也容易准确。缺点是溶解速度较慢,并且在配制时投加量很受限制,如液体氢氧化钠就不易超过总碱量的 20%。

2. 软水剂的投加

(1) 水箱投药

设有储水箱(池)时,可以根据每次补水量和水质情况将计算数量的软水剂通过加药器直接加入水箱(池)中。为使软水剂能分布均匀充分溶解,可以先用温水溶解,再加入水箱(池)中。液体软水剂也要搅拌均匀,再与补给水同时加入水箱(池)中。

(2) 投药器

利用投药器可以将软水剂直接投入到锅炉水中。投药器可以安装在给水泵的前或后和上水管处,根据锅炉耗水量和水质,定时、定量向锅炉水中投入软水剂。

第七节 锅炉水垢的形成、危害及清除

一、水垢的定义

锅水中的杂质经过不断蒸发和浓缩,在锅炉受热面上生成的固体附着物称为水垢。

二、水垢的形成

1. 受热分解

含有暂时硬度的水质进入锅炉后,在加热过程中,一些钙、镁盐类因受热分解,从溶于水的物质转变为难溶于水的物质,附着于锅炉金属表面上结为水垢。钙和镁盐类分解如下:

$$Ca(HCO_3)_2 \xrightarrow{\triangle} CaCO_3 \downarrow + H_2O + CO_2 \uparrow$$

$$Mg(HCO_3)_2 \xrightarrow{\triangle} MgCO_3 + H_2O + CO_2 \uparrow$$

$$\longrightarrow Mg(OH)_2 \downarrow + CO_2 \uparrow$$

2. 溶解度下降

随着锅水温度的升高,锅水中某些盐类溶解度下降,如 $CaSO_4$ 和 $CaSiO_3$ 等盐类。这些盐类从水中析出固相,在蒸发表面上沉积结生水垢。

3. 相互反应

给水中原溶解度较大的盐类和其他盐、碱反应后,生成难溶于水的化合物,而结生水垢。一些盐和碱相互反应如下:

$$Ca(HCO_3)_2 + 2NaOH \longrightarrow CaCO_3 \downarrow + Na_2CO_3 + H_2O$$

$$CaCl_2 + Na_2CO_3 \longrightarrow CaCO_3 \downarrow + 2NaCl$$

4. 盐类超过了其溶度积

由于锅水的不断蒸发和浓缩,水中的溶解盐浓度不断增大,当达到过饱和时,盐类在蒸发面上析出固相,结生水垢。

5. 水渣转化

当锅内水渣过多时,而且又黏,如 $Mg(OH)_2$ 和 $Mg_3(PO_4)_2$ 等,如果排污不及时,很容易由泥渣转化为水垢。

三、水垢的分类

水垢绝大部分是由难溶的盐类形成的,并且还包括一部分腐蚀产物。因此水垢可按组成的阳离子分类,也可按组成的阴离子分类。

1. 按阳离子分类

1) 钙镁垢。是 $w_{CaO}>30\times10^{-2}$ 的水垢。这种水垢主要是由给水带入的 Ca^{2+}、Mg^{2+} 在锅内形成的。

2) 氧化铁垢。是 $w_{Fe_2O_3}>70\times10^{-2}$ 的水垢。这种水垢是由于锅炉本身的腐蚀产物或给水带入的腐蚀产物所形成的。

2. 按阴离子分类

1) 碳酸盐水垢。是以钙、镁的碳酸盐为水垢的主要成分，也包括氢氧化镁，其中 $w_{CaCO_3}>50\times10^{-2}$。

2) 硫酸盐水垢。是以硫酸钙为主要成分的水垢，其中 $w_{CaSO_4}>50\times10^{-2}$。

3) 硅酸盐水垢。当水垢中的 $w_{SiO_2}>20\times10^{-2}$ 时，即属于这类水垢。

4) 混合水垢。这种水垢有两种组成形式：一种是钙、镁的碳酸盐、硫酸盐、硅酸盐以及氧化铁等组成的混合物，难以分辨出哪一种是主要成分；另一种是各种水垢以夹层的形式组成为一体，所以也很难指出哪一种成分是主要的。

上述分类方法对锅炉的化学清洗很有实际意义，通常是根据水垢的类型，来采取相应的清洗措施。

四、水垢的组成及性质

水垢的组成和结晶形状与水质成分，受热面的温度以及锅水的循环状态和 pH 值等因素有很大的关系，所以水垢的组成是十分复杂的。目前已查明的有 50 种以上，现将常见的几种水垢的组成及性质列表于 6—7。

表 6—7　　　　　　常见水垢的组成及性质

垢 类	组 成	分子式	性 质
碳酸盐水垢	霞 石	$\gamma-CaCO_3$	白色，方解石坚硬，霞石次之，镁石松软
	方解石	$\beta-CaCO_3$	
	水镁石	$Mg(OH)_2$	

续表

垢 类	组 成	分 子 式	性 质
硫酸盐水垢	硬石膏	$CaSO_4$	白色或黄白色坚硬、致密
硅酸盐水垢	单硅钙石	$2Ca \cdot 2SiO_2 \cdot 3H_2O$	
	硬硅钙石	$5CaO \cdot 5SiO_2 \cdot H_2O$	
	硅灰石	$\beta - CaSiO_3$	
	纤维蛇纹石	$H_4(Hg \cdot Fe)_3 \cdot Si_2O_2$	
	钠辉石	$Na_2O \cdot Fe_2 \cdot O_3 \cdot 4SiO_2$	
氧化铁垢	磁铁垢	Fe_3O_4	灰黑色，疏松
	赤铁垢	Fe_2O_3	砖红色，较紧密

五、水垢在锅内分布状况

根据锅炉内的热负荷、锅水蒸发强度和循环状态的不同，水垢在锅内分布情况大致区分如下：

1. 热负荷低、蒸发强度小的部位（如省煤器，下降管等）由于给水中的 HCO_3^- 在上述区域受热发生分解反应：

$$2HCO_3^- \longrightarrow CO_3^{2-} + CO_2 \uparrow + H_2O$$

使 $[Ca^{2+}]$ 与 $[CO_3^{2-}]$ 的乘积有可能大于 $CaCO_3$ 的溶度积，出现碳酸钙的沉淀。锅水在这些部位没有达到沸点，水流的紊动性很小，因此碳酸钙容易以结晶形态沉积在管壁上，形成坚硬的碳酸盐水垢。

2. 热负荷高、锅水蒸发强度大的部位（如水冷壁，对流管等）由于锅水在这些部位发生剧烈蒸发浓缩，某些难溶的盐类容易达到溶度积，因此在受热面上形成坚硬、致密的硫酸盐、硅酸盐水垢或混合水垢。而在锅水沸腾，碱度和pH值较高的条件下，即使产生碳酸盐的沉淀，几乎都是以水渣形态存在，也难以形成水垢。

当给水水质变化或锅炉负荷频繁变动时，在这些部位容易形成夹层式混合水垢。例如间断供汽的采暖锅炉就是如此。

3. 热负荷较低,锅水循环缓慢的部位(如汽包和下联箱等)由于锅水在这些部位循环减慢,水中携带的腐蚀产物和泥渣容易沉积下来,形成氧化铁垢和泥垢。

六、水垢的危害

1. 浪费燃料

从表6—8中可以明显的看出,水垢的导热系数比钢铁的导热系数小数十倍到数百倍。因此锅炉结有水垢时,使受热面的传热性能变差,燃料燃烧所放出的热量不能迅速地传递到锅水中,大量的热量被烟气带走,造成排烟温度升高,排烟热损失增加,锅炉的热效率降低。在这种情况下,为保持锅炉的额定参数,就必须更多投加燃料,提高炉膛和烟气温度,因此造成燃料的浪费。

表6—8 钢铁与各类水垢的导热系数比较

钢铁及水垢成分	导热系数[W/(m·K)]	与钢铁比较
钢 铁	47~52	—
硫酸盐	0.58~2.33	约1/20~1/80
碳酸盐	0.47~0.70	约1/80~1/100
硅酸盐	0.27~0.47	约1/100~1/200
油脂膜	0.12	约1/400
煤 灰	0.06~0.12	约1/400~1/800

粗略说锅炉受热面上如果结有1mm厚的水垢,则浪费燃料约$(3\sim5)\times10^{-2}$。对于不同种类的水垢或不同参数锅炉,所浪费燃料的数量也不相同。

目前我国工业锅炉近60万台,燃料的消耗量几乎占我国煤炭总产量三分之一。如果仅一部分的锅炉结有不同程度水垢的话,所浪费的燃料也是十分惊人的。

2. 损坏受热面

结有水垢的锅炉,因为传热性能变差,燃料燃烧的热量不能迅速地传递给锅水,致使炉膛和烟气的温度进一步升高。因此,受热面两侧的温差增大，炉管的温度升高。当受热面金属的温度超过正常工作条件的温度时，称为金属过热。水垢的种类和厚度不同，受热面金属升温也不同，见图 6—5。例如，0.1 MPa的锅炉，在无垢运行时，管壁的温度为 380℃，当结有 1 mm 硅酸盐水垢时，管壁温度可高达 620℃，此时，钢板强度自 39.2 MPa 降至 9.8 MPa。在锅炉压力的作用下，炉管发生鼓包，甚至爆破。

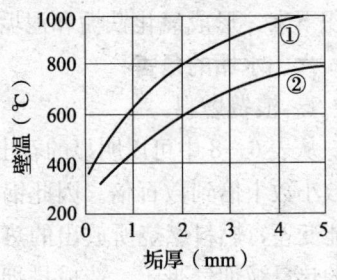

图 6—5 壁温与水垢厚度的关系
①硅酸盐水垢 ②碳酸盐水垢

另外，金属温度升高会使金属伸长，1 m 长的炉管每升高 100℃，伸长 1.2 mm。这对于没有伸缩余量的受热面，产生温度应力，就会引起炉管的龟裂。此外，炉管结垢后，增加了管内水循环的阻力，破坏了正常的锅炉水循环，也容易造成炉管过热。

从全国工业锅炉损坏和报废的事故原因来分析，因锅炉结垢，引起金属过热而造成的占有相当大的比例。这不仅影响生产和生活，浪费大量钢材，同时也危及人身和设备的安全。

3. 降低锅炉出力

锅炉结垢后，由于传热性变差，要达到锅炉的额定蒸发量或额定产热量，就需要多消耗燃料。但随着结垢厚度增加，以及炉膛容积和炉排面积是一定的，燃料消耗受到限制，因此，锅炉的出力就会降低。

4. 结垢会降低锅炉使用寿命

锅炉受热面上的水垢，必须彻底清除才能保证锅炉的安全和经济运行。无论机械、人工、还是采用化学药剂除垢都会影响锅炉使用寿命。

七、锅炉水垢的清除

锅炉除垢的方法一般可分为人工除垢、机械除垢和化学清洗。

1. 人工除垢

这种方法要靠人工锤、刮、铲等清除水垢,最后冲洗排尽。此法除垢效率低、劳动强度大,随着化学清洗技术的提高,目前很少用。

2. 机械除垢

依靠专门的清洗工具。如带有电机、钢丝软带的电动洗管器。清除水垢的物理过程是:当装在软轴上的铣刀因电动机驱动,与软轴一起转动时,铣刀和水垢接触,铣刀不仅跟软轴转,同时也沿管壁移动,将水垢弄碎研细、剥落。直径为 35～100 mm 的管内水垢,均可清除。电动洗管器规格型号见表 6—9。

表 6—9　　　　　电动洗管器规格型号

型　号	35	55	100
所洗炉管(mm)	35～55	55～90	100
软管直径(mm)	25	31	38
转轴直径(mm)	13	16	19
电动机功率(kW)	1.5	1.5	2.2
电机转速(r/min)	1 450	1 450	1 450

3. 化学除垢

化学除垢分碱洗法和酸洗法两种。

第八节　锅炉排污

一、排污的目的和意义

为了保持锅炉水质的各项指标,控制在标准范围内,就需要从锅炉中不断地排除含盐量较高的锅炉水和沉积的泥垢,再补入含盐量低的给水,以上作业过程,称为锅炉的排污。

1. 排污的目的

排污的目的主要有以下几方面:

(1) 排除锅炉水中过剩的盐量和碱量,使锅炉水质各项指标始终控制在国家标准要求的范围内。

(2) 排除锅炉内结生的泥垢。

(3) 排除锅炉水表面的油脂和泡沫。

(4) 保证蒸汽品质。

2. 排污的意义

(1) 锅炉排污是水处理工作的重要组成部分,是保证锅炉水质达到标准要求的重要手段。

(2) 实行有计划的和科学的排污,保持锅炉水质良好,是减缓或防止水垢结生,保证蒸汽质量和防止锅炉金属腐蚀的重要措施。

二、排污的方式和要求

1. 排污的方式

(1) 连续排污

连续排污又叫表面排污。这种排污方式,是连续不断地从锅炉水表面,将浓度较高的锅炉水排出。它是降低锅炉水中的含盐量和碱度,以及排除锅炉水表面的油脂和泡沫的重要方式。

(2) 定期排污

定期排污又叫间断排污和底部排污。定期排污是在锅炉系统的最低点间断地进行。它是排除锅炉内形成的泥垢以及其他沉淀物的有效方式。另外,定期排污还能迅速地调节锅炉水浓度,以补连续排污的不足。小型锅炉只有定期排污装置。

2. 排污的要求

锅炉排污必须按锅水化验的指标来进行。锅炉排污质量,不但取决于排污量的多少,以及排污的方式,而且只有按照排污的要求去进行,才能保证排出水量,才能达到好的排污效果。对排污的主要要求是:

(1) 勤排

就是说排污次数要多一些,特别用底部排污来排除泥垢时,短时间的,多次的排污,要比长时间的,一次排污及排泥效果要好得多。

(2) 少排

只要做到勤排，必然会做到少排，即每次排污量要少，这样既可以保证不影响供气，又会使锅水质量始终控制在标准范围内，而不会产生极大的波动。这对锅炉保养十分有利。

(3) 均衡排

就是说要使每次排污的时间间隔大体相同，使锅水质量经常保持在均衡状态下。

(4) 在锅炉低负荷下排污

此时因为水循环速度低，水渣容易下沉，定期排除效果好。

三、蒸发倍数和排污率

1. 蒸发倍数 (K)

含有溶解物质的水，进入锅炉后，随着锅炉水的不断蒸发，逐渐浓缩达到锅炉水溶解固形物的最大允许量。此时锅炉水的蒸发倍数 (K)，就是所允许的最大蒸发倍数。根据图 6—6 锅炉水质平衡图得到：

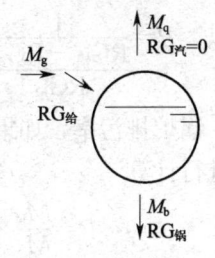

图 6—6 锅炉水质平衡图

$$M_g RG_给 = M_b RG_锅 + M_q RG_汽$$
$$= M_b RG_锅$$

锅炉水最大蒸发倍数 $K = \dfrac{M_g}{M_b} = \dfrac{RG_锅}{RG_给}$ （倍）

式中 M_g——锅炉的给水量，t/h；

M_q——锅炉的蒸发量，t/h；

M_b——锅炉的排污水量，t/h；

$RG_锅$——锅水溶解固形物的最大允许量，mg/L；

$RG_给$——给水带入锅内的溶解固形物，mg/L。

2. 排污率 (P)

锅炉排污率等于排锅水量占锅炉蒸发量的质量分数，可用下式表示：

$$P=\frac{M_b}{M_q}\times 100\times 10^{-2}$$

在实际应用中各锅炉排污率按水质分析结果进行计算，计算方法如下：

因为 $\qquad M_g=M_b+M_q$

则 $\qquad P=\dfrac{M_b}{M_g-M_b}=\dfrac{1}{\dfrac{M_g-M_b}{M_b}}$

又因为 $\qquad \dfrac{RG_{锅}}{RG_{给}}=\dfrac{M_g}{M_b}$

所以 $P=\dfrac{1}{\dfrac{RG_{锅}-RG_{给}}{RG_{给}}}$ 即 $P=\dfrac{RG_{给}}{RG_{锅}-RG_{给}}\times 100\times 10^{-2}$

锅炉排污率，如果按锅炉排污水量占锅炉进入水量的质量分数进行计算

$$P=\frac{M_b}{M_g}\times 100\times 10^{-2}=\frac{1}{K}\times 100\times 10^{-2}$$

3. 锅水中 Cl^-、RG 及 JD 之间的关系

原水进入锅炉内，随着锅水不断地蒸发，氯根 Cl^-、溶解固形物 RG 及碱度 JD 都是以相同的浓缩倍数 K 进行浓缩的。所以只要原水水质稳定，氯根 Cl^-、溶解固形物 RG 及碱度 JD 三者的关系可用下式表示：

$$\frac{RG_{锅}}{RG_{给}}=\frac{\rho_{Cl^-_{锅}}}{\rho_{Cl^-_{给}}}=\frac{JD_{锅}}{JD_{给}}$$

或 $\qquad \dfrac{RG_{锅}}{\rho_{Cl^-_{锅}}}=\dfrac{RG_{给}}{\rho_{Cl^-_{给}}}$，$\dfrac{RG_{锅}}{JD_{锅}}=\dfrac{RG_{给}}{JD_{给}}$

式中 $\rho_{Cl^-_{给}}$ ——给水中氯离子含量，mg/L；

$\qquad \rho_{Cl^-_{锅}}$ ——锅水中氯离子含量极限值，mg/L；

$\qquad JD_{给}$ ——给水中碱度含量，mg/L；

$JD_{锅}$——锅水中碱度含量极限值，mg/L；
$RG_{锅}$——锅水中溶解固形物含量极限值，mg/L；
$RG_{给}$——给水中溶解固形物含量，mg/L。

因此，锅炉排污率可用下式计算：

$$P = \frac{JD_{给}}{JD_{锅} - JD_{给}} \times 100 \times 10^{-2}$$

或

$$P = \frac{\rho_{Cl^-_{给}}}{\rho_{Cl^-_{锅}} - \rho_{Cl^-_{给}}} \times 100 \times 10^{-2}$$

根据以上公式，如果把给水中氯根 $Cl^-_{给}$（或 $JD_{给}$）含量作为纵坐标，锅水中氯根 $Cl^-_{锅}$（或 $JD_{锅}$）含量作为横坐标，分别给出排污率 P，然后画出线算图，如图 6—7 所示，实际应用很方便。

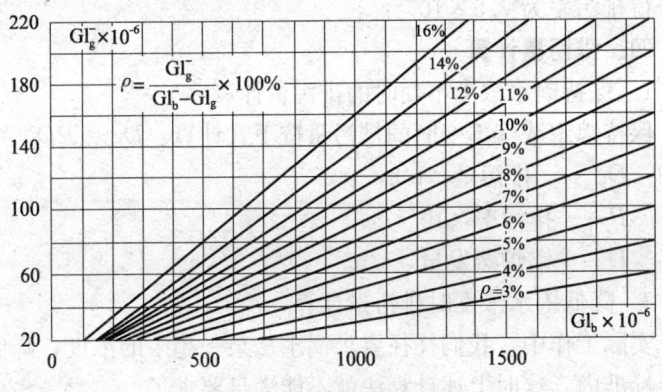

图 6—7 排污率线算图

例 6—11 一台 1.3 MPa 水管锅炉，经化验锅水中溶解固形物 $RG_{锅} = 1\,500\,mg/L$，氯离子 $\rho_{Cl^-_{锅}} = 300\,mg/L$，给水氯离子 $\rho_{Cl^-_{给}} = 49\,mg/L$，求锅水中氯离子控制极限值 $\rho_{Cl^-_{锅}} = ?$ 排污率 $P = ?$

解：查国家水质标准可知锅水溶液固形物极限值 $RG_{锅} =$

3 500 mg/L；

因此有下列关系：

1 500∶300＝3 500∶X

(X 为该锅水氯根含量最高值)

X＝700 (mg/L)

又因为 $P = \dfrac{\rho_{Cl^-_{给}}}{\rho_{Cl^-_{锅}} - \rho_{Cl^-_{给}}} \times 100 \times 10^{-2}$

所以 $P = \dfrac{49}{700 - 49} \times 100 \times 10^{-2} \approx 7.5 \times 10^{-2}$

答：该锅炉氯离子控制极限值为 700 mg/L；排污率为 7.5×10^{-2}。

该锅炉的排污率也可根据锅炉给水中氯离子含量 $\rho_{Cl^-_{给}} = 49$ mg/L，锅水氯离子控制的极限值 $\rho_{Cl^-_{锅}} = 700$ mg/L，从图 6—7 中查得排污率为 7.5×10^{-2}。

四、排污量计算

1. 保持锅水浓度不变时的排污量计算

保持锅水浓度不变时的排污量按下式计算：$D_{b_1} = PD$

式中　D_{b_1}——排污量，t/h；

　　　P——排污率，10^{-2}；

　　　D——锅炉蒸发量，t/h。

2. 降低锅水浓度时排污量计算

实际工作中，我们往往要求锅水从某一超限的浓度，降低到规定标准内。这时上述计算法就不能满足要求了。

设：S_{min}——排污后的锅水含盐量，mg/L；

　　S_{max}——排污前的锅水含盐量，mg/L；

　　V——锅筒的水容积，m³；

　　D_{b_2}——降低浓度应排放的锅水，t；

　　γ——锅水密度，t/m³。

当盐类平衡时如图 6—8 所示,理论排掉的多余盐量为:

$$E_1 = (S_{max} - S_{min})V \quad (g)$$

设排掉的锅水平均含盐量为

$$\overline{S} = \frac{S_{max} + S_{min}}{2} \quad (mg/L)$$

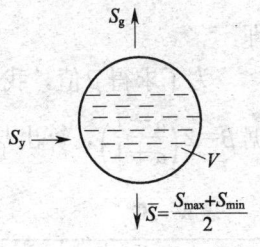

图 6—8 盐量平衡图

则实际排掉的多余盐量为:

$$E_2 = \overline{S} D_{b_2}/\gamma \quad (g)$$

由 $E_1 = E_2$ 得

$$[S_{max} - S_{min}]V = \overline{S} D_{b_2}/\gamma$$

$$D_{b_2} = \frac{S_{max} - S_{min}}{\overline{S}} V\gamma \quad (t)$$

因此,当锅炉处于运行状态时,要将锅水从超限的浓度降低到规定的标准,每小时应当多排去的锅水即为 D_{b_2} (t/h);又因给水还在不断地进入锅炉,又不断地产出蒸汽,实际总排水量应该是保持锅水浓度不变的排水量和降低锅水浓度的排水量两者之和,即

$$D_b = D_{b_1} + D_{b_2} \quad 又 \quad D_{b_1} = PD \quad 则$$

$$D_b = PD + \frac{S_{max} - S_{min}}{\overline{S}} V\gamma$$

为了使实际工作中的计算更加简捷方便,可简化如下:

$$D_b = PD + \left[\frac{S_{max} - S_{min}}{\frac{S_{max} + S_{min}}{2}}\right] V(\gamma = 1.00)$$

令 $\alpha = \frac{S_{max}}{S_{min}}$(锅水含盐量较规定标准高出的倍数),则

$$\beta = 2\left(\frac{S_{max} - S_{min}}{S_{max} + S_{min}}\right) = 2\left(\frac{\alpha - 1}{\alpha + 1}\right)$$

$$D_b = PD + 2\left(\frac{\alpha - 1}{\alpha + 1}\right)V$$

即
$$D_b = PD + \beta V$$

为了求得 β 值,我们可将常用的、不同的 α 值列成表,并根据 $\beta = 2\left(\dfrac{\alpha-1}{\alpha+1}\right)$,算出与之相应的数值。如表 6—10 所示。

表 6—10

名 称	符号	算式	数 值				
锅水浓度超指标的倍数	α	$\dfrac{S_{max}}{S_{min}}$	1.1	1.2	1.3	1.4	1.5
系数	β	$2\left(\dfrac{\alpha-1}{\alpha+1}\right)$	0.095	0.182	0.261	0.333	0.400
名 称	符号	算式	数 值				
锅水浓度超指标的倍数	α	$\dfrac{S_{max}}{S_{min}}$	1.6	1.7	1.8	1.9	2.0
系数	β	$2\left(\dfrac{\alpha-1}{\alpha+1}\right)$	0.462	0.519	0.571	0.621	0.667

五、排污控制

1. 定期排污间隔时间计算

两次排污的间隔时间计算如下:

设:P——锅炉计算排污率,10^{-2};

　　D——锅炉蒸发量,t/h;

　　R——锅筒内径,m;

　　L——锅筒长度,m;

　　h——水位计指示的排污前后锅筒水位高度差,m;

n——上锅筒只数；

t——两次定期排污间隔时间，h。

则：锅炉每小时应排的锅水容积为：

$$V = PD/\gamma \ (\mathrm{m^3/h})$$

由于是定期排污，是积累了 t 小时后才进行的，总排水容积：

$$V_{定排} = Vt = PDt/\gamma \ (\mathrm{m^3})$$

每次排污水容积还可由锅筒尺寸进行近似计算，即

$$V_{定排} = nRLh \ (\mathrm{m^3})$$

所以

$$PDt/\gamma = nRLh$$

由此

$$t = \frac{nRLh\gamma}{PD} \ (\mathrm{h})$$

例 6—12 一台锅炉 $D = 2.5$ t/h；$n = 2$；$L = 6.0$ m；$h = 100$ mm；$R = 0.67$ m（实际上是正常水位和锅筒相交的近似弦长）；$P = 3.5 \times 10^{-2}$。

求：排污量及两次排污的时间间隔。

解：取锅水密度 $\gamma = 1.00$ t/m³

$$V_{定排} = nRLh$$
$$= 2 \times 0.67 \times 6.0 \times 0.1 = 0.804 (\mathrm{m^3})$$

两次排污间隔时间为：

$$t = \frac{nRLh\gamma}{PD}$$

即

$$t = \frac{0.804 \times 1.00}{0.035 \times 2.5} \approx 9.19 (\mathrm{h})$$

也就是说，这台锅炉如果计算排污率为 3.5×10^{-2}，那么运行期间每隔 9 h 左右应排污一次。每次控制水位中，水位高度差 $h = 100$ mm，则排放的锅水容积就一定是 0.804 m³。

事实上，相应的平均排污量为：
$$D_b = \frac{0.804 \times 1.00}{9.19} \approx 0.087 \text{ (t/h)}$$

此时排污率：
$$P = \frac{D_b}{D} = \frac{0.087}{2.5} \approx 3.5 \times 10^{-2}$$

2. 排污量的测定

低压锅炉排污量可以简单的用容量法测定，即在正常运行中，从水位表处量好锅炉水位，然后满开排污阀，准确计时。排污结束后，测定出水位表水位的下降高度。即可以按下式计算出排污量：

$$D_b = nLR\gamma h$$

式中各符号的含义与前公式相同。

当通过水质分析后计算出排污量时，可用上式求出水位下降高度 h，用 h 来控制排污量。

第七章 锅炉运行操作及维护保养

本章主要介绍锅炉运行操作,内容包括锅炉投入运行的必备条件,启动前的准备,锅炉启动(包括点火、升压、并汽等),运行调节(包括对水位、压力、温度、燃烧和炉膛负压等的调节),各种燃烧设备的操作和安全附件、辅机、自控保护装置的运行,以及锅炉的停炉和保养等知识,用以全面指导司炉人员的实际运行操作。

第一节 锅炉投入运行的必备条件

一、锅炉的使用证

新装、移装锅炉,应经当地质量技术监督部门登记,获得使用证才允许投入运行;运行后,必须按规程要求,进行定期检验,以保证锅炉在运行期间的安全。

二、健全的管理制度

锅炉的操作规程,各项岗位责任制、交接班制度,安全操作制度、巡回检查制度、定期维修保养制度、清洁卫生制度、水质管理制度、事故报告制度等,是锅炉安全运行重要的保证措施,同时,还应制定必要的节能和环保制度。锅炉的类型和用途不同,安全管理的规章制度及操作规程等内容也不相同。一般常用的主要制度和内容有:

1. 司炉班长岗位责任制

(1) 认真贯彻执行国家有关安全生产和节能、环保的法律、法规和锅炉运行的各项管理制度。

(2) 全面负责本班人员的思想、技术和安全教育工作。

(3) 组织本班人员做好运行前的各项准备工作和停炉后的各项收尾工作。

(4) 对本班锅炉安全经济运行负直接责任,组织并带领全班人员实现保证供热、保护环境、节能降耗、水质合格和安全运行。

(5) 熟练掌握和操作设备,对部分紧急情况能进行妥善处理并及时报告,不得隐瞒事故的性质和情节。

(6) 认真填写本班的运行情况记录,做好交接班工作。

(7) 服从管理人员指挥,配合管理人员搞好各项工作,不违章指挥。

(8) 检查锅炉房各项规章制度执行情况,有权制止和纠正危及锅炉安全、不符合安全操作规程的行为并提出处罚建议。

(9) 模范遵守劳动纪律和岗位纪律,有责任劝说和制止违纪行为。

(10) 认真对各岗巡检,发现问题要立即责令当班岗位人员排除和处理,排除和处理完毕后方能离开,做好各项记录。

2. 司炉岗位责任制

(1) 在岗位上操作人员应严格遵守纪律,服从生产指挥,不做与岗位无关的事。

(2) 按时检查设备情况,正确填写运行记录,保证锅炉供汽和供热参数。

(3) 正确处理发生的异常情况,发现隐患及时向单位负责人报告。

(4) 严格遵守操作规程和各项规章制度,拒绝违章指挥,保证人身安全和设备安全。

(5) 经常保持设备和场地清洁。

(6) 配合进行设备修理后的验收工作。

3. 交接班制度

(1) 交接上一班的现场记录。

(2) 交接上一班所发生的特殊情况，例如故障、事故、检修等。

(3) 交接锅炉运行情况和缺陷问题。

(4) 交接安全附件和附属设备的运行情况。

(5) 交接各种阀门的开关位置和自控仪表情况。

(6) 交接燃料的质量和存量。

(7) 交接水质和水处理情况。

(8) 交接所用的工具。

(9) 交接清洁、保养情况。

(10) 上下班班长和有关人员应对锅炉，包括所管理的设备，共同进行一次巡回检查，认真交班与接班。

交班前应做好以下工作：

(1) 对设备进行全面检查。

(2) 清除灰渣一次，准备好充足燃料。

(3) 做好场地设备工具的清洁整理工作。

(4) 若在交班前发生事故，应先处理好事故后、再行交班。接班人员应认真做好接班工作，如发生事故应主动了解事故情况，积极协助上一班处理事故。

4. 安全操作制度

(1) 密切监视水位、压力和燃烧情况、正确调整各种参数。

(2) 按规定做好日常工作，例如冲洗水位表、压力表、排污、试验安全阀等。

(3) 随时检查锅炉人孔、手孔、受压部件以及省煤器、过热器等是否有泄漏、变形等异常现象。

(4) 检查汽水管道、烟道、风道、给水泵、送风机和引风机等。

(5) 随时掌操蒸汽使用情况，及时调整负荷。

5. 设备定期维修保养及升级制度

锅炉设备应做完定期维护保养，并每季或半年组织一次评定等级，使锅炉经常保持在优良、完好状态。

锅炉设备按完好情况一般分为甲、乙、丙、丁四级。各级要求如下：

(1) 甲级

①锅炉本体、安全附件、附属设备全部完好。

②人孔、手孔和管道无跑、冒、滴、漏现象。

③仪表设备运行正常，反应灵敏正确。

④锅炉炉膛和烟道完好，没有严重的灰渣堵塞。

⑤燃烧设备运行正常。

⑥有一套完整的规章制度，能够按期进行全面检验和检修。

(2) 乙级

①有次要的缺陷，但不影响锅炉的正常运行。

②有少量的跑、冒、滴、漏现象，但不严重。

③规章制度不够完善，定期检验和检修基本能按期进行。

(3) 丙级

①缺陷较大，但尚不影响安全运行，需待安排停炉检修。

②无规章制度，或者虽有规章制度但未认真执行。

③不能正常进行检验和检修。

(4) 丁级

由于缺陷严重已经威胁安全运行，无法继续运行。

6. 巡回检查制度

(1) 巡回检查的时间、路线和内容

①巡回检查一般每 1~2 h 进行一次。

②巡回检查的路线一般由炉前到炉后，由炉下到炉上，由仪表、附件到管道，由锅炉本体间到辅机和附属设备间。对辅机和附属设备，可按锅炉房系统（如汽水系统、烟风系统、上煤除灰渣系统等）从头到尾顺着查。

③巡回检查的内容包括水位、压力、湿度、受压元件、炉墙、阀门、辅助设备、仪表及环保排放情况等。

(2) 巡回检查记录

巡回检查的记录项目一般列入在锅炉运行记录表中，进行巡回检查的人员应认真填写，特别要将故障及事故等的处理结果记录清楚。

7. 水质管理制度

(1) 认真做好水处理工作，保证锅炉无垢或薄垢（$<0.5\,mm/$年）运行。

(2) 水处理设备（有预处理、加药和除氧工艺的，还应包括相应设备）的运行操作规程。

(3) 水质检测规程，包括水样的采集，原水、软化水、锅水的化验项目、化验方法、合格标准、标准溶液的配制与标定等。

(4) 应规定每次化验间隔时间，一般每 $1\sim2\,h$ 一次。对于较稳定的项目，当积累经验后，可延长间隔时间。但在固定床或浮动床离子交换器快要失效时、流动床钠离子交换设备刚投入运行时，应相应缩短水质化验间隔时间、增加水质化验次数。

(5) 从事锅炉水质化验的人员必须经培训考核，取得"水处理人员操作证"后方可操作。

(6) 水质化验数据的整理、校核与保管的要求。

(7) 化验仪器设备的定期校验、维护和保管的要求。

(8) 离子交换剂、再生剂的储存管理的要求。

8. 节能管理制度

(1) 锅炉房（车间）及班组相应建立节能网，责任落实到人。

(2) 编制和实施年度节能及技术改造计划。

(3) 根据炉型、参数和燃料等情况，规定有关节能指标，分班组进行考核，并根据锅炉运行时间、状况和产汽（热）量等，按目标核定用燃料量。对节约者给予奖励或表扬，对超额者给予处罚或批评教育。

(4) 锅炉不满水运行,保证供汽质量,使蒸汽带水率小于规定指标。锅炉的排污不过量。

(5) 燃料、蒸汽、水、电有计量,有记录,有成本核算,及时、准确地进行统计分析,统计台账齐全。计量仪表应符合有关规定并定期校验。

(6) 进场的原煤必须过磅验收和取样分析,分堆存放于煤棚内,库存数量准确,取煤实行"先进先用"的原则,按定额发煤并做好记录。

(7) 保持锅炉炉墙、隔火(烟)墙完好,不漏风、漏烟和漏气短路。

(8) 锅炉房热力管理保温达到设备及管道保温技术的要求,给水截止阀、排污阀及其管道、阀门无跑、冒、滴、漏现象。

(9) 锅炉水质达到 GB 1576 规定的要求,使锅炉年结垢厚度小于 0.5 mm。要定期清除锅炉受热面上的积灰。

(10) 锅炉的燃烧应正常,使锅炉的运行热效率、炉渣含碳量、过剩空气系数、排烟温度等指标达到相应的要求。定期对锅炉进行热平衡测试。

(11) 对锅炉房设备进行选型、技术改造时,应选用高效低耗的设备。

9. 环保管理制度

(1) 锅炉的烟尘排放浓度和排烟黑度应达到排放标准相应地区的要求。

(2) 锅炉房的点源噪声应符合城市各类区域环境噪声标准的要求。

(3) 对锅炉房中超过国家标准而造成环境污染的设施应及时治理。积极采用先进的环保设施。

(4) 严格执行锅炉运行规程,精心调整锅炉运行工况,保证燃料充分燃烧。

(5) 锅炉运行中，环保设施不解列，不违章操作。

(6) 定时对环保设施进行检查（一般在锅炉巡回检查时一并进行），发现问题及时维修，保持环保设施完好，不带病运行。

(7) 定时消除干式除尘器中的积灰，防止二次扬尘，锁气器不漏风。

除以上主要制度外，还应制定事故应急预案和救援措施，并进行演练。

三、司炉和水质化验人员的操作证

锅炉投入运行，操作人员必须经过培训考试，考试合格的司炉人员，由当地质量技术监督部门发给司炉操作证。司炉人员所操作的锅炉必须与取得司炉操作证的类别和有效期相符。

水质化验人员应持有相应的资格证书。

第二节 烘炉与煮炉

对长期停用或受压部件经改造和大修后的锅炉，应进行全面清扫，视情况进行烘炉和煮炉。

一、烘炉

1. 烘炉目的

新装、移装、改装、长期停用或大修后的锅炉，由于砖墙和灰缝中含有较多水分，如果在投入运行前不进行干燥处理，则在点火受热后，水分大量蒸发形成蒸汽，由于体积膨胀而使砖墙裂缝、变形，甚至倒塌。因此，需要通过烘炉除去水分。

2. 烘炉准备工作

(1) 锅炉及其附属设备全部组装和冷态试运转完毕，经过水压试验合格。

(2) 炉墙砌完和保温结束后，应打开各处门、孔，自然干燥一段时间。

(3) 与正在运行的其他锅炉可靠隔绝,清理炉膛、烟道和风道内部。

(4) 向锅炉加入经过处理的软化水至水位表中低水位,再将水位表冲净。

(5) 向省煤器内充满软化水。对非沸腾式省煤器,应开启旁路烟道挡板。关闭主烟道挡板。如无旁路烟道,必须接通省煤器的再循环管。

(6) 做好烘炉的组织工作,并根据炉型结构制定烘炉的操作程序。在整个烘炉过程中应有专人负责。

3. 烘炉方法与要求

烘炉应根据现场的具体条件,采用火焰、热风或蒸汽进行。后两种方法应用很少。现仅介绍火焰烘炉的方法:

对层燃锅炉:

(1) 将木柴集中在炉排中间,约占炉排面积的二分之一,点燃后用小火烘烤。同时,将烟道挡板开大到六分之一至五分之一,使烟气缓慢流动。炉膛负压要保持在 $5\sim10$ Pa,锅水温度保持 $70\sim80$℃。3 天以后,可以添加少量的煤,逐渐取代木柴烘烤。此时,烟道挡板开大到四分之一至三分之一,适当增加通风,锅水温度可达到轻微沸腾。在整个烘炉过程中,火焰不应时断时续,温度必须缓慢升高,尽量保持各部位温差较小,膨胀均匀,以免墙烘干后失去密封性。

(2) 链条炉排锅炉烘炉时,应将燃料分布均匀,不得堆积在前、后拱处,并要定期转动炉排和排除灰渣,以防烧坏炉排。

(3) 烘炉过程中的温度上升情况,应按过热器(或相应位置)后的烟气温度测定。不同炉墙结构的温升应符合下列要求:

①重型炉墙:第一天温升不宜超过 50℃,以后每天温升不宜超过 20℃,后期烟温不应超过 220℃。

②砖砌轻型炉墙：温升每天不应超过 80℃，后期烟温不应高于 160℃。

③耐热混凝土炉墙：在正常养护期满后（矾土水泥约为 3 天；硅酸盐、矿渣硅酸盐水泥约为 7 天），方可开始烘炉。烘炉温升每小时不应超过 10℃，后期烟温不应超过 160℃，在最高温度范围内持续时间不应少于 24 h。

④如炉墙特别潮湿，应适当减慢温升速度。

（4）烘炉所需时间与炉墙结构、干湿程度有关。一般轻型炉墙为 3～7 天，重型炉墙为 7～15 天，若炉墙潮湿，气候寒冷，烘炉时间还应适当延长。

对室燃锅炉：

（1）可以用层燃固定炉排方式进行；

（2）可用燃烧器小火焰烘，供热强度不可太高。

4. 烘炉合格标准

炉墙在烘炉时不应出现裂纹和变形，同时达到下列规定之一时为合格：

（1）当采用灰浆试样法时，在燃烧室两侧墙中部炉排上方 1.5～2 m（或燃烧器上方 1～1.5 m）处和过热器（或相当位置）两侧墙中部取黏土砖、红砖的丁字交叉缝处的灰浆样各约 50 g，其含水率低于 2.5%。

（2）当采用测温法时，在燃烧室两侧墙中部炉排上方 1.5～2 m（或燃烧器上方 1～1.5 m）处，由红砖墙外表面向内 100 mm 处温度达到 50℃，并继续维持 48 h，或者过热器（或相当位置）两侧墙黏土砖与隔热层结合处温度达到 100℃，并继续维持 48 h。

5. 烟囱烘干

新建、改建或修复后的砖烟囱和水泥烟囱，均需经烘干后才能使用。与锅炉炉墙同时砌筑的烟囱，可利用烘炉的热源同时将其烘干。改建或修复后的烟囱，可利用烟道内或烟囱下部的灰坑底部单独燃烧木柴进行烘干，但要防止基础混凝土过热。

二、煮炉

1. 煮炉目的

煮炉是对新装、移装、改装或受压部件大修后的锅炉,在投入运行前清除制造、修理和安装过程中带入锅炉内部的铁锈、油脂和污垢,以防蒸汽品质恶化,以及避免受热面过热烧坏。煮炉最好在烘炉的后期,即炉墙灰浆的含水率降到10%,或者上述烘炉测温法的温度达到50℃,与烘炉同时进行,以缩短时间和节约燃料。

2. 煮炉药剂

煮炉时,先将碱性溶液加入锅炉内,使锅炉内的油脂和碱起皂化作用而沉淀。再通过排污方法将杂质排出。煮炉用的化学药品及数量可参照表7—1选用。

表 7—1　　　　　煮炉加药量（kg/t水）

药品名称	铁锈较少的新锅炉	铁锈较多的新锅炉	有铁锈和水垢的锅炉
氢氧化钠（NaOH）	2～3	4～5	5～6
磷酸三钠（$Na_3PO_4·12H_2O$）	2～3	3～4	5～6

注：①煮炉时,表内两种药品同时使用;
　　②表内每种药品的纯度都是按100%的纯度计算;
　　③如无磷酸三钠时,可用无水碳酸钠代替,用量为磷酸三钠的1.5倍。

3. 煮炉方法

(1) 将两种药品用热水溶解后,与锅炉给水同时缓慢送入锅炉,至水位表中低水位。不要将溶液一次投入锅炉;否则将使溶液在炉水中局部集中,会降低煮炉效果。

(2) 加热升温至由空气阀或安全阀冒出蒸汽时,即可开始升压,同时冲洗水位表和压力表存水弯管。

(3) 工业锅炉的煮炉时间,一般需要 3 天。第一天升压到锅炉设计压力的 15%,保压 8 h,然后将炉膛密闭过夜。第二天升压到设计压力的 30% 时,试验高低水位报警器和低地位水位表,保压 8 h 后仍密闭过夜。第三天升压到设计压力的 75%,再保压 8 h 后将炉膛密闭,直至锅炉逐步冷却降压。

煮炉期间应进行水质分析,当锅水碱度低于 45 mol/L 时,应补充加药。

小型锅炉的煮炉时间,可以缩短到 2 天。第二天升压到设计压力的 50%。

(4) 待炉水冷却到低于 70℃ 时即可排出,再用清水将锅炉内部清洗干净。

(5) 在煮炉过程中,应随时检查锅炉各部分是否渗漏,受热后是否能自由膨胀。煮炉后,应对锅筒、集箱和所有炉管进行全面检查,如不够清洁,需作第二次煮炉。

(6) 受热面内部水垢清除后,应先涂锅炉漆,再将锅筒内的汽水分离器、给水分配槽(管)、表面排污等装置全部装妥,即可封闭人孔、检查孔和手孔,以及为点火做好准备工作。

4. 煮炉合格标准

(1) 锅筒和集箱内壁无油垢。

(2) 擦去附着物后金属表面无锈斑。

第三节 运行前的准备

锅炉在投入运行前应进行全面检查,尤其是新装或经过修理的锅炉,更应注意其检查及准备工作。

一、锅炉内部的检查

1. 锅筒内部装设的汽水分离器、隔板等部件应齐全完好,连续排污管、定期排污管、进水管及仪表管等应通畅。

2. 锅筒（锅壳、炉胆和封头等）、集箱及受热面管子内的污垢、杂物等应清理干净，且没有缺陷和损坏，没有遗留物。

3. 炉膛内部应无结焦、积灰及杂物，炉墙、炉拱及隔火墙应完整严密。

4. 水冷壁管、对流管束外表面应无缺陷、无积灰、结焦及烟垢。

5. 流化床锅炉的防磨部位应完好，返料器应通畅。

6. 内部检查合格后，人孔、手孔应密封。

二、锅炉外部的检查

1. 锅炉的支、吊架应完好。

2. 风道及烟道内的积灰应清除干净，没有遗留物在内。风道及烟道内的调节门、挡板应完整严密，开关灵活，启闭度指示准确。检查完毕后，有省煤器的锅炉，应把省煤器的烟道挡板关闭，开启其旁路烟道挡板。如无旁路烟道时，应开启省烟器再循环管的阀门。

3. 锅炉外部炉墙及保温应完好严密，炉门、灰门、看火孔和人孔等装置应完整齐全并关闭严密。

4. 流化床锅炉的放灰系统性能应可靠。

三、锅炉附件的检查

1. 压力表、水位表、温度计

检查压力表、水位表、温度计有无异常，弯管、连接管的安装及中间阀门的开闭有无异常，水位表显示水位是否正确，水表柱和汽水连接管及水表柱的放水阀状态是否正常。检查压力表是否在半年内经过法定部门检验。

检查所用压力表指针的位置，在无压力时，有限止钉的压力表指针应在限止钉处，没有限止钉的压力表，指针离零位的数值不超过压力表规定的允许误差。不符合要求的应及时更换。并注意压力表连管上的旋塞在开启位置。

2. 安全阀、泄放阀、泄放管

检查安全阀是否已调整到规定的启始排放压力，排汽管与泄水管的安装是否合理。检查泄放管是否畅通，是否有防冻措施。

3. 排污装置

检查排污阀的开闭是否灵活，填料盖的材料是否留有充分的调节余地。排污管路是否有异常。

4. 主汽阀、给水阀与逆止阀

检查它们的开闭状态有无异常，阀盖的材料是否留有余量。

5. 空气阀

在水压试验后至满水状态，点炉开始至出现蒸汽，必须保持开的状态。

四、辅助受热面的检查

1. 过热器

检查确认过热器内部没有损伤，并且内外部均保持清洁，无异物。将过热器、集箱、手孔等密封。

需要时，对过热器进行水压试验，方法是，将空气阀及出口集箱的放水阀开启，向过热器送软化（脱盐水等）水，将空气完全排净，至满水状态，关闭阀门。按规定进行水压试验，检查有无泄漏。

点火前要将出口集箱的空气阀，放水阀全部打开。中间集箱和入口集箱的疏水阀也打开。

2. 省煤器

检查省煤器内外无腐蚀等异常后，清扫干净；将各手孔密闭。必要时可对其进行水压试验。具体方法是，打开出口集箱的空气阀，上水至注满水，使空气完全排出。关闭空气阀，进行水压试验，确认各处尤其是管头附近无泄漏出现。

水压试验时可同时试验省煤器的安全阀（泄放阀），检查或调整到规定开启压力时，使省煤器安全阀启跳泄放。

上述检查试验完成后，将省煤器进、出口阀打开。这是因为当没有省煤器旁通烟道时,在锅炉升火时期,锅炉没有给水,即不需经省煤器向锅炉供水。而高温烟气仍要流经省煤器,这时为了不使省煤器内水被加热汽化导致省煤器被烧坏,仍需由水泵给水,使水流经省煤器后经出口循环阀返回水箱。如果有旁通烟道,应关闭省煤器烟道挡板,开启旁通烟道挡板,使烟气由省煤器旁通烟道流通,这样就可在升火时不开动水泵,使水流动至水箱。当锅炉升火转入供汽(或供热水)时,即要开动水泵经省煤器向锅筒给水,此时,应将省煤器烟道挡板打开,并将旁通烟道挡板关闭,使烟气流经省煤器。

五、汽水管道的检查

检查汽水管道的连接、支撑、伸缩节、流向及保温等是否都符合要求,管道应畅通,阀门应完好,开关灵活。

六、燃烧设备的检查

1. 燃油设备

检查从油罐到燃烧器之间的管道,燃料泵、油嘴、油加热器、滤网等是否正常。对新换或修理过的管路,可用蒸汽或压缩空气吹扫线路,除去残存杂物。特别要注意,这些部位在运行初期易出现阻塞问题。

2. 气体燃烧设备

用检漏液或肥皂水检查气体燃料管路上的塞、阀门及各个接头是否有渗漏。仔细检查燃烧器及管路各部分是否畅通及其密封情况,检查燃气切断阀有无渗漏。

3. 燃煤的燃烧设备

检查各安装螺钉连接情况,对转动部分注油,润滑良好。

检查不送燃料的炉排空运转情况,炉排应无变形和损伤,以及炉排片的间隙应合适,给煤机应正常。

检查机械燃烧设备的传动轴、变速器等零部件并进行试运转,并达到完好状况。

流化床锅炉的布风板,风帽应正常。

4. 煤粉燃烧设备

对各转动部分注油，检查粉碎磨煤设备、输煤管路、燃烧器及阀门，在这些控制装置无异常后进行试车，并调节使其达到良好状态。

七、辅助设备的检查

1. 给水设备

检查电动机的转向是否正确，轴有无偏心、松动、联轴节的橡胶垫是否有损耗。试运转检查有无明显的振动及异常声音，电动机的工作电流是否正常、稳定。

检查填料盖的机械密封，有无漏水、升温异常。若为衬垫密封，则检查其水封状态是否良好，水滴下的速度是否正常，衬垫间隙是否合适，有无异常升温。

检查轴承的供油情况，油质是否良好。用手转动联轴器，看是否有异常出现。检查各处螺钉连接有无松动。

检查给水管路、水箱与阀门，有无异常。

2. 水处理设备（包括除氧、离子交换、加药设备）

（1）对热力除氧设备检查其内部安装的隔板等部件，是否有被腐蚀等异常情况。检查其所属管路、阀门等有无泄漏、腐蚀、阻塞。要确认其给水加热温度适当，脱氧性能良好。

（2）对离子交换设备，检查其内部树脂有无污染，破碎细化、阻塞出入孔穴等；检查树脂数量是否符合要求。用硬度指示剂测量和估算给水硬度去除程度及最大水处理量。同时要考虑是否能满足除去一定泄漏量后给水的需要。

对于采用自动控制离子交换水质处理过程的，检查其是否能按给定指令运行，各过程间隔是否正确。

检查树脂罐、管道、阀门等，有无被腐蚀、泄漏和阻塞等。在使用转芯阀处，是否有水流错路、泄漏等。

（3）对加药进行水质处理的，检查药液溶解槽、搅拌机是否有异常，罐槽、泵、路管等有无腐蚀、泄漏和阻塞。检查水压是否满足需要，水处理药品能否按规定量正确地加入。

3. 通风设备

（1）检查烟道闸板是否能轻稳滑动，将其滑道清扫干净，使其完全关闭。

（2）对鼓风机、引风机、用手转动检查有无异物存在，进行试运行以检查风道有无异常，在运行中是否有振动等不正常现象。

4. 除渣及除尘脱硫设备

（1）除渣设备完整齐全，润滑、冷却良好，试运转正常。

（2）除尘脱硫设备无漏风、漏水及堵塞等。

八、自动控制系统的检查

1. 电路与控制盘

检查线路是否完全绝缘，控制盘内有无灰土及水附着，各种按钮开关和指示灯是否完好，各接点有无异常。

2. 管路

检查空气、油、水等管路，点火用的燃料、管路，分析烟气用的及通风测压用的管线等是否有损坏或泄漏。

3. 调节阀与操作机构

检查调节阀有无变形、腐蚀、各部件之间的位置是否正常，以及安装是否合理。检查转动部分、轴承部分是否已注入充分的润滑油，工作起来是否灵活。检查自动给水装置与储水灌等的连接机构等有无变形、生锈、松弛、安装部位是否正确等。

4. 水位、压力、温度警报器和联锁保护装置

检查各种警报器和联锁保护装置内有无脏物和障碍，器件是否完好，正常显示是否正确，动作是否灵敏。检查电路系统接线与锅炉连接管的连接是否正确。

5. 火焰监测器与点火装置

检查燃气、燃油或煤粉锅炉的火焰监测器安装正确与否；受光面、保护镜、密封镜等是否被污染、破裂。检查点火电极与燃烧器之间的相对位置是否合适，电极是否有损耗，其间隙大小是

否合适。

九、其他检查

对燃料输送设备及平台、扶梯、围栏、照明、消防设施也应进行检查。

十、检查记录

全部检查完毕,应将检查过程及问题处理情况予以记录。

第四节 蒸汽锅炉的启动

蒸汽锅炉启动是指锅炉从上水、点火、升压到通(并)汽的全过程。

一、上水

打开空气阀门、压力表连通阀,关闭放水阀及锅炉范围内管路进水阀门。向锅炉上水(无空气阀可稍提起安全阀,以便上水时排除锅炉内的空气)。向锅炉上水的时速要缓慢,水温不宜过高,冬季水温应在50℃以下。若水温太高,会使受热面膨胀不均匀而产生热应力,造成管子胀口泄漏。上水时,应检查人孔、手孔、其他各法兰接合面及排污阀等,发现有漏水时应拧紧螺栓,采取上述措施后如仍然漏水,应停止上水,并放水至适当水位,更换密封垫圈(片),不漏后恢复上水。

锅炉首次(冷炉)上水的水位不应超过正常水位线。因为锅炉点火后,锅水受热膨胀,水位就会上升,甚至超过最高安全水位线。一旦出现这种情况时,应通过排污来调整水位。

对照两组水位表反映的水位是否一致,若不同则要将两组水位表分头查找原因并做冲洗检查,必须将其排除。

水位表若与水表柱相连,则应检查水表柱连管的阀门是否开通。

若水位表玻璃管有污染,清晰度差,必须加以清洗或更新。

随着锅炉水位上升,在适当水位时,可检查锅炉高低水位警报器及低水位燃料切断和停止鼓风机的联锁装置的动作是否正常。

二、点火

点火操作应严格按操作程序进行,尤其燃油,燃气及煤粉炉,否则可能引起炉膛爆燃。点火时司炉人员必须用防范回火的姿势进行操作。

首先打开烟道挡板,进行通风换气,一般不应少于 5 min。

燃煤锅炉点火时用木柴和其他易燃物引火(不同燃烧设备点火方法见第六节)。严禁用挥发性强的油类易燃物引火。在点火时如烟囱抽力不足或没有抽力,可在烟囱底部点燃一些木柴,以加强通风。长期停用,比较潮湿的烟道,点火时容易向外喷火,因此点火前也要用木柴在烟囱底部加热,使烟囱内空气温度升高,促进通风。当锅水温度达到 60℃时,开始投入新煤,扩大燃烧面积。当蒸汽从空气阀(或提升的安全阀)中冒出时,即可关闭空气阀(或安全阀)。再关闭灰门,开大烟道挡板,适当加强通风和火力,进行升火。

在锅炉刚点燃时,应缓慢升温。燃烧强烈,升温太快,会使锅炉整体产生不同膨胀,导致砖墙开裂,锅炉部件损坏,尤其铸铁锅炉可能产生裂纹。

三、升压

1. 操作要领

锅炉点火后,要考虑不能使锅炉整体产生很大的温度差,以不应出现局部过热的总原则来定升压时间。一般锅壳式锅炉为 5~6 h,水管锅炉一般为 3~4 h,快装锅炉一般为 1~2 h。对水容量大、水循环差及重型炉墙的锅炉,升压时间应适当长些。有两个锅筒的锅炉,升压时可在下锅筒适当放水,上面补充给水,减小上下之间温差。

锅炉中水温逐渐上升,内部开始产生蒸汽,汽压渐渐升高,这个期间,必须做好以下各项工作:

(1) 排出空气和锅炉内产生的蒸汽

锅炉内的空气从空气阀或抬起的安全阀完全排尽后,即冒出的完全是蒸汽时,应把空气阀或抬起的安全阀关闭。

同样,过热器的入口集箱及中间集箱的空气阀、疏水阀,在蒸汽流出把空气排尽后关阀。而出口集箱的空气阀和疏水阀继续开着,使蒸汽流过冷却过热器,直至通汽或并汽为止。

(2) 检查各连接处有无泄漏和紧固

重点是检查水位表,排污阀和其他附件的装配部位,如有泄漏,应进行轻度紧固。对刚修整完或初用的锅炉,其人孔、检查孔等无论是否有泄漏,均要适当紧固。如紧固后仍不能止漏,锅炉必须停用。

2. 升压过程中的有关操作

(1) 当压力上升到 0.05～0.1 MPa 时,应冲洗水位表。冲洗时要戴好防护手套,脸部不要正对水位表,动作要缓慢,以免玻璃管由于忽冷忽热而爆破伤人。

冲洗水位表的顺序,按照旋塞的位置(下部是放水旋塞,中部是水旋塞,上部是汽旋塞)可归纳成"下中中来上上下"七个字。即先开启放水旋塞(下),冲洗汽、水通路和玻璃管;再关闭水旋塞(中),单独冲洗汽通路;接着先开水旋塞(中),再关汽旋塞(上),单独冲洗水通路;最后,先开汽旋塞(上),再关放水旋塞(下),使水位恢复正常。以上四个步骤操作完毕,如果水位迅速上升,并有轻微波动,表明水位表正常;如果水位上升很缓慢,表明水位表有堵塞现象,应重新冲洗和检查。

(2) 当汽压上升到 0.1～0.15 MPa 时,应冲洗压力表的存水弯管,防止污垢堵塞。

冲洗压力表存水弯管的方法是,将连接压力表的三通旋塞转向通大气位置(见图 4—10c),放出弯管中的存水,待见到蒸汽出来时再将三通旋塞转回原来位置。如压力表指针能够重新回到冲洗前的位置，表明存水弯管畅通，否则应重新冲洗和检查。如果在一个锅筒上装有两块压力表，还要校对两块表指示的压力数值是否相同。

（3）当汽压上升到接近 0.2 MPa 时，应检查各连接处有无渗漏现象。检修时拆卸过的人孔盖、手孔盖和法兰的连接螺栓，当温度升高后会伸长变松，需要再拧紧一次。操作时应侧身，用力不宜过猛，禁止使用长度超过螺栓直径 20 倍的扳手，以免将螺栓拧断。在汽压继续升高后，不可再次拧紧螺栓。

（4）当汽压上升到 0.2～0.39 MPa 时，应试用给水设备和排污装置。在排污前先向锅炉给水。排污时注意观察水位，不得低于水位表的最低安全水位。确认排污阀操作灵活正常后将排污阀关闭严密，并检查有无漏水的现象。

（5）当汽压上升到 0.4～0.6 MPa 时，应进行暖管工作，以防止送汽时发生水击事故。暖管需要的时间，根据蒸汽温度、季节气温、管道的长度、直径和保温等情况而定，一般对工作压力 0.8 MPa 以下的锅炉，暖管时间约半小时左右。

暖管操作顺序是：

①开启管道上的疏水阀，排除全部凝结水，直至正式供汽时再关闭。

②缓慢少量开启主汽阀或主汽阀上的旁通阀半圈，待管道充分预热后再全开。如管道发生振动或水击，应立即关闭主汽阀，同时加强疏水。待振动消除后，再慢慢开启主汽阀，继续进行暖管，暖管时，应注意管道及其支架的膨胀情况，如有异常声响等现象应停止暖管，及时消除故障。

③慢慢开启分汽缸进汽阀，使管道汽压与分汽缸汽压相等，同时注意排除凝结水。

④各汽阀缓慢开启至全开后，应回转半圈，防止汽阀因受热膨胀后卡住，不能灵活开关。

（6）压力升至工作压力时，应再次冲洗水位表和压力表。

3. 升压注意事项

(1) 监视压力和调整燃烧。观察压力表的指示情况。根据压力上升情况调整燃烧。用同系统上压力表进行互相对比,随时检查压力表性能是否良好。各指针摆动不灵活,功能有问题时,应替换上备用压力表。

(2) 水位的监视。检查两组水位表的指示水位是否相同,经常观察水位变化情况,水位过高或过低应进行放水或补水。

(3) 正确使用省煤器。省煤器无旁通烟道,在给锅炉上水之前,必须启动给水泵,使流经省煤器的水经回水管路返回水箱进行循环。

省烟器有旁通烟道,则在给锅炉上水之前,可让烟气通过旁通烟道,而不加热省煤器。

对非沸腾式省煤器,要使其出口水温低于饱和温度 30℃。当锅炉向外供汽后,烟气由旁通烟道改经省煤器时,其操作顺序如下:

① 由省煤器向锅炉给水。

② 先打开省煤器主烟道出口闸板,再打开主烟道的入口闸板。

③ 先关闭旁通烟道入口闸板,再关闭出口闸板。

④ 安全阀定压及排放检查。

(4) 修理或新用的锅炉初次进行升压时,应对安全阀的启跳压力进行调整定压,调整定压方法见第八节,已经定好压力的锅炉,在蒸汽压力达到安全阀调整启始压力的 75% 以上时,应进行手动排放检验。

四、通汽与并汽

1. 通汽

锅炉房内如果仅有一台锅炉运行,将锅炉内的蒸汽输入到蒸汽母管(又称蒸汽总管)的过程称为通汽。

(1) 通汽的方法

锅炉通汽有以下两种方法：

1）自冷炉开始时即将主汽阀开启，使锅炉和管道同时升压。

2）在锅炉升压时，将主汽阀及其旁路阀关闭，直至接近工作压力时，再开启旁路阀进行暖管。待管道中的压力与锅炉压力相同时，再开启主汽阀。

(2) 通汽后应注意的各项

1）疏水阀、旁通阀以及其他各种阀门的开闭状态要正确。

2）由于通汽后，气压下降，应及时调整燃烧。

3）要边观察给水设备运行状态，边监视水位，使其保持正常。

4）要再次检查联锁装置等控制仪表。

2. 并汽

锅炉房内如果有几台锅炉同时运行，蒸汽母管内已由其他锅炉输入蒸汽，再将新升火锅炉内的蒸汽合并到蒸汽母管的过程称为并汽（俗称并炉）。锅炉并汽的操作顺序是：

(1) 并汽前应使锅水水位处于低水位，并进行蒸汽品质分析。

(2) 开启蒸汽母管和主汽管上的疏水阀门，排出凝结水。

(3) 当锅炉汽压低于运行系统的汽压 $0.05 \sim 0.1$ MPa 时，即可开始并汽。并汽必须掌握好时机，若新升火锅炉的汽压高于运行系统汽压时，当主汽阀开启后，大量蒸汽迅速输出，既破坏了额定的运行系统压力，又迫使升火锅炉出力骤增，压力骤降，从而产生汽水共腾现象。若升火锅炉的汽压低于运行系统汽压太多时，当主汽阀开启后，运行系统的蒸汽会倒流入升火锅炉内，影响正常运行。

(4) 先缓慢开启主汽阀的旁路阀进行暖管，待听不到汽流声时，再逐渐开大主汽阀（全开后再倒转半圈），然后关闭旁路阀，以及蒸汽母管和主气管上的疏水阀。

(5) 并汽时应严密注意汽压、汽温和水位变化。若管道中有水击现象,应进行疏水后再并汽。

(6) 并汽后,开启省煤器主烟道挡板,关闭旁路烟道挡板。无旁路烟道时,关闭回水管路,使省煤器正常运行。

第五节 蒸汽锅炉的运行与调节

锅炉正常运行中,在操作上最重要的是保持锅炉水位正常,使锅炉压力和温度达到使用要求,需要经常调整燃烧。为实现上述目标,即使有完备的自动控制装置,操作者也必须经常不断地监视锅炉的运行状态。

一、水位的调节

锅炉水位的变化会使汽压、汽温产生波动,甚至发生满水或缺水事故。因此,锅炉在运行中应尽量做到均衡连续地给水。或勤给水、少给水,以保持水位在正常水位线附近轻微波动。

运行中应以锅筒(壳)上的水位表显示为准,并要对两组水位表进行比较,若显示水位不同,要及时查明原因加以纠正。无论什么原因出现水位低时,均应马上控制燃烧。各类锅炉结构上都规定了最低安全水位限。运行中水位必须维持在规定的最低水位限以上。

锅炉的正常水位一般在水位表的中间。在运行中应随负荷(即外界用汽量)的大小进行调整:在低负荷时,应稍高于正常水位,以免负荷增加造成低水位;在高负荷时,应稍低于正常水位,以免负荷减少时造成高水位。但上下变动的范围不宜超过 40 mm。

给水的时间和方法要适当,如给水间隙时间长,一次给水量过多,则汽压很难稳定。在燃烧减弱时给水,会引起汽压下降。故手烧炉应避免在投煤和清炉时给水。

在负荷变化较大时,可能出现虚假水位。因为当负荷突然增加很多时，蒸发量不能很快跟上，造成汽压下降，水位会因锅筒内的汽、水两相的压力不平衡而出现先上升再下降的现象，反之，当负荷突然降低很多时，水位会出现先下降再上升的现象。因此，在监视和调整水位时，要注意判断这种暂时的假水位，以免误操作。

要注意监视锅炉给水能力。通过给水泵出口处的压力表，监视供水压力，若出现锅炉的压力差渐渐增大的倾向，应检查给水管路是否产生阻塞障碍等，查明原因采取措施消除。

二、汽压的调节

锅炉运行时，必须经常监视压力表的指示，保持汽压稳定，并不得超过设计工作压力。锅炉汽压的变化，反映了蒸发量与蒸汽负荷之间的矛盾，蒸发量大于蒸汽负荷时，汽压就上升；蒸发量小于蒸汽负荷时，汽压就下降。因此，对于锅炉汽压的调节也就是蒸发量的调节，而蒸发量的大小又取决于司炉人员对燃烧的调节。

当负荷增加时汽压下降，此时应根据锅炉实际水位高低情况进行调整，如果水位高时，应先减少给水量或暂停给水，再增加给煤量和送风量，在强化燃烧的同时，逐渐增加给水量，保持汽压和水位正常。

当负荷减少时汽压升高，如果锅炉内的实际水位高时，应先减少给煤量和送风量，减弱燃烧，再适当减少给水量或暂停给水，使汽压和水位稳定在额定范围。然后再按正常情况调整燃烧和给水量。如果锅炉内的实际水位低时，应先加大给水量，待水位恢复正常后，再根据汽压变化和负荷情况，适当调整燃烧和给水量。

三、汽温的调节

有蒸汽过热器的锅炉，对过热蒸汽的温度要严加控制。过热蒸汽温度偏低时，蒸汽做功能力降低，汽耗量增加，甚至会损坏用汽设备。过热蒸汽温度超过额定值时，过热器的金属材料会发生过热而降低强度，从而威胁到安全运行。

蒸汽温度变化的原因，主要与烟气放热情况有关，流经过热器的烟气温度升高、烟气量加大或烟气流速加快，都会使过热蒸汽温度上升。蒸汽温度变化也与锅炉水位高低有关。水位高时，饱和蒸汽夹带水分多，过热蒸汽温度下降。水位低时，蒸汽夹带水分少，过热蒸汽温度上升。小型锅炉的过热蒸汽温度一般通过调节给煤量和送风量，改变燃烧工况来调节。大型锅炉的过热蒸汽温度，一般通过减温器来调节。

四、燃烧调节

由于锅炉要保持在一定压力下使用，因此必须依据负荷的变化调节燃烧，相应增减燃料的供给量。而燃料量的增减，必须相应调节空气量。若风量调节跟不上，将出现不完全燃烧，冒黑烟或空气量过剩，使锅炉效率降低。

1. 正常燃烧指标

锅炉正常燃烧，包括均匀供给燃料，合理通风和调节燃烧三个基本环节。只要三者互相配合协调一致，即可达到安全、经济、稳定运行的目的。

正常燃烧的指标，主要有以下几项：

（1）维持较高的炉膛温度

层状燃烧时，燃烧层上部温度以 1 100～1 300℃为宜，火焰颜色为橙色。悬浮燃烧时，燃烧中心温度应保持在 1 300℃以上，火焰颜色为白中带橙色。沸腾燃烧时，沸腾层温度最好保持在900～1 000℃。

（2）保持适当的二氧化碳含量

烟气中的二氧化碳体积与烟气总体积的比值（%），称为烟气的二氧化碳含量；在正常燃烧情况下，如果煤种不变，烟气中的二氧化碳的体积是不变的。但是烟气的总体积却受过剩空气量的影响。过剩空气量增加，烟气总体积随之增加，二氧化碳含量则相应减少；反之，当过剩空气量减少时，二氧化碳含量相应增加。

烟气中的二氧化碳含量，对于手烧炉应为9%左右；机械炉为12%左右；煤粉及油气炉约12%～14%。

（3）保持适量的过剩空气系数

在保证燃料完全燃烧的前提下，应尽量减小过剩空气系数。炉膛出口过剩空气系数，对于手烧炉一般应为1.3～1.5；机械炉为1.2～1.4；煤粉炉为1.15～1.25；油气炉为1.03～1.15；沸腾炉为1.05～1.1。

（4）降低灰渣可燃物

灰渣中可燃物含量，视燃料、燃烧设备和操作条件而异。应尽量降至最低水平。灰渣可燃物含量，对于手烧炉应在15%以下；机械炉应在1.0%以下；煤粉炉应在5%以下。

（5）降低锅炉排烟温度

对燃煤和燃油锅炉在保证尾部受热面不结露的前提下，应尽量降低排烟温度。排烟温度的数值，对蒸发量大于和等于1 t/h的锅炉，应在220℃以下；蒸发量大于和等于4 t/h的锅炉应在180℃以下；蒸发量大于和等于10 t/h的锅炉，应在160℃以下。

（6）提高锅炉热效率

锅炉实际运行热效率，根据燃料不同，要求也不同，对于烟煤，蒸发量大于和等于1 t/h的锅炉，应在59%以上；蒸发量大于和等于4 t/h的锅炉，应在68%以上；蒸发量大于和等于10 t/h的锅炉，应在71%以上。

2. 燃烧调节的一般要领

（1）燃料量与燃烧所需空气量要相配合适，并使燃料与空气充分混合接触。

（2）除非特殊情况，炉膛应尽量保持一定高温。

（3）应保持火焰在炉内合理均布，防止火焰对锅炉炉体及砖墙受强烈冲刷。

（4）不能骤然增减燃料量。增加燃料量时，应首先增加通风量；减弱通风量时，则应首先减少燃料供应量，绝不可以颠倒程序。

（5）防止不必要的空气侵入炉内，以保持炉内高温，减少热损失。

（6）防止出现燃烧不均匀和避免结焦。

（7）正在燃烧时，防止出现燃烧气体外漏，以免烧坏绝热材料及保温材料，在操作中应监视风压表，调节通风压力，使其保持稳定。

（8）根据排烟温度、氧及二氧化碳的含量百分比及通风量等，努力调节好燃烧。

各种燃烧设备的具体操作见第七节。

五、炉膛负压的调节

负压燃烧锅炉正常运行时，一般应维持炉膛出口 20~30 Pa 的炉膛负压。负压值过小，火焰可能喷出，损坏设备或烧伤人员。负压值过高，会吸入过多的冷空气，降低炉膛温度，增加热损失。

炉膛负压的大小，主要取决于风量。风量的大小必须与炉膛燃烧工况相适当。当送风量大而引风量小时，炉膛负压小；送风量小而引风量大时，炉膛负压大。在增加风量时，应先增加引风，后增加送风；在减少风量时，应先减少送风，后减少引风。风量是否适当，除使用专门仪器进行分析外，还可以通过观察炉膛火焰和烟气的颜色大致作出判断。风量适当时，煤和油燃烧的火焰呈麦黄色（亮黄色），烟气呈灰白色；风量过大时，火焰白亮刺眼，烟气呈白色；风量过小时，火焰呈暗黄或暗红色，烟气呈淡黑色。

六、除灰

锅炉受热面被火或烟气加热的一侧容易积存烟灰。而烟灰的导热能力只有钢材的 1/50~1/200。据测定，受热面上积灰 1 mm 厚，热损失要增加 4%~5%。为了保持受热面清洁，提高锅炉运行的经济性，就要对容易积灰的受热面，如锅炉管束、过热器、省煤器等进行定期除灰。

对于锅壳式锅炉，其除灰采用打开烟箱门。用带有铁刷的长棒去除灰垢，此时应暂时停止燃烧。

除定期清扫之外，通常还用蒸汽吹灰、空气吹灰和药物清灰三种除灰方法。

1. 蒸汽吹灰

吹灰前应适当增大炉膛负压，一般可达到 50～70 Pa，防止吹灰时炉膛出现正压；保持锅炉汽压接近于最高工作压力，防止吹灰时汽压下降过多；吹灰前应检查吹灰器有无堵塞或漏汽现象，并且对供吹灰用的蒸汽管道进行疏水和暖管，防止发生水击。

吹灰时操作人员应站在侧面操作，防止炉膛火焰由吹灰孔喷出伤人。同时，不可多个吹灰器同时吹灰，避免汽压显著下降和使炉膛形成正压。

吹灰的顺序，应自第一烟道开始，顺着烟气流动方向依次进行，使被吹落的积灰随烟气流入除尘器。吹灰次数和时间，根据煤质和锅炉结构而定，通常每班吹灰两次，应选择负荷小的时候进行。锅炉停用之前一定要吹灰，燃烧不稳定时不要吹灰。

2. 空气吹灰

空气吹灰是利用压缩空气将积存在受热面上的烟灰吹走。空气吹灰具有操作方便、吹灰范围广、比较安全等优点，但需要有压缩空气设备。为了保证吹灰效果，空气压力通常不低于 0.7 MPa。空气吹灰的操作顺序和注意事项与蒸汽吹灰基本相同。

3. 药物清灰

药物清灰是将硝酸钾、硫磺、木炭等混合粉末组成的清灰剂投入炉膛，被烧成白色的烟雾，与积存在受热面上的烟灰起化学反应，使烟灰疏松、变脆后脱落。

锅炉清灰剂有氧化型和催化型两种。燃煤锅炉使用氧化型清灰剂，在锅炉负荷高峰时，将其直接投在炉排高温区。燃油锅炉使用催化型清灰剂，利用压缩空气使其呈雾状喷入炉膛即可。

锅炉正常运行期间，进行水位、汽压和汽温的调节，实际上要通过对燃烧设备和辅机的运行调节来实现，并伴随有安全附件的运行。有关内容见本章第七节和第八节。

七、排污

为保证锅水和蒸汽品质，要适时进行排污。

1. 定期排污

锅炉高负荷时，一般不要进行水冷壁集箱的排污，以免影响水冷壁的正常水循环，造成爆管事故。若必须进行时，要减低锅炉负荷。水冷壁集箱的排污阀主要为排水用，当水质管理好时，可不考虑它的排污，但进行锅内水处理或锅水水质差时也要进行。

2. 表面排污

表面排污又称连续排污，多用于大中型锅炉。表面排污的目的是为了将上锅筒蒸发面以下 100~200 mm 之间含盐浓度较高的锅水，通过排污装置连续不断地排出炉外。排污量应根据对锅水的化验结果确定，但一般不应超过给水量的 5%，并通过调节排污管上针形阀的开度来实现。

为了提高热效率，可使排污水先流入压力膨胀箱，以便将由于压力降低而产生的二次蒸汽回收利用，废水由膨胀箱排出。

有关排污操作详见本章第八节。

第六节　热水锅炉的运行

热水锅炉运行的全部内容与蒸汽锅炉基本相同，但由于其工作介质是水，且设备是以锅炉为中心的网路，所以又有不同之处，本节主要介绍其运行的专门知识和操作技术。

一、运行前的准备

通常热水锅炉是与热力网路连成一体的,因此必须着眼于作为热源的锅炉和全网路的运行准备。锅炉启动前除按本章第三节进行全面检查外,还应做好以下工作。

1. 冲洗

对新投入或长期停运后的锅炉及网路系统,启动前用水进行冲洗,以清除网路系统中的泥污、铁锈和其他杂物,防止其阻塞管路和散热设备。

冲洗分为粗洗和精洗两个阶段。粗洗时可用具有一定压力的上水或水泵将水压入网路,压力一般为 $0.30\sim0.39$ MPa。系统较大的,可将网路分成几个分系统冲洗,使管内水速较高,以提高冲洗效果。用过的水通过排水管直接排入下水道。当排出水变得不再混浊时,粗洗即告结束。

精洗的目的是为了清除颗粒较大的杂物,因此采用流速 $1\sim1.5$ m/s 以上的循环水速,循环水要通过除污器,使杂物沉淀后定期排除。精洗时间视循环水洁净时为止。

2. 检查恒压设备

系统膨胀恒压设备必须与系统完全相通。如果在膨胀箱与系统间的膨胀管上(通常接在循环水泵入口附近)装置了阀门,必须将阀门完全开启,否则膨胀水箱就失去了应有的作用。膨胀水箱和膨胀管要注意防冻。溢水管应接到锅炉房内便于司炉人员检查的地方。

二、启动

1. 充水

锅炉和系统应充入符合水质要求的水,最好是软化水,不宜使用含暂时硬度较高的水。充水前应关闭所有排水和疏水阀门,打开所有放气阀,同时开启网路末端的连接给水与回水管的旁通阀门。系统充水的顺序是:锅炉—网路—用户。向锅炉充水一般从下锅筒、下集箱开始,至锅炉顶部放气阀冒出水时为止。向网路充水一般从回水管开始,至网路中各放气阀冒出水时为止。向用户系统充水,也是至各系统顶部集气罐上的放气阀冒出水时为止。三者充满水后,均应关闭各自的空气阀,但过1~2 h后,还应再放气一次。系统充满水后,锅炉房压力表指示数值不应低于网路中最高用户的静压。

2. 点火

热水锅炉点火前,应先开动循环水泵,待网路系统中的水循环起来以后,才能点火,防止水温过高发生汽化。循环泵应无负荷启动,尤其对大型网路系统,必须避免因启动电流过大而烧坏电机。离心泵要在关闭水泵出口阀门的情况下启动,待运转正常后,再逐渐开启出口阀门。锅炉点火时先开引风机,通风3~5 min,再开送风机及点燃燃料。有关点火操作详见本章第四节二及第六节。

三、升温

点火后锅水温度、压力不断上升,但仍应控制,不可升温太快,以不超过20℃/h为宜。升温过程中,应打开空气阀,排除因水温升高而析出的空气。对自然循环锅炉,还应进行下部1~2次放水,以利于受热均匀和水循环,同时,应进行冲洗压力表、存水弯管及拧紧孔盖的螺栓等操作。

四、并炉

当点火运行的锅炉要并入并列连接的系统时,可先放掉部分锅水,再打开回水阀门,当水温接近系统回水温度时,再打开出水阀门,然后转入供热运行。

五、运行调节与控制

除水位之外,热水锅炉的运行调节内容与蒸汽锅炉基本相同。在此着重介绍供热及热参数控制。

1. 系统运行调节

搞好热水采暖系统的调节,控制热网供、回水温度、压力和各回路系统流量,使之在规定范围,对热水锅炉的安全经济运行十分重要。

系统的运行调节由集中调节和局部调节两部分组成。集中调节是为满足供热负荷的需要，对锅炉出口水温和流量进行调节；局部调节是通过支管路上的阀门改变热水流量，以调节其供热量。这是因为各用热单位耗热量受室外环境、太阳辐射、风向风速等影响因素不同，单靠集中调节不能满足各房间及单位的要求而配合的调节手段。

简便集中调节的方法有：

①质调节。在流量不变的情况下，改变向网路供水的水温，即改变锅炉出口的水温。

②量调节。在供水温度不变的情况下，改变向网路供水的流量，即加减循环水的流量。

③间歇调节。改变每天供热时间的长短，即改变锅炉运行时间。

④分阶段改变流量的质调节（也称混合调节）。调节方式的采用与建筑物供暖的稳定性、采暖系统形式、锅炉参数等因素有关。一般在室外气温接近设计温度时，采用间歇运行调节；在室外气温回升时，采用供水温度的质调节。而分段改变流量的调节，一般不采用，因循环流量降低，热水锅炉内水速低，影响安全使用，但也可以用改变并联使用的锅炉台数来实现。

2. 运行参数控制。

热水锅炉的内部充满循环水，其运行控制参数主要是出口水的温度和压力。按照我国《热水锅炉安全技术监察规程》的规定，锅炉出口热水温度低于120℃的称为低温热水锅炉，高于或等于120℃的称为高温热水锅炉。实际上目前我国北方地区采暖绝大多数使用水温为95℃的低温热水。这样水温低于100℃，好像不会在锅炉和回路中沸腾，但实际在锅炉并联管路中，由于水的流量和受热不均，可能出现局部汽化现象而造成水击，也会威胁安全和正常运行。

由于热水锅炉出入口都直接与外网路接通，一般锅水与网路不断交换循环，成为一体。但是它们的高低位差不同，尤其对于某些高层建筑物，如果没有足够的水压，锅水不可能达到最高供热点，也就不能完成热网的供热任务。同时，当运行或停泵时，由于压力不足，会使高层采暖设备内空气倒灌，使循环管路产生气塞和腐蚀。因此，低温采暖热水锅炉同样有恒压问题。

(1) 保持压力稳定

热水锅炉运行中应密切监视锅炉进出口压力表和循环水泵入口压力表，如发现压力波动较大，应及时查找原因，加以处理。当系统压力偏低时，应及时向系统补水，同时根据供热量和水温的要求调整燃烧。当网路系统中发生局部故障，需要切断修理时，更应对循环水压力加强监视，如压力变化较大，应通过阀门作相应调节，确保总的运行网路压力不变。

(2) 温度控制

运行人员要经常注意室外气温的变化，根据规定的水温与气温关系的曲线图进行燃烧量调节。锅炉房集中调节的方法要根据具体情况选择。一般要求网路供水温度与水温曲线所规定的温度数值相差不大于±2℃。如果采用质调节方法时，网路供水温度改变要逐步进行，每小时水温升高或降低也不宜大于20℃，以免管道产生不正常的温度应力。热水锅炉运行中，要随时注意锅炉及其管道上的压力表、温度计的数值变化。对各外循环回路中加调节阀的热水锅炉，运行中要经常比较各水循环回路的回水温度，要注意调节使其温度偏差不超过±10℃。

3. 经常排气

运行中随着水温升高，不断有气体析出。如果系统上的集气罐安装不合理或者在系统充水时放气不彻底，都会使管道内积聚空气，甚至形成空气塞，影响水的正常循环和供热效果。因此，司炉人员或有关管理人员要经常开启放气阀进行排气。具体做法是：

定期对锅炉、网路的最高点和各用户系统的最高点的集气罐进行排气。

定期对除污罩上的排气管进行排气。

4. 合理分配水量

要经常通过阀门开度来合理分配通到各循环网路的水量，并监视各系统网路的回水温度。由于管道在弯头、三通、变径管及阀门等处容易被污物堵塞，影响流量分配，因此对这些地方应勤加检查。最简单的检查方法是用手触摸，如果感觉温度差别很大，则应拆开处理。由于热水系统的热惰性大，调整阀门开度后，需要经过较长时间，或者经过多次调整后才能使散热器温度和系统回水温度达到新的平衡。

5. 防止汽化

热水锅炉在运行中一旦发生汽化，轻者会引起水击，重者使锅炉压力迅速升高，以致发生爆破等重大事故。为了避免汽化，应使炉膛放出的热量及时被循环水带走。在正常运行中，除了必须严密监视锅炉出口水温，使水温与沸点之间有足够的温度裕度（出水温度低于运行压力下相应饱和温度20℃以上），并保持锅炉内的压力恒定外，还应使锅炉各部位的循环水流量均匀。也就是既要求循环水保持一定的流速，又要求均匀流经各受热面。这就要求司炉人员密切注视锅炉和各循环回路的温度与压力变化。一旦发现异常，要及时查找原因，例如受热面外部是否结焦、积灰，内部是否结水垢，或者燃烧不均匀等，及时予以消除。必要时，应通过锅炉各受热面循环回路上的调节阀来调整水流量，以使各并联回路的温度相接近。例如，有的热水锅炉共有两条并联的循环回路，一条是经省煤器到过热器的回路，另一条是锅炉本体回路。运行中若发现前一回路温度上升快，则应将此回路上的调节阀门适当开大，以使其出口水温与锅炉本体的出口水温尽量接近。

6. 停电保护

自然循环的热水锅炉突然停电时，仍能保持锅水继续循环，对安全运行威胁不大。但是，强制循环的热水锅炉在突然停电，并迫使水泵和风机停止运转时，锅水循环立即停止，很容易因汽化而发生严重事故。此时必须迅速打开炉门及省煤器旁路烟道，撤出炉膛煤火，使炉温很快降低，同时应将锅炉与系统之间用阀门切断。如果给水（自来水）压力高于锅炉静压时，可向锅炉进水，并开启锅炉的泄放阀和放气阀，使锅炉水一面流动，一面降温，直至消除炉膛余热为止。有些较大的锅炉房内设有备用电源或柴油发动机，在电网停电时，应迅速启动，确保系统内水循环不致中断。

为了使锅炉的燃烧系统与水循环系统协调运行，防止事故发生和扩大，最好将锅炉给煤、通风等设备与水泵联锁运行，做到水循环一旦停止，炉膛也随即熄火。

7. 定期排污

热水锅炉在运行中也要通过排污阀定期排污，排放次数应以保证出水水质符合要求为准。排污时锅水温度应低于100℃，防止锅炉因排污而降压，使锅水汽化和发生水击。铸铁热水锅炉运行中不能排污。网路系统水通过除污器，一般每周排污一次。如系统新投入运行，或者水质情况较差时，可适当增加排污次数。每次排水量不宜过多，将积存在除污器内的污水排除即可。

有关排污的操作及注意事项见本章第八节。

8. 减少失水

热水采暖系统，应最大限度地减少系统补水量。系统补水量应控制在系统循环水流量的1%以下。补水量的增加不仅会提高运行费用，还会造成热水锅炉和网路的腐蚀和结垢。司炉人员应经常检查网路系统，发现漏水应及时修理，同时要加强对放气、排水装置的管理，禁止随意放水。

六、热水锅炉运行注意事项

可以说,热水锅炉正常运行应做到一保四防,即:

1. 保持系统压力恒定

热水锅炉,尤其是高温热水锅炉,必须有可靠的恒压装置,以保证当系统内的压力超过水温所对应的饱和压力时,锅水不会汽化。

低温热水采暖系统的恒压措施,是依靠安装在循环系统最高位置的膨胀水箱实现的。膨胀水箱的有效容积约为整个采暖系统总水容量的0.045倍。在锅炉启动的初期,水温逐渐升高,水容积随之相应膨胀,多出来的水即自动进入膨胀水箱。当系统失水,膨胀水箱内的水随即补入锅炉。水箱水位下降后,通过自动或手动方法上水,很快恢复到原有水位,并通过高位静压使锅炉压力保持一定。这时,锅炉压力为膨胀水箱至锅炉的水柱静压与循环水泵扬程之和。

在高温热水采暖系统中,由于对系统水量及运行稳定性要求较高,常用氮气定压罐代替膨胀水箱。即将氮气钢瓶中的氮气充入与循环水相通的储罐内,使罐的上部是氮气,下部是循环水,并保持一定的水位和压力。当锅炉或系统内的循环水膨胀时,由于系统压力变化而引起定压罐中的水位相应提高,再通过自动或手动方法,使罐内多出的水溢流;反之,当锅炉或系统内的循环水有流失时,定压罐内的水位相应降低,再通过给水泵及时上水,保持原有水位,使系统压力稳定。

目前,除用膨胀水箱、氮气定压罐恒压外,还有自动补给水泵和蒸汽恒压等措施,如图7—1所示。

在不少低温热水采暖系统中,既没有膨胀水箱,又没有定压罐设备,只是利用手动补给水泵保持系统压力。这种方法与热水锅炉应有自动补给水装置和恒压措施的要求相违背,增加了汽化和水击的危险,必须予以纠正。

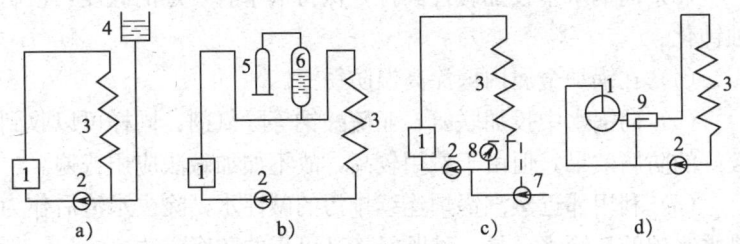

图 7—1 热水采暖系统恒压形式简图
a) 低温热水采暖系统上的膨胀水箱恒压
b) 高温热水采暖系统上的氮气罐恒压
c) 高温热水采暖系统上的补给水泵自动恒压
d) 高温热水采暖系统上的蒸汽恒压
1—锅炉 2—循环水泵 3—散热器 4—膨胀水箱 5—氮气瓶
6—氮气罐 7—补给水泵 8—压力表 9—混水器

2. 防止锅炉腐蚀

热水锅炉在运行中的腐蚀问题比较严重。水在锅炉内被加热后，溶解在水中的氧和二氧化碳等气体随着温度升高而逐渐析出。尤其是由于管理不善，例如系统漏水严重，或将循环热水用于生活洗涤等原因，导致循环系统失水多，也就是补充水量大，因而有更多的氧气析出，并越来越多地附着在锅炉受热面上；当水流速度低时，更增加了氧气积存的可能性，造成锅炉受热面和循环系统管路的氧腐蚀[1]，大大缩短设备的使用寿命。

热水锅炉防腐的办法有以下几种：

（1）在运行中组织好锅炉的水循环回路，保持一定的水流速度，使析出的氧气被水流及时带走，不致附着在锅炉的受热面上。

（2）经常从锅炉和系统网路排气阀门排除气体，防止腐蚀，同时防止形成气塞影响运行。

---

[1] 这种氧腐蚀是由于锅水中溶解有氧而引起的电化学腐蚀，可使金属表面出现较深的凹坑，严重时能将钢材腐蚀穿透。

(3) 向锅水中投加碱性药性,保持锅水有一定的碱度,使腐蚀钝化。

(4) 在锅炉金属内壁涂高温防锈漆。

(5) 向锅水中投加联氨、亚硫酸钠等除氧剂,同样可以收到较好的防腐效果,但由于费用较高,故不如加碱法应用普遍。

(6) 利用邻近蒸汽锅炉连续排污的碱性水,除去水渣后作为热水锅炉的补给水,是一种既经济又可靠的防腐方法。

热水锅炉不但有内部的氧腐蚀,而且对燃煤和燃油锅炉还有外部的低温腐蚀。这是因为热水锅炉的水温较低,尤其是经常周期性地启动和停炉,烟气容易在锅炉尾部"结露",腐蚀金属外壁。防止的办法是在锅炉启动时,先经旁通管路进行短路循环,使进入锅炉的循环水很快升温。然后逐步关小旁通管路阀门,同时逐步开启网路阀门,直到正常供热。

3. 防止结水垢

热水锅炉正常运行时锅水不会汽化和浓缩。但是锅水中的重碳酸盐硬度会被加热分解,产生碳酸盐水垢,当补充水量多和给水中暂时硬度较大时,水垢产生更多。防止结水垢的办法有以下几种。

(1) 要求补给水的暂时硬度尽量降低,或者经过软化处理。

(2) 控制系统失水,即尽量减少补给水量。

(3) 向锅内投碱性药剂,使水垢在碱性水中形成疏松的水渣,易于通过排污办法除掉。

另外,为了消除循环水中的杂质,系统回水在进入锅炉之前,应先流经除污器,防止泥污进入锅炉后产生二次水垢。

4. 防止积灰

积灰也是热水锅炉运行中比较突出的问题。由于锅炉尾部受热面"结露",烟气中的灰粒很容易被管壁上的水珠粘住,并逐渐形成硬壳。随着锅炉频繁启停,烟气温度不断变化,灰壳可能破裂或局部脱落,天长日久,管壁就被不均匀的灰壳所包围,严重阻碍传热,降低热效率。

防止积灰的办法有以下几种：

(1) 根据煤种和炉型，合理选择回水温度。一般要求回水温度不低于 60℃。如不能满足这个要求，可将回水通过支管路和阀门调节，使之与部分锅炉出口热水混合，或者通过加热器来提高温度，然后进入锅炉。

(2) 烟气和锅水流动方向采用平行顺流方式。

(3) 减少烟气停滞区，并尽量不在此区布置冷水管。

(4) 锅炉运行时要定期吹灰，停炉后要及时清扫。

(5) 适当提高烟气流动速度，增强对流传热，以利冲刷积灰。

5. 防止水击

较大的热水系统，在循环水泵突然停止时，由于水的惯性力，使水泵前回水管路的水压急剧增高，产生强烈的水锤波，可能使阀门或水泵震裂损坏，也可能通过管路迅速传给用户，使散热器爆破。防止水冲击的办法是，在循环泵出水管路与回水管路之间连接一根旁通管，并在旁通管上安装止回阀。正常运行时，循环泵出水压力高于回水压力，止回阀关闭。当突然停电停泵时，出水管路的压力降低，而回水管路压力升高，循环水便顶开旁通管路上的止回阀，从而减轻了水击的力量。同时，循环水经旁通管流入锅炉，又可减弱回水管的压力和防止锅水汽化。

第七节　各类燃烧设备的运行操作

一、手烧炉

1. 固定炉排（见图 3—1～图 3—3）

(1) 点火

手工操作点火按如下顺序进行：

1) 全开烟道闸板和灰门，自然通风 10 min 左右。如有通风设备，进行机械通风 5 min。关闭灰门，在炉排上铺一薄层木柴、引燃物，其上均匀撒一层煤。

2) 在煤上放一些劈柴、油泥等可燃物（严禁用挥发性强的油类或易爆物引火），将其点燃。这时炉门半开。

3) 火将煤燃着，火遍及整个炉排，一点点地向里加煤，使燃烧持续进行。煤全面燃烧后，将灰门打开，关闭炉门，使其渐渐燃烧。

点火时，火种放在燃料上燃烧，具有少冒烟的作用。

(2) 投煤

手烧炉人工投煤的方法一般有以下三种：

1) 普通投煤法。将新煤全面投向正在燃烧的火床上面。此法适用于含挥发分较低的煤。

2) 左右投煤法。将新煤先投在左半部正在燃烧的火床上面，待其燃烧旺盛时，再将新煤投入右半部的火床上面，如此交替进行。由于半个火床总是保持燃烧状态，使新煤放出的挥发分及时着火燃烧，因此燃烧工况较好，并且少产生黑烟。

3) 焦化法。将新煤堆放在炉门内侧附近闷烧，待挥发分烧完时，再将赤热的焦炭推向整个火床继续燃烧。这种方法由于前后两次投煤的间隔时间较长，炉门开闭次数较少，进入炉膛的冷空气也少，因此减少了排烟热损失。

手烧炉的投煤时间间隔不能过长，否则炉排上的煤大部分被烧尽，就必须添很多的新煤。而煤添多了会压住火床，阻碍通风，也就是火着不起来，造成汽压下降，影响正常供汽。

因此，投煤的要领是："火层发白投煤好，做到勤快平匀少"。即投煤要掌握火候，当炉膛内的煤层燃烧达到白热化时，抓紧投入新煤。同时，投煤要勤，动作要快，每次投煤量要少，保持煤层平整均匀。煤层厚度一般保持在 100～150 mm。如果太薄，风力过强，可能产生风洞，影响燃烧。如果太厚通风阻力大，可能燃烧不完全，增加热损失。

煤在燃烧之前最好适当掺点水。掺水的主要作用，一是使煤中细屑充分燃烧,不致被气流带走,提高热效率;二是水在炉膛内很快蒸发成水蒸气,使煤层中出现较多空隙,有利于空气进入煤层,发挥助燃作用,减少不完全燃烧热损失。掺水量根据煤的原有水分和颗粒度来确定。煤中原有水分多或颗粒大的少掺或不掺,原有水分少或颗粒小的多掺,煤中含水量以 $8\%\sim10\%$ 为宜。为了使水掺得均匀、透彻,最好在燃烧前一天就掺,并且用搅拌方法使煤水混合均匀。检验掺水量是否合适的最简便方法,是在投煤之前用手抓一把掺过水的煤,当伸开手掌时,如果煤团能成块裂开,表明掺水适当;如果不成团,表明水分较少;如果煤团不裂开,表明水分过多。

在运煤、拌煤和投煤时,都应注意检查煤中是否有雷管(煤矿开采时可能丢失雷管)等爆炸性危险品和螺栓、铁块混入,以免发生意外事故。

(3) 拨火、捅火与通风

拨火,是根据煤层燃烧情况,如有局部烧穿"火口"时,用火钩在煤层上部轻轻拨平煤层,使燃煤和空气均匀接触。捅火,是在燃烧一段时间后,当煤层下面的灰渣过厚,影响通风时,用铁通条或炉钩插入煤层下部前后松动,使燃透的灰渣从炉排空隙落入灰坑,以改善通风和减薄煤层。操作时要防止将炉灰渣搅到燃烧层上面来。如有大块灰渣,要从炉门口扒出来,不要强行捣碎。无论是拨火还是捅火,动作都要快,以减少炉门敞开的时间,避免冷风过多地进入炉膛,降低炉温,恶化燃烧。

手烧炉的通风多数采用自然通风,少数用机械通风。调节炉膛通风量,自然通风通过烟道闸板开度来调节。应知道烟道闸板的开度与通风量的关系,在半开范围内,随开度变化通风量变化显著;而由半开到全开,通风量的变化就较前平缓得多。因此将闸板调到适当位置,以达到调节燃烧的目的。

炉排下灰坑内如果有大量灰渣积存,会有碍通风,要及时适当清除。炉前的灰渣禁止浇水。

(4) 清炉

锅炉在运行一段时间以后,灰渣层越积越厚,阻碍通风,影响燃烧,就要及时清炉。清炉最好在停止用汽或负荷较低时进行。清炉前应将烟道挡板关小,水位保持在正常水位线与最高水位线之间,以免因清炉时间长而使水位下降。清炉时应留下足够的底火,以利迅速恢复燃烧。

清炉的方法一般有左右交替法和前后交替法两种。具体操作步骤是:减少送风,关小烟道挡板,先将左(或前)半部正在燃烧的煤全部推到右(或后)半部火床上面,再将左(或前)半部的灰渣扒出。然后将右(或后)半部的煤布满整个炉排,并投入新煤,开大烟道挡板,恢复送风。待新煤燃烧正常后,再按同样的方法清除右(或后)半部的灰渣。用前后交替法清炉,除渣效果较差,因此在连续采用数次前后交替法清炉后,必须采用一次左右交替法,以彻底清除炉排上的灰渣。

无论采用哪种方法,清炉的动作都要迅速,防止冷风大量进入炉膛,很快降低炉温。扒出来的灰渣,应随时装入小车运出锅炉房,而不应将灰渣扒在炉前用水浇或向灰坑里灌水,以免锅炉下部受潮腐蚀。

(5) 停炉

停炉分为临时停炉、正常停炉和紧急停炉三种。

1) 临时停炉。临时停炉又称压火停炉。当锅炉负荷暂时停止时(一般不超过 12 h),可将炉膛压火,待需要恢复运行时再进行挑火。锅炉应尽量减少临时停炉的次数,否则,会因热胀冷缩频繁,产生附加应力,引起金属疲劳,使锅炉接缝和胀口渗漏。

压火分压满炉与压半炉两种。压满炉时,用湿煤将炉排上的燃煤完全压严,然后关闭风道挡板和灰门,打开炉门减弱燃烧。如能保证在压火期间不能复燃,也可以关闭炉门。压半炉时,是将燃煤扒到炉排的前部或后部,使其聚积在一处,然后用湿煤压严,关闭风道挡板和灰门,打开炉门。如能保证在压火期间不能复燃,也可以关闭炉门。

压火前,要向锅炉进水和排污,使水位稍高于正常水位线。在锅炉停止供汽后,关闭主汽阀,开启过热器疏水阀和省煤器的旁路烟道挡板,关闭省煤器主烟道挡板,进行压火。压火完毕,要冲洗水位表一次。

压火期间,应经常检查锅炉内汽压、水位的变化情况;检查风道挡板、灰门是否关闭严密,防止被压火的煤熄灭或复燃。

锅炉需要挑火时,应先排污和给水,然后冲洗水位表,开启风道挡板和灰门,接着将炉排上的余煤扒平,逐渐添上新煤,恢复正常燃烧。待汽压上升后,再及时进行暖管、通汽或并汽工作。

2) 正常停炉。锅炉正常停炉,就是有计划地检修停炉。其操作顺序是:

①逐渐降低负荷,减少供煤量和风量。当负荷停止后,随即停止供煤、送风,减弱引风,关闭主汽阀,开启过热器疏水阀和省煤器的旁路烟道挡板,关闭省煤器主烟道挡板。

②在完全停炉之前,水位应保持稍高于正常水位线,以防冷却时水位下降造成缺水。然后停止引风,关闭烟道挡板,再关闭炉门和灰门,防止锅炉急剧冷却。当锅炉压力降至大气压时,开启空气阀或提升安全阀,以免锅筒内造成负压,扒出来燃尽的煤,清除灰渣。

③停炉约 6 h 后,开启烟道挡板,进行通风和换水。当锅水温度降低到 70℃以下时,才可将锅水完全放出。

④锅炉停炉后,应在蒸汽、给水、排污等管路中装置隔板(盲板)。隔板厚度应保证不致被蒸汽和给水管道内的压力以及其他锅炉的排污压力顶开,保证与其他运行中的锅炉可靠隔绝。在此之前,不得有人进入锅炉内工作。

⑤停炉放水后,应及时清除水垢泥渣,以免水垢冷却后变干

发硬,清除困难。停炉冷却后,还应及时清除各受热面上的积灰和煤渣。

2. 固定双层炉排(见图 3—4)

固定双层炉排操作与固定炉排基本相同,但需注意以下几点:

(1) 由于上炉排间隙较大,煤块不宜太碎。当粉煤较多时,应掺入适量的水分。当碎煤过多时,可在炉排管之间夹入炉条,以便控制漏煤量。

(2) 下炉排燃烧效果主要取决于上炉排的漏煤情况,因此,要求司炉人员有较高的运行技术。例如,上炉排煤层不应出现明火,清渣操作要特别仔细,防止向下炉排漏煤过多等。

(3) 进入燃烧室的风量,既要分别满足上下炉排煤层燃烧的需要,又要满足由上炉排产生的可燃气体燃烧的需要。因此,应随时按照上炉排的漏煤量及挥发分含量对下炉排通风进行调节。

二、链条炉排 (见图 3—7～图 3—20)

1. 点火

(1) 将煤闸板提到最高位置,在炉排前部铺 20～30 mm 厚的煤,煤上铺木柴、旧棉纱等引火物,在炉排中后部铺较薄炉灰,防止冷空气大量进入。

(2) 点燃引火物,缓慢转动炉排,将火送到距炉膛前部约 1～1.5 m 后停止炉排转动。

(3) 当前拱温度逐渐升高到能点燃新煤时,调节煤层闸板,保持煤层厚度为 70～100 mm,缓慢转动炉排,并调节引风机,使炉膛负压接近零,以加快燃烧。

(4) 当燃煤移动到第二风门处,适当开启第二段风门。在继续移动到第三、四风门处,依次开启第三、四风门。移动到最后风门处,因煤已基本燃尽,最后的风门视燃烧情况确定少开或不开。

(5) 当底火铺满炉排后,适当增加煤层厚度,并且相应加大风量,提高炉排速度,维持炉膛负压在 20~30 Pa,尽量使煤层完全燃烧。

2. 燃烧调节

燃烧调节主要指对煤层厚度、炉排速度和炉膛通风三方面,根据锅炉负荷变化情况及时进行调节。

(1) 煤层厚度

煤层厚度主要取决于煤种。对灰分多、水分大的无烟煤和贫煤,因其着火困难,煤层可稍厚,一般为 100~160 mm。对不黏结的烟煤厚度约为 80~140 mm。对黏结性强的烟煤厚度约为 60~120 mm。煤层厚度适当时,应在距煤闸板后 200~300 mm 处开始燃烧,在距挡渣铁(俗称老鹰铁)前 400~500 mm 处燃尽。

当锅炉负荷变化时,给煤量应相应变化,但在一定的范围内,不宜采用调节煤层厚度的办法。因为煤层厚度的变化,对调节负荷不能立即见效;只有当新厚度的煤层移动到炉排的中部时,才开始对负荷有影响。因此,对于少量负荷的调节,一般仅通过加快炉排速度来增加给煤量。如果负荷变化较大,而且锅炉将在新负荷下长期稳定运行时,则应考虑改变煤层厚度,使供煤量与蒸发量相适应。

(2) 炉排速度

炉排速度应经过试验确定。正常的炉排速度,应保持整个炉排面上都有燃烧的火床,而在挡渣铁附近的炉排面上没有红煤。当锅炉负荷增加时,炉排速度应适当加快,以增加供煤量。当锅炉负荷减小时,炉排速度应适当降低,以减少供煤量。一般情况下,煤在炉排上停留时间应控制不低于 30~40 min。

(3) 炉膛通风

在正常运行时,炉排各风室风门的开度,应根据燃烧情况及时调节。例如,在炉排前后两端没有火焰处,风门可以关闭;在火焰小处可稍开;在炉排中部燃烧旺盛区要大开。但调节的幅度不宜太大,并要维持火床的长度占炉排有效长度的四分之三以上。

对于在满负荷时分四段送风的锅炉,一般第一段的风压为 100～200 Pa,第二、三两段风压为 600～800 Pa,第四段风压为 200～300 Pa。如燃用挥发分较高的煤,虽易于着火,但着火后必须供给大量的空气,因此风量应集中在炉排中间偏前处,一般第二段风压为 900～1 000 Pa。如燃用挥发分较低的无烟煤,虽着火较慢,但焦炭燃烧需要大量的空气,这时分段送风门的开度,应由中间往后部逐渐加大,甚至到后拱处才能全开。

当锅炉负荷减小,炉排速度降低时,应降低送风机转速和关小送风机出口风门,以减少送入炉排下部的总风量,而不应采用直接关小各分段风门的办法,避免增大炉排下部的风压,使风乱窜,增加漏风,对燃烧不利。当锅炉负荷增加时,应先增加引风,后增加各风室的送风量,以强化燃烧。

煤层厚度、炉排速度和炉膛通风,三者不能单一调整,否则会使燃烧工况失调。例如,当炉排速度和通风不变时,若煤层加厚,未燃尽的煤就多;煤层减薄,炉排上的火床就缩短。当煤层厚度和通风不变时,若炉排速度加快,未燃尽的煤就增多;炉排速度减慢,炉排上的火床就缩短。当煤层厚度和炉排速度不变时,若通风减小,未燃尽的煤就增多;通风增加,炉排上的火床就缩短。因此,煤层厚度、炉排速度和炉膛通风三者的调节必须密切配合,才能保持燃烧正常。

3. 正常停炉

(1) 关闭煤斗下部的弧形挡板,待余煤全部进入煤闸板后,放低煤闸板,使其与炉排面之间留有 30～50 mm 缝隙,保证空气流通,避免烧坏闸板。

(2) 降低炉排转动速度,减少送风和引风。当煤全部转到煤闸板后 300～500 mm 时,停止炉排转动,但需保持炉膛适当负压,以冷却炉排。如能在炉排前部铺上灰渣隔热,则效果更佳。

(3) 当炉排上没有火焰后,先关闭送风机,打开各风室风门,再关闭引风机,使锅炉自然通风,烟气经省煤器的旁路烟道排出。

(4) 当煤燃尽时,重新转动炉排,将灰渣除净。继续空转炉排,直至炉排冷却为止。

4. 紧急停炉

(1) 立即停止给煤,并将炉排前面剩余的煤扒出。停止送风机,打开翻灰板和渣斗门。

(2) 将炉排速度开至最大,使炉排上的燃煤全部落入渣斗,并用水浇灭。

(3) 打开各风室风门,停止引风机,使锅炉自然通风。

(4) 继续转动炉排,直至炉排冷却为止。

三、往复炉排(见图 3—21～图 3—25)

往复炉排炉的运行,包括点火、燃烧调节和停炉等的操作与链条炉基本相同。下面仅扼要介绍其不同点:

往复炉排炉的适用煤种是中质烟煤,煤粒直径不宜超过 50 mm。在正常燃烧时,煤层厚度一般为 120～160 mm,炉膛温度为 1 200～1 300 ℃,炉膛负压为 0～20 Pa。对各风室风门开度的要求是:第一风室的风压要小,风门可开三分之一或更小些;第二风室的风压要大,风门应全开;第三风室的风压介于第一与第二风室之间,风门可开二分之一或三分之二。拨灰渣时,应关小风门,并尽量避免在炉膛前部或中部拨火。炉排后部灰渣区最好有一部分红煤进入余燃炉排(如无余燃炉排的,不可有红煤排入灰坑),以免冷空气由余燃炉排进入炉膛。此时可由第四风室送入微风,将红煤烤焦燃尽。余燃炉排清除灰渣后,要把扒渣门关严,防止漏风。

往复炉排的行程一般为 35～50 mm,每次推煤时间不宜超过 30 s。如果炉排行程过长,推煤时间过快,容易造成断火;反之容易造成炉排后部无火,因此在具体操作时,要针对不同的煤种适当调整。例如，对于发热量较低难于着火的煤，要保持较厚的煤层，缓慢推动，而且风室风压要小；对于灰分多和易结渣的煤，煤层可以薄一些，但要增加推煤次数，即每次推煤时间要短；对于灰分少的煤，煤层可稍厚，以免炉排后部煤层中断，造成大量漏风。

对于高挥发分的烟煤，为了延长其着火准备时间；在进入煤斗前应均匀掺水。煤中含水量以 $10\%\sim12\%$ 为宜，这样既可防止在煤闸板下面着火，烧坏闸板，又不会在煤斗内"搭桥"堵塞。

四、抛煤机（见图 3—26～图 3—27）

抛煤机通常与手摇炉排或倒转炉排配合使用。倒转炉排实际上是一种以较慢速度由后向前移动的链条炉排，其运行内容已在前面叙述，此处仅扼要介绍抛煤机配合手摇炉排的运行情况。

1. 点火

(1) 在炉排前部铺上木柴和引火物，在炉排中后部铺较薄炉灰，然后点燃引火物。

(2) 待木柴燃烧旺盛时，用人工向火焰上投煤，或启动抛煤机抛进少量新煤。待燃烧到一定程度后，将红煤推向后部，直至布满全部炉排。

(3) 根据燃烧情况，逐渐增加给煤量和引风、送风量，保持炉膛负压在 20～30 Pa。

2. 调节燃烧

抛煤炉对煤的颗粒度要求比较严格，最理想的颗粒度是 6 mm 以下、6～13 mm、13～19 mm 三部分各占三分之一。

在正常燃烧时，炉排下部的风压不宜超过 50 mm 水柱，二次风的风压约为 2 500 Pa。抛煤机的电动机温升不超过 35℃，轴承和变速箱的温升不超过 50℃，冷却水温升不超过 60℃。

当灰渣层厚度达到 70～120 mm 时，应进行清炉。清炉要分组进行，例如对蒸发量 6.5 t/h 的锅炉，因为配有两台抛煤机和两组炉排,所以清炉应分两组依次进行。

清炉操作步骤如下:

(1) 先加大一台抛煤机的给煤量和风量,使其担负较高的负荷,然后停止另一台抛煤机运转。

(2) 当一组抛煤机和炉排停煤停风 2~4 min 后,用铁耙将炉排前部的燃煤推向后部,翻动前部炉排片,使前部灰渣落入灰渣斗内,然后恢复炉排片位置。

(3) 将炉排后部的燃煤扒向前部,翻动后部炉排片,使后部的灰渣落入灰渣斗内,然后恢复炉排片位置。

(4) 将炉排前部的燃煤往后部推移,迅速启动抛煤机少量给煤,然后稍开风门增加风量,逐渐恢复正常燃烧。

(5) 清完一组炉排上的灰渣后,按照上述方法将另一组炉排上的灰渣除掉。

3. 停炉

(1) 先停止抛煤,再根据燃烧情况逐步减少送风量。

(2) 当炉排上没有火焰时,停止送风,再停引风,改用自然通风,使煤燃尽。

(3) 关闭引风机入口挡板和各处风门,待锅炉缓慢冷却后,放尽锅水、清除灰渣。

五、流化床炉(见图3—28~图3—31)

1. 点火

沸腾炉的点火,即是将沸腾床上的炉料加温,使料层逐步达到正常运行的温度,以保证给煤机开动后连续送入炉膛的煤能正常燃烧。点火步骤如下:

(1) 先在炉底铺一层厚度为 300 mm 左右、粒度与燃煤相同的炉灰,然后放入直径小于 100 mm、长度 500~700 mm 的木柴,并用油棉纱之类的引火物点着,使炉内各构件得到均匀的预热。

(2) 关闭各烟道和风道门,启动引风机,使炉膛产生负压,再启动送风机。

(3) 稍开送风门,使料层上的炭火层稍有跳动,但应注意不要使炭火被灰层掩埋,否则容易熄灭。

(4) 向炭火层均匀撒布烟煤屑,并逐步增大风量,提高料层温度。料层温度低于500℃时不显红火,在600～700℃时呈暗红色。

(5) 随料层温度升高,相应增加送风量。当达到正常运行的"最小风量"时,可暂停增加送风量,而以撒入烟煤屑的数量来控制炉温升高的速度。

(6) 料层温度在达到600～700℃之前,应使温度升得较快,同时使风量较快地超过"最小风量",以免"低温结焦"。料层温度达到600～700℃以后,应使温度尽量平稳地上升,以免造成"高温结焦"。当料层温度达到800～850℃时,即可关闭炉门,并开动给煤机按正常运行送入给煤量,直至燃烧稳定,点火过程即告完成。

循环流化床点火操作也基本如此,只不过其风压更大,且在适当时应开启回料阀。

2. 正常运行

保持沸腾炉正常运行的关键,在于正确调节沸腾层的送风、风室静压和沸腾层的温度。

(1) 送风量的调节

在一般情况下,燃烧直径小于10 mm的煤粒,其最小风量必须保持1 800 $m^3/m^2 \cdot h$。否则,难以正常沸腾,时间长了还有结焦的可能。若风量过大,一方面会增加排烟热损失和固体未完全燃烧热损失,降低锅炉效率;另一方面,会使炉料不断减少,厚度减薄,降低料池蓄热能力,破坏正常运行。

如果沸腾层过厚或溢流管堵塞,可能使风量自动减小。如果炉料减薄或炉内结成焦块,可能使送风量自动增大。

(2) 风室静压的调节

料层越厚则阻力越大，不同煤种的料层，阻力近似值见表7—2。料层过厚，阻力增大，送风量下降，影响正常燃烧和锅炉出力；料层过薄，容易出现"火口"和"沟流"，使沸腾不均匀，并且容易结焦。

表 7—2　　　　　　　　料层阻力近似值

煤种	每 100 mm 厚的料层阻力 （Pa）
烟煤	700～750
无烟煤	850～900
煤矸石	$10^3 \sim 1.1 \times 10^3$

运行中可以通过观察风室压力计的水柱变化情况，了解沸腾料层运行的好坏。沸腾正常时，压力计水柱液面上下轻微跳动，跳动幅度约 100 Pa。如果压力计水柱液面跳动缓慢且幅度很大，可能是冷灰过多，沸腾料层阻力过大。

（3）沸腾层温度的调节

运行中料层温度过高，容易结焦，温度过低，容易灭火。料层温度一般应比灰渣开始变形时的温度低 100～150℃。但为使燃烧尽可能迅速和完全，最好在安全允许范围内将料层的温度尽量提高。燃烧烟煤时，料层温度应控制在 850～950℃；燃烧无烟煤时，料层温度应控制在 950～1 050℃。在接近最低风量运行时，为了安全起见，可将料层温度适当降低。

料层温度波动的主要原因在于风量和煤量的变动，如果风煤配合不适当，给煤不均匀，都会使料层温度变化。烟煤的着火温度较低，燃烧迅速，料层温度超过 700℃就能稳定燃烧。因此，控制和调节比较方便。

无烟煤着火温度要求高，所需要的燃烧时间也长，因此，若采用增减供煤量来调节炉温的做法，既难控制，又不易见效，当炉温降到 800℃以下时，还可能灭火或结焦。如果在炉温低时，增多给煤量，由于刚加入的煤不易着火，反而造成炉温和锅炉汽压大幅度下降,而当过一段时间新煤着火后,炉温又可能迅速上升,发生结焦现象。在炉温高时减少给煤,又会因减少煤的干馏汽化吸热,炉温在短时间内反而上升。因此,对燃烧无烟煤的调节,主要靠司炉人员密切注视仪表。如果锅炉负荷变化,给水调节阀也未动,但发现给水量下降,则说明锅炉汽压和汽温都在开始上升,这时就应适当增加给煤量。如果等到炉温和汽压明显下降后再去调节,就已经晚了。上述调节方法称为"前期调节法"。另外,也可采用"短促"给煤法进行调节,当发现炉温下降时,随即加快给煤机转速 1～2 min,再恢复原来转速,等 2～3 min 后看炉温是否上升。若一次不行,可连续进行多次。但每快加一次煤后,要等一会看效果,采用此法炉温通常能很快上升。

循环流化床除上述外,还要调节回料量等。

3. 停炉

(1) 暂时停炉(又称热备用压火)的操作步骤

①停止给煤,待料层温度比正常温度降低 50℃时,立即关闭送风门和送风机。关风门要快、要严,不可只停风机不关风门。

②尽快将风门挡板、看火孔等关严,防止冷风窜入炉膛,减少料层散热损失。

③压火后,最好在料层中装一温度计,以便监视料层的温度。压火时间长短,取决于料层温度降低的速度。

④如果需要延长压火时间,可在烟煤料层温度不低于 700℃,无烟煤料层温度不低于 800℃时启动一次,使料层温度回升,然后再压火。

(2) 暂时停炉后的启动操作步骤

①烧烟煤时,料层温度不低于 700℃,烧无烟煤时,料层温度不低于 800℃,方可启动。

②如果料层温度较低,应打开炉门,将料层中温度低的表层扒出,留下约 300～400 mm 厚的料层,然后用小风量吹动,并

适当加入烟煤屑引火,使料层温度很快升高。同时逐渐增加送风量,当送风量已高于正常运行的最低风量,料层温度高于 800℃ 时,即可关闭炉门,开动给煤机,逐渐过渡到正常运行。

③如果料层温度较高,可直接将送风量加到略高于运行时的最低风量,再开动给煤机,使炉温迅速升高,渐渐达到正常运行。

(3) 正常停炉的操作步骤

正常停炉操作与暂时停炉操作基本相同,只是在停止给煤机后仍可继续送风,直到料层中的煤基本烧完。待料层温度降到 700℃ 以下时,再依次关闭送风门、送风机和引风机。

循环流化床还应关闭回料装置。

六、煤的气化燃烧炉

1. 常规简易煤气炉操作

(1) 底火

将预先在点火室备好的火种撒到炉排灰渣层上面,然后加上一层煤,并稍开一次空气吹燃后扒平,使底火充满整个炉排。底火要均匀,不可只集中在几点,以免发生局部早期过烧现象。

(2) 加煤

要将块煤加在中心区域,碎煤加在四周,然后进行平整稍加压实,并使四周煤层稍高于中心煤层,以免四周因进风较多而过早烧穿。

(3) 给风

开始先少给一次空气,以起到松动煤层、培植火床和初步形成层带的作用,待产生煤气后,微开二次空气,同时适当加大一次空气。一次空气量的调节,既要保证煤气生产率和煤气质量,又要不致使煤层过早烧穿;二次空气量的调节,以烟囱基本不冒黑烟为限。如全部打开二次空气后仍冒黑烟,表明一、二次空气量比例不当,此时应稍减一次空气量,逐步调整到最佳状况。

(4) 停风

当停止送风或突然停电时,应将一次空气道挡板关严,以免煤气进入风道造成事故。

(5) 停炉

应先停一次空气,待存留的煤气燃完后再停二次空气,然后才可打开炉门。

2. 反烧法操作

(1) 反烧法的特点

反烧法,是简易煤气炉的一种燃烧方法。即是在炉排上面铺好渣层后,不加底火而直接加完足够厚度的煤层,然后在其上表面点火,使燃烧自上而下进行。为了与通常情况下火源在煤层底部,燃烧由下而上进行相区别,故称为反烧法,或称上燃法。采用这种方法的简易煤气炉,被称为上燃式简易煤气炉。

采用反烧法的锅炉,在炉膛的上部开有火焰出口孔,燃烧产生的高温烟气由此进入锅炉对流受热面;炉膛的中部开有炉门,供投煤用;炉膛的下部开有灰门,供燃烧周期结束后清理炉渣用;锅炉底部设置铸铁炉排片,承受整个燃烧周期的用煤量。为了布风均匀,炉排通风孔最好是上小下大的圆锥形,并呈等边三角形布置。二次空气则从煤层上面引入。

(2) 反烧法的操作顺序

①在炉排上均匀铺 50~100 mm 厚度的炉渣层,以利通风和减少漏煤。

②在炉渣层上投加 400~700 mm 厚度的煤层,并使四周稍高于中心,呈凹形表面,以防四周煤层过早烧穿。

③在煤层上面撒布适量木刨花等引火物,然后将其点燃。

④关闭炉门,稍开一次空气,当煤层表面形成明火时,即可调节一、二次空气量,转入正常燃烧阶段。

(3) 反烧法的燃烧过程

反烧法煤的燃烧情况与简易煤气炉相近,其燃烧层带如图 7—2 所示。顶部的煤在上面火源的加热下,首先被预热干燥,然后析出挥发分开始着火;煤被干馏成焦炭,进行激烈燃烧,同时放出大量热量,形成氧化层;氧化层放出的热量,又提供给相邻的底层煤预热干燥。以上过程辗转发生,就使燃烧自上而下连续进行。随着运行时间延长,氧化层带逐渐下降,灰渣层带相应加厚,直至底层煤中残炭基本燃尽,完成整个燃烧周期。

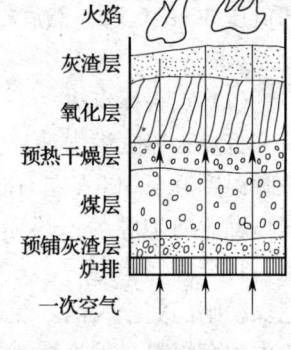

图7—2 反烧法燃烧层带示意图

(4)反烧法的优缺点

1)反烧法的优点:

①燃烧自上而下进行,随着煤中挥发分析出,在固定炭中出现许多细小空隙,煤层呈蜂窝状,从而使燃烧的全部过程都是在氧气充足的条件下进行。因此没有明显的还原层带,燃烧中产生的碳氢化合物也不易分解成炭黑,爆燃危险性小。

②在燃烧的全部过程中,不需拨火和清炉,煤层处于"静止"状态,而且送风要通过厚煤层,不致造成大量的悬浮微尘,所以烟尘浓度较低,有利于环境保护。

③各项热损失均较小,一般比手燃炉节煤10%~20%。

2)反烧法的缺点:

①燃烧速度慢,锅炉出力较一般手烧炉低10%~20%,不适于连续供汽的锅炉。

②上层炉渣始终受到火烧,因此渣层温度高,对于灰熔点低的煤容易结成大渣块。

③对灰分高、水分大和挥发分低的煤着火和燃烧有一定的困难。

七、煤粉炉(见图3—32~图3—38)

1. 点火

煤粉炉点火前，先开启引风机通风 5 min 左右。保持炉膛上部负压 30～40 Pa。然后根据现有条件，可选择下面三种方法进行点火：

(1) 点火棒点火

将点火棒蘸满煤油，点着后插入点火孔内约 10 min 后，待炉膛温度升至 300℃左右时开启磨煤机和给煤机低速运转，再稍开喷燃器向炉膛喷入煤粉，开始着火。此时应继续用点火棒助燃，直至燃烧稳定后，方可抽出点火棒。如果一次点火不着，应把煤粉闸门完全关闭，经通风数分钟后，才能再次点火，以免炉膛内积存煤粉，发生爆燃。这种点火方法适用于含挥发分高的烟煤煤粉，而且一次风温要在 300℃以上。

(2) 喷油嘴点火

这种方法简单易行，一般多使用重柴油。常用的是在蜗壳式喷燃器中心管中插入喷油枪，用点火棒引燃油雾，接着就可喷进煤粉开始着火，待燃烧正常后取出喷油枪。

(3) 点火炉点火

点火炉又称马弗炉。当其炉排上的煤块燃烧旺盛，炉温升至 300℃时，开启磨煤机、给煤机低速运转，再稍开喷燃器向炉膛喷入煤粉，开始着火。然后调整给煤量和进风量，使燃烧逐步稳定后即可停用点火炉。如果开始喷入的煤粉燃烧不好，应关闭喷燃器停止喷入煤粉；同时对点火炉加强燃烧，待炉温进一步升高后，再重新喷入煤粉。

2. 调整燃烧

(1) 正常燃烧

煤粉炉正常燃烧的关键，在于正确地增减煤粉量和调节一、二次空气的配合关系。运行正常时，煤粉喷出后距喷嘴不远即开始着火，燃烧稳定，火焰中不带有停滞的烟层和分离出的煤粉，温度约 1 400℃左右，呈亮白色，火焰行程不碰后墙，并均匀地充满整个炉膛，烟气颜色呈淡灰色。

(2) 火焰的调整

当火焰过低时,灰渣斗上容易结焦,应增加喷嘴下面的二次空气,并相应减少喷嘴上面的二次空气。此时炉膛上部的负压若低于 10 Pa 时,应加强引风。当火焰过高时,应减少喷嘴下面的二次空气,并相应增加喷嘴上面的二次空气。此时炉膛上部的负压高于 20 Pa 时,应减弱引风。当火焰太靠近喷嘴时,除了增加一次空气外,还要增加喷嘴下面的二次空气。

(3) 负荷变化的调整

当负荷增加时,先增加引风量和空气供应量,再增加煤粉供应量。当负荷减小时,先减少煤粉供应量,再减少空气供应量和引风量。一台锅炉上同时装有几个喷燃器时,每个喷燃器的给粉量应尽可能均衡,但炉膛两侧喷燃器的给粉量可适当少点,并且当锅炉负荷增加时,其给粉量也不宜增加过多。锅炉在低负荷时,可相应停止部分喷燃器,以维持燃烧稳定。

煤粉对锅炉负荷的适应性能较好,也就是当锅炉负荷变化时,通过调整燃烧,可以很快改变蒸发量,以适应负荷需要。但是,煤粉炉的最低负荷是有限制的,一般不宜低于正常负荷的 50%～70%,否则难以保持正常燃烧。

3. 停炉

(1) 正常停炉的操作步骤

①停止给煤,但磨煤机内的余煤可继续喷入炉膛燃烧,直至熄火为止。

②停止送风,约 5 min 后再停止引风,但可将引风机挡板或直通烟道的挡板稍微开启,以利炉膛自然冷却。

③完全关闭灰渣斗门、看火门、人孔和其他门孔。约 20～30 min 后,待炉膛温度下降,高温废气全部排出后,关闭引风机挡板或直通烟道的挡板。

(2) 紧急停炉的操作步骤

①立即停止给煤。

②停止磨煤机运转，关闭磨煤机出口挡板。
③停止送风机。
④停止引风机。如果因炉管或水冷壁管爆破而停炉，应继续引风，排除炉膛内的大量水蒸气。

八、燃油燃气锅炉（见图 3—42～图 3—47）

1. 点火

燃油锅炉必须装设可靠的点火程序控制装置。

（1）锅炉点火前，应启动引风机和送风机，对炉膛和烟道至少通风 5 min，排除可能积存的可燃气体，并保持炉膛负压50～100 Pa。

（2）为防止炉前燃料油凝结，在送油之前应用蒸汽吹扫管道和油嘴。然后关闭蒸汽阀，检查各油嘴、油阀，均应严密，以防来油时将油漏入炉膛。燃料油加热后，经炉前回油管送回油罐进行循环，使炉前的油压和油温达到点火的要求。同时应注意监视油罐的油温，以防回油过多，油温升高过快，发生跑罐事故。

（3）点火方法

通常是用电火花点燃点火火焰，再用点火火焰点燃主火焰。点火时油阀应先小开，着火后迅速开大，避免突然喷火。若喷油后不能立即着火，应迅速关闭油阀停止喷油，并查明原因妥善处理。然后通风 5～10 min，将炉内可燃油气排除后再行点火。着火后应立即调整配风，对负压燃烧维持炉膛负压 10～30 Pa。

（4）点火顺序

上下有两个油嘴时，应先点燃下面的一个；油嘴呈三角形布置时，也先点燃下面的一个；有多个油嘴时，应先点燃中间的一个。

（5）点火时容易从看火孔、炉门等处向外喷火，操作人员应戴好防护用具，并站在点火孔的侧面，确保安全。

（6）升火速度不宜太快，应使炉膛和所有受热面受热均匀。

冷炉升火至并炉的时间,低、中压锅炉一般为 2~4 h,高压锅炉一般为 4~5 h。

2. 调整燃烧

正常燃烧时,炉膛中火焰稳定,呈白橙色,一般有隆隆声。如果火焰跳动或有异常声响,应及时调整油量和风量。若经过调整仍无好转,则应熄火查明原因,待采取措施后再重新点火。

(1) 燃油量的调整

简单机械雾化油嘴的调节范围通常只有 10%~20%。当锅炉负荷变化不大时,可采用改变炉前油压的方法进行调节,增大油压即可达到增加喷油量的目的。当锅炉负荷变化较大时,可以更换不同孔径的雾化片来增减喷油量。当锅炉负荷变化很大时,上述两种调节方法都不能适应需要,只好通过增加与减少油嘴的数量来改变喷油量。

回油机械雾化油嘴的调节范围可达 40%~100%。当锅炉负荷变化时,可相应调节回油阀开度使回油量得到改变。回油量越大则喷油量越小;反之,则喷油量增加。

在正常运行中,不得将燃油量急剧调大或调小,以免引起燃烧的急剧变化,使锅炉和炉墙骤然胀缩而损坏。

(2) 送风量的调整

现在的全自动燃烧器风量调节均可通过调节机构实现与燃料的比例调节。

在一定的范围内,随着送风量的增加,油雾与空气的混合得到改善,有利于燃烧。但是,如果风量过多,会降低炉膛温度,增加不完全燃烧损失;同时由于烟气量增加,既增加了排烟热损失,又增加了风机耗电量。如果风量不足,会造成燃烧不完全,导致尾部积炭,容易发生二次燃烧事故。因此,对于每台锅炉均应通过热效率试验,确定其在不同负荷时的经济风量。

在手动操作中,司炉人员通常根据油嘴着火情况和烟气中二氧化碳或氧的含量来调整送风量。如果发现某个油嘴燃烧情况不佳，或新更换了不同孔径的雾化片，应保持送风道风压不变，通过调整该油嘴的风道挡板开度达到正常燃烧。如果由于改变炉前油压使燃油量变化，需要调整送风量时，应调整送风机挡板的开度，通过改变送风道风压和风量来达到正常燃烧。

(3) 引风量（对负压燃烧）的调整

随着锅炉负荷的增减，燃油量发生变化时，燃烧所产生的烟气量也相应变化。因此，应及时调整引风量。当锅炉负荷增加时，应先增加引风量，后增加送风量，再增加油量、油压。当锅炉负荷减少时，应先减少油量、油压，再减少送风量，最后减少引风量。在正常运行中，应维持炉膛负压 20～30 Pa。负压过大，会增加漏风，增大引风机电耗和排烟热损失。负压过小，容易喷火伤人、倒烟，影响锅炉房整洁。

(4) 火焰的调整

①火焰分析。燃油时对各种火焰的观察和分析，参见表7—3。

②着火点的调整。油雾着火点应靠近喷口，但不应有回火现

表7—3　　　　　　　燃油火焰分析

油嘴着火情况	原因分析	处理和调整
火焰呈白橙色，光亮、清晰	1. 油嘴良好，位置适当 2. 油、风配合良好 3. 调风器正常，燃烧强烈	燃烧良好
火焰暗红	1. 雾化片质量不好或孔径太大 2. 油嘴位置不当 3. 风量不足 4. 油温太低 5. 油压太低或太高	1. 更换雾化片 2. 调整油嘴位置 3. 增加风量 4. 提高油温 5. 调整油压
火焰紊乱	1. 油风配合不良 2. 油嘴角度及位置不当	1. 调整风量 2. 调整油嘴角度及位置

续表

油嘴着火情况	原因分析	处理和调整
着火不稳定	1. 油嘴与调风器位置配合不良 2. 油嘴质量不好 3. 油中含水过多 4. 油质、油压被动	1. 调整油嘴及调风器的位置 2. 更换油嘴 3. 疏水 4. 与油泵房联系,提高油质,稳定油压
火焰中放蓝光	1. 调风器位置不当 2. 油嘴周围结焦 3. 油嘴孔径太大或接缝处漏油	1. 调整调风器位置 2. 打焦 3. 检查、更换油嘴
火焰中有火星和黑烟	1. 油嘴与调风器位置不当 2. 油嘴周围结焦 3. 风量不足 4. 炉膛温度太低	1. 调整油嘴与通风器的相对位置 2. 打焦 3. 增加风量 4. 不应长时间低负荷运行
火焰中有黑丝条	1. 油嘴质量不好,局部堵塞或雾化片未压紧 2. 风量不足	1. 清洗、更换油嘴 2. 增加风量

象。着火早,有利于油雾完全燃烧和稳定。但着火过早,火炬离喷口太近,容易烧坏油嘴和炉墙碹口。

炉膛温度、油的品种和雾化质量,以及风量、风速和油温等,都会影响着火点的远近。所以若要调整着火点,应事先查明原因,然后有针对性地采取措施。当锅炉负荷不变,且油压、油温稳定时,着火点主要由风速和配风情况而定。例如,推入稳焰器,降低喷口空气速度,会使着火点靠前;反之,会使着火点延后。当油压、油温过低或雾化片孔径太大时,油雾化不良,也会延迟着火。

③火焰中心的调整。火焰中心应在炉膛中部,并向四周均匀分布,充满炉膛,既不触及炉墙壁,又不冲刷炉底,也不延伸到炉膛出口。如果火焰中心位置偏斜,会形成较大的烟温偏差,使水冷壁受热不均,可能破坏水循环,危及安全运行。

要保证火焰中心居中,首先要求油嘴的安装位置正确,并要均匀投用。其次要调整好各燃烧器出口的气流速度。如要调整火焰中心的高低,可通过改变上下排油嘴的喷油量来达到。

3. 停炉

全自动燃烧器其停炉过程也是自动的。

(1) 在正常停炉时要逐个间断关闭油嘴,以缓慢降低负荷,避免急剧降温。在停止喷油后,应立即关闭油泵或开启回油阀,以免油压升高。然后停止送风,约 3~5 min 后将炉膛内油气全部抽出,再停引风机。最后关闭炉门和烟道、风道挡板,防止大量冷空气进入炉膛。

(2) 油嘴停止喷油后,应立即用蒸汽吹扫油管道,将存油放回油罐,避免进入炉膛。禁止向无火焰的热炉膛内吹扫存油。每次停炉之后,都应将油嘴拆下用轻油彻底清洗干净。

(3) 停炉后的冷却时间,应根据锅炉结构确定。在正常停炉后应紧闭炉门和烟道挡板,约 4~6 h 后逐步打开烟道挡板通风,并进行少量换水。如必须加速冷却,可启动引风机,增加放水与进水的次数,加强换水。停炉 18~24 h 后,当锅水温度降至 70℃以下时,方可全部放出锅水。

(4) 在刚停炉的 6~12 h 内,应设专人监视各段烟温。如发现烟温不正常升高或有再燃烧的可能时,应立即采取有效措施,例如用蒸汽降温等。此时严禁启动引风机,防止二次燃烧。

对燃气锅炉也与燃油锅炉一样,必须有点火程控装置,其调节一般都是比例调节。停炉也由程控装置自动完成。

第八节 锅炉的节能

一、概述

我国的常规能源煤、石油和天然气储量不多,而且能源的利用率却很低。为保证国民经济持续稳定发展,国家确定了"开发与节约并重,节约优先"的能源政策,并要求近期每年要强制性节能4%。锅炉是用能大户,使用者对实现上述目标负有更大的责任。

锅炉节能,就是在满足相等的蒸汽需要或达到相同的供热条件下,使能源消耗减少,其减少量就是节约能量。换句话说,就是生产同样的蒸汽或满足同样的供热,但减少了能源消耗,或以同样的能源消耗,生产出更多蒸汽或供应更多的热量。

锅炉的节能应当是一种综合性节能,就是既要节约燃料,又要节约蒸汽、水和电等。因为电、蒸汽和水等是要消耗能源才能生产出来的物质和能量。为此,锅炉节能就有锅炉热效率(见第一章第四节)(又称毛效率)和净效率两个指标,后者可直观地反映锅炉的综合能源利用效率。所谓净效率,就是锅炉热效率的"输出有效热量"要扣除各种辅助设备的用电以及水、汽等消耗的折算热量,这样计算出来的效率就是净效率。就燃煤工业锅炉而言,锅炉热效率与其净效率之差,一般不会超过5%。由此可知,锅炉的节能主要是节约燃料,提高锅炉热效率,同时也要节约各种辅助设备运行的电、汽和水等消耗,以提高净效率,实现综合节能。这就要求锅炉作业人员不断提高管理水平和运行操作水平。

二、管理节能

管理节能就是要从锅炉的管理上为节能打下良好的基础。

1. 在保证锅炉安全和环保的情况下选购国家推荐的高效节能产品，这不仅包括锅炉的热效率，而且还包括与锅炉配套的各种辅助设备，如水泵、风机等耗能产品也应是节能产品。

2. 选购锅炉时，应特别注意其设计燃料的品种规格与燃料供应商供给本单位的燃料是否一致或基本相同。

3. 锅炉容量、台数的配置要合理，使投运的锅炉能在70%～100%出力下运行而满足负荷需要，尽量避免大马拉小车的运行工况，也不能长时间（不超过2 h）超负荷运行。

4. 配齐各种计量器具和检测仪表，尽量采用自动化运行的锅炉。

5. 跟踪新产品、新技术发展，及时更新、改造高耗能设备。

6. 制定锅炉经济考核奖惩制度，对操作人员进行节能培训，不断提高运行操作人员技术水平。

三、运行节能

锅炉运行操作节能，虽然随燃料和燃烧方式的不同而有所差异，但其基本途径是相同的，量大面广的燃煤机械层燃锅炉可以作为其典型代表。

从锅炉热效率的定义（计算）可知，锅炉的热效率就是输出蒸汽或热水所携带的有效热量占输入燃料燃烧释放热量的百分数，这个百分数，不论何种锅炉，通常都很难达到90%，而其余10%以上的燃料热量（也就是燃料量）都被损失掉了。要提高锅炉效率，节约燃料，就必须找出这些热损失，并采取相应措施降低热损失。

图7—3是一个锅炉输入热量与输出热量（包括输出有效热量和各项热损失）的平衡图。

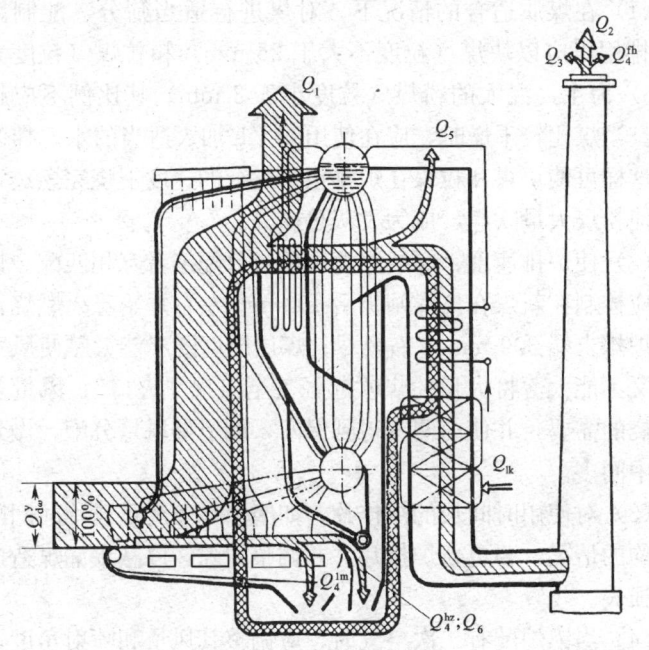

图 7—3 锅炉热平衡示意

Q_2—排烟热损失　Q_3—气体不完全燃烧热损失　Q_1—有效利用热量

Q_4（$Q_4^{lm}+Q_4^{hz}+Q_4^{fh}$）—固体不完全燃烧热损失

Q_5—散热损失　Q_6—炉渣热损失　Q_{dw}^y—燃料低位发热量　Q_{lk}—冷空气热量

由图示可知，燃煤锅炉运行的燃料热量会出现 5 个方向的流失，即不完全燃烧的固体（Q_4）、不完全燃烧的可燃气体（Q_3）、高温炉渣带走的热量（Q_6）、高温排烟带走的热量（Q_2）和炉体表面散失的热量（Q_5）。前两项属燃烧引起，中间两项属携带引起，最后一项属温差引起，由此即可采取措施，降低其热损失。分析表明，5 项损失中 Q_4 与 Q_2 之和又占整个热损失的 80% 以上，节能应首先针对此两项。

1. 燃烧节能

采取以下措施可降低固体不完全燃烧热损失：

(1) 在煤质适合的情况下,对煤进行适当筛分、配制。链条炉排用煤应以块煤(粒度不大于 25 mm)和粒煤(粒度大于 6 mm)为主,混入的粉煤(粒度小于 3 mm)其比例不应超过 30%。当煤比较干燥时,应在使用前 4 h 加入适当的水,拌匀备用。这样可使块煤和粒煤在炉排正常运行的速度下烧完燃透,又不致使粉煤大量吹起,成为飞灰热损失。

(2) 使炉排速度、煤层厚度和风量分配三者互相匹配。炉排速度应控制在新煤在离煤闸板后 100 mm 左右开始着火燃烧,而在离炉排末端 300 mm 左右燃尽;煤层厚度既不能太厚使风穿不透,又不能太薄将大量粉煤吹起,甚至出现"火口";风量要满足燃烧的需要,并使前两者得到保障,调节好风量分配,做到两头少中间多。

(3) 对使用时间长的炉排片,如磨损比较严重或片间间隙出现不均的情况,要更新炉排片,并调整间隙,以减少漏煤造成的热量损失。

(4) 当锅炉配有二次空气时,应调整其风量和喷射角度,使其达到助燃和减少飞灰热损失的作用。

(5) 如遇燃料品种质量变化,应调整操作,必要时还应更换炉拱等有关部件。

(6) 必要时可对炉渣和飞灰含碳量进行化验分析,并以此指导燃烧操作的改进。锅炉容量大于 1 t/h(0.7 MW)的燃烟煤和无烟煤的层燃炉,其排渣含碳量分别不应超过 18% 和 23%。

2. 降低排烟和排渣显热节能

锅炉运行时,燃料和空气通常都以常温进入炉膛,燃烧后生成的烟气一般都以 200℃ 左右的温度排出锅炉。煤燃烧后的灰渣则以 600℃ 以上的温度排出。温度高低就显示出热量的多少,所以称显热。排烟和灰渣携带的热量是来自燃料燃烧的热量,它们被带出锅炉,就造成燃料的热量损失。对燃煤锅炉,其排烟热损失几乎是与固体不完全燃烧热损失并列的最大的热损失,对燃油燃气锅炉，则是居第一位的最大热损失。

为降低排烟热损失，应采取以下措施：

(1) 保持受热面内外的清洁，提高传热效率

锅炉额定的排烟温度都是在受热面内无水垢、外无结灰的情况下设计和测得的。锅炉投入运行后，若水质不良或排污操作不当，受热面水侧就会结生水垢，而水垢阻碍传热的作用是钢的30~50倍。在受热面的烟气侧则会发生结灰，灰的阻碍传热的作用更大，是钢的600倍左右。这样一来，流过受热面的烟气的热量，因受到内外两层热阻，热量就难以传给汽水，也就是烟气温度难以降低。导致排烟温度升高。有测试表明，排烟温度每升高12~15℃，锅炉效率就会下降1%。所以，必须保持给水和锅水品质；有吹灰器的锅炉要按操作规程吹灰，无吹灰器的锅炉要定期对受热面进行清扫。对烟道中沉积的灰也要清扫干净，否则因积灰侵埋部分受热面而减小传热面积也会导致排烟温度升高。

(2) 适当配风，堵住漏风

如前所述，锅炉运行时，供给燃烧用的空气一般都是常温。锅炉炉墙上（特别是燃煤锅炉）都设有各种门孔，另外煤斗与炉排、炉体与出渣等处往往都是活动接合。由于炉膛和烟道都是负压，空气就会从这些缝隙部位进入，造成漏风。而送风和漏风进入锅炉后都被加热，温度升高，并以排烟温度排出锅炉，造成热量损失。所以，供给燃烧用的空气不能过多，应维持在适当的过剩空气系数（见第一章第三节）。对于链条炉排和其他机械层燃炉，其炉膛出口过剩空气系数不应超过1.6，最好维持在1.3左右。对于漏风，操作人员应加强检查，堵住漏风。炉膛出口过剩空气加上烟气流程中的漏风就成为排烟的过剩空气。所以漏风越多，排烟热损失就越大。有测试表明，排烟过剩空气每增加13%，锅炉效率就下降1%。另外，维持炉膛出口的负压在20~30 Pa也很重要，因负压越高，炉膛及烟道漏风就越严重。

3. 其他节能

对于气体不完全燃烧、散热和灰渣三项热损失，虽然它们之和还不及固体不完全燃烧或排烟热损失的下限，但是也应予以重视。其中气体不完全燃烧和灰渣热损失，只要满足上述燃烧节能，一般就不会出现异常情况。要维护好炉墙和锅筒、管道等的保温结构，当环境温度为25℃时其表面温度不应超过50℃，以减小因温差而引起的散热损失。

4. 间接节能

上述措施都是直接节约燃料，但锅炉运行是要借助辅助设备的运转才能进行的。同时锅炉在对外供汽供热中，如果用汽用热的设备或热用户收到的有效用热减少，锅炉就要提高供汽供热数量，以满足需要。所以降低辅助设备的用电和防止蒸汽及热水的跑、冒、滴、漏也直接关系到锅炉的节能。

对于蒸汽锅炉，其辅机的节电主要是要做好定期维护保养，减小因机械摩擦等消耗的轴功率。对于热水锅炉，除上述外，还应优化循环泵的调度，特别是对于大型热网。应在一台泵100%负荷能满足循环需要的情况下就开一台泵，而不要用两台泵各承担50%负荷的运行方式，因为后者泵是在低效率下运行，其耗电可比单台泵运行多出50%左右。不论风机还是水泵，低负荷运行的耗电量都较高。

汽水系统的跑冒滴漏都是损失用燃料加热的介质，所以应加强法兰连接和阀门的维护，防止泄漏。对于热水系统，其失水率应控制在循环水量的1%～1.5%以内。

5. 充分发挥各种节能设施的作用

随着节能要求的提高，锅炉及供热系统越来越多地增设一些节能设施，如锅炉尾部烟道设置的节能器；锅炉排污的膨胀器；蒸汽锅炉系统的冷凝水回收和热水系统的混水器等，这些设施都有十分明显的节能效果。但不少操作人员往往不愿意学习掌握和使用这些设施，甚至自行将它们解除，认为使用这些设施太麻烦。因此，操作人员首先要克服过去的习惯，树立节能意识；其次,就要积极学习和掌握这些设施的操作技能,不放过任何一点一滴的节能,以取得积少成多的效果。

第九节 辅助设备和安全附件的运行

一、离心给水泵

1. 新装和检修后的水泵,在启动前用手转动离心水泵的转子数次,确认水泵轴可以自由转动。

2. 每次启动前都要检查轴承盒内润滑油是否充足,轴承冷却水系统应完好,打开吸入管路闸阀和水泵壳空气阀,待水一直灌到从空气阀流出,立即关闭空气阀。

3. 启动前应开启压力表阀门,打开进口阀门,关闭水泵的出口阀门,运转正常后再逐渐打开水泵出口阀门。

4. 水泵启动后,应检查水泵的运行是否正常。

5. 停水泵时,应先关闭出水管路阀门,使水泵进入空转,然后停止电机,最后关闭吸水管路的阀门。

6. 水泵长期停运时,应解体检修,水泵出、入口管口加盖封闭,保存在干燥的地方。

二、循环水泵

1. 启动循环水泵前,应先投入低压冷却水。

2. 应用高压给水或纯水对充水管道进行冲洗2~3次,然后对循环水泵进行灌水排气。

3. 启动前应开启压力表阀门,关闭水泵的出口阀。运转正常后再逐渐打开水泵出口阀门。

4. 当环境温度低于0℃时,停运或备用水泵的低压冷却水管、高压充水管应采取防冻措施。

5. 水泵长期停运时,应解体检修,水泵出、入口管口加盖封闭,保存在干燥的地方。

三、风机

1. 风机启动的操作步骤

（1）检查润滑油的质量和数量，确认符合要求。

（2）检查轴承密封盖和密封，检查轴承冷却水，确认完好。

（3）检查机壳内，联轴器附近，皮带防护装置等处，应无妨碍转动的杂物。

（4）检查全部的基础地脚螺栓，应保证紧固。启动前用手转动叶轮 1~2 次，确认叶轮无卡住和摩擦声。

（5）关闭风机入口调节装置挡板。

（6）检查无误方可启动风机，并核对风机转向，确认电机电流在要求范围之内。

（7）风机启动后，逐渐开大风机入口调节装置挡板至合适风量。

2. 风机正常运行中，主要监视风机电动机的电流。其次，经常检查轴承润滑、轴承温度、风机振动、有无摩擦和碰撞声等。正常运行中遇到下列情况，应立即停机检查或修理：

（1）滚动轴承温度超过 80℃或轴承冒烟。

（2）电动机冒烟。

（3）发生强烈振动和有较大的碰撞声。

（4）电流值突然变大。

3. 风机停止后，应关闭风机入口挡板。

四、除尘设备

1. 旋风除尘器的运行要求

（1）除尘器在运行中要保持密封。

（2）要定期除灰。

（3）要经常检查除尘器，发现磨损时应及时更换或修补，发现排灰管堵塞应及时消除。

2. 离心式水膜除尘器的运行要求

（1）水膜除尘器运行时，应经常保持除尘器水箱水位正常，不允许水箱向外溢水或中断供水。

(2) 经常检查锁风器，使其动作灵活，水封严密，水封池工作正常。

(3) 保证除尘器用水充足，水压稳定。各部位的水压应符合产品使用说明书的规定。

(4) 除尘器水门应全开，喷嘴水流畅通。定期疏通除尘器入口烟道。

(5) 发现除尘器底部堵灰时，应及时疏通。

3. 袋式除尘器运行中的注意事项

(1) 经常检查除尘器外壳、灰斗及检修门的保温层是否完好，防止烟气结露，影响运行。

(2) 除尘器正常运行时，其阻力、烟气温度和湿度变化应在正常范围内。

(3) 保持除尘器的正常流量。

(4) 滤袋必须定期检查，发现破损要及时处理。

(5) 定期检查除尘器的密封性。

(6) 定期检查各种清灰机构的工作情况，发现问题及时修复。

(7) 如长期停运，应在停止烟气处理后至少进行 15～30 min 的清灰运转，停运期间应保持滤袋干燥。

4. 静电除尘器的运行要求

(1) 经常检查除尘器的保温层，发现问题及时处理。

(2) 保持除尘器的正常流量。

(3) 定期检测烟尘的比电阻，发现问题及时处理。

(4) 保持除尘器正常的电流、电压值。

(5) 定期检查除尘器的密封性。

(6) 定期检查各清灰机构。

5. 湿式除尘脱硫器的运行要求

(1) 保持洗涤液的水位，发现问题及时处理。

(2) 洗涤液中脱硫剂的浓度应达到设计要求。

(3) 定期检查除尘器的密封性。

(4) 定期检查设备，发现底部堵灰时，应及时疏通。

五、除渣设备

除渣设备的运行要求如下：

1. 各润滑部分应及时加油，防止因缺润滑油而磨损部件。

2. 减速器壳体温度应适当，如温度高应及时查找原因。

3. 刮板除渣机应空载启动，如无特殊情况不得负载停车，经常检查刮板链条，发现问题及时处理。

4. 灰坑内封闭水要保持足量，避免过大渣块或其他杂物进入灰坑，以防螺旋除渣机卡住损坏。

六、上煤设备

经常检查机器设备各部件，发现问题及时处理。保持轴承和驱动部分润滑良好。对埋刮板输送机要防止堵塞或过载，满载输送中紧急停车后的启动，应先适当排除机槽内的煤。运行人员要经常巡回检查，清除燃料中的杂物。

七、水处理设备

1. 锅内水处理的要求

(1) 要经常注意水源的水质，运行中要控制锅水水质符合 GB 1576 的规定。

(2) 必须注意排污，通过排污，使锅水水质维持在水质标准范围内。

(3) 定期停炉检查，根据实际情况调整加量和排污方式，并及时清除锅内水垢。

2. 锅外水处理的要求

(1) 严格按照水处理设备的产品使用说明书进行操作。

(2) 定期检查罐体，做好罐体防腐，防止树脂"铁中毒"。

(3) 对所用水源水中杂质较多的要进行预处理。加强树脂的使用和管理，防止其失效。

(4) 控制给水水质符合 GB 1576 的规定。

3. 给水除氧的要求

(1) 保持除氧器的水力工况和热力工况稳定。

(2) 运行中应随时注意监视温度计、压力表和蒸汽压力。

(3) 定期对除氧器出水水质进行分析，控制给水水质符合 GB 1576 的规定。

(4) 除氧器除氧头空气排气管不要封死或开度不全。

(5) 保持喷射器内压力稳定。

(6) 除氧器停用时应放尽水箱内部存水，并进行检查和清洗所有部件。对有涂漆剥落的部位，要及时处理。

八、压力表

1. 压力表的操作

压力表在使用操作中，应注意如下几点：

(1) 工作温度不应超过 80℃，若蒸汽直接通入表内，很容易造成压力表失灵。因此在使用前，必须确认存水弯管内存满水。

(2) 在压力表下面的三通旋塞，旋塞手柄方向与连管轴向一致，表示压力表已经接通。

(3) 当压力表放置离锅筒较远，而使用较长的连接管时，在近锅筒处有必要设一个截门。这种情况下，应将截门全开后，或是上锁，或是将手柄拿掉。

(4) 对较长时间停用的压力表及其连接件，使用前要注意吹洗弯管和连接件，以除去锈类脏物。如有水垢时，要彻底清除或换新。

(5) 在冬季，若停用时间较长有冻结危险时，应将压力表取下保管，把连接弯管内的水排净。

(6) 平时应准备一个经检查良好的压力表作备用品，在运行中发现压力表有问题时，应随时关闭连接管的旋塞，换上备用品做比较检查。按规定，压力表使用一定时间后就应校验，同时换上备品表。检验后应封印。

2．压力表的检查

关于压力表的试验检查方法，有在压力表试验机上检查，或与压力表试验和检查合格的试验专用压力表对比检查两种。定期检查，应由法定的单位进行。但在如下情况时，运行人员应做比较检查：

(1) 锅炉做性能检查时。
(2) 长期停用后再次启用时。
(3) 安全阀的启跳压力与调整的压力出现差别时。
(4) 由于压力表指针摆动异常等，对其性能发生疑问时。
(5) 因发生汽水共腾等异常情况，已影响到压力表时。

3．更换压力表

压力表在运行中如发现有呆滞、失准等现象，必须及时更换。更换操作步骤如下：

(1) 首先检查新压力表是否有出厂质量证明，并有无计量部门校验封印。合乎要求的才能使用。

(2) 将三通旋塞拧到"冲洗"的位置(参见图4—10c)，冲出存水弯管内的污垢。

(3) 将三通旋塞拧到"存水"的位置(参见图4—10d)，取下旧压力表，换上新压力表。

(4) 将三通旋塞拧到"工作"位置(参见图4—10a)，使新压力表投入运行。

4．压力表出现异常，影响安全监测时应停止使用，详见第四章第三节。

九、水位表

1．水位表的使用操作

水位表使用中，须注意以下各点：

(1) 保持足够的光线，玻璃应经常保持清洁，如果发生明显污染，经冲洗擦拭仍不干净时，应更换。

(2) 每天都应进行一次水位表的冲洗检查，时间选择为：当锅炉开始就保持有压力时，则在点火之前进行；若没有压力，则应在产生蒸汽开始升压时进行。

(3) 当水位表安装在水位表柱上时，注意水表柱连管上的截止阀的开闭。容易出现误认开闭的阀门，最好在完全打开后，将手轮取下来。

(4) 由于水表柱的水连管内，容易积存水垢，因此在安装上避免出现下塌弯曲。此外对拐角弯曲处，应设活接头，使之能卸下检查和清扫。对于外燃横烟管之类锅炉，可能有汽水连管穿过烟道的部分，应将其很好地绝热。应每天进行一次水表柱下部的排污管排污，以排出包括连接管中的水垢。

(5) 使用压差式远距离水位表时，应严防管路中出现泄漏。

(6) 水位表阀门容易产生渗漏，最好隔半年拆卸检修一次，保持操作灵敏。

2. 水位表的冲洗

冲洗水位表时，要戴好防护手套，脸部不要正对水位表，动作要缓慢，以免玻璃管由于忽冷忽热而破碎伤人。

冲洗水位表依次冲洗汽水连管，达到各路畅通为止。其操作顺序，见本章第四节。

下述情况应进行水位表冲洗：

(1) 锅炉点火之前。
(2) 锅炉点火后，压力开始上升时。
(3) 两组水位表出现水位差，需要校对时。
(4) 水位表液面波动迟钝，对其指示有怀疑时。
(5) 更换了玻璃管，及其修补之后。
(6) 操作者交接班前，且下一班又继续运行。

3. 更换水位表玻璃管（板）

水位表中的玻璃管（板），在使用中由于安装间隙太小，受热后不能自由膨胀，或者被溅上冷水骤然冷却收缩等原因，都可能发生破裂，因此必须紧急更换。更换操作步骤如下：

(1) 迅速戴好防护面罩和手套，侧身先关水旋塞，再关汽旋塞，避免被沸水和蒸汽烫伤。

(2) 用扳手轻轻旋松玻璃管（板）上下压盖，取出破裂的玻璃管（板），再把上下压盖和上下填料槽中的橡胶填料取出，并清除槽中的玻璃杂物和水垢。

(3) 换上新玻璃管（板），玻璃管（板）要垂直放置，不能直接顶在水位表的两端。如果橡皮填料基本老化，应同时更换新填料。

(4) 缓慢拧紧上下压盖螺钉，但不宜拧得太紧，以免阻碍玻璃管（板）受热膨胀。

(5) 微开汽旋塞，对新装玻璃管（板）进行预热，待管（板）内有潮气出现时，开启放水旋塞，再稍开水旋塞。然后逐步关闭放水旋塞，开大汽旋塞和水旋塞，使水位表正常运行。

十、安全阀

1. 安全阀的操作

安全阀要经常保持动作灵敏可靠，即在规定的启始压力时，启跳排汽。为此必须注意以下几点：

(1) 当对锅炉进行检查或维修时，必须对安全阀拆开修理并对启始压力重新进行调整。

(2) 当安全阀启跳后，应读取压力表启始压力，确认是否在调整压力下排放。

(3) 当安全阀发生蒸汽泄漏时，不允许对弹簧安全阀压紧弹簧，对杠杆安全阀外移重锤增加重锤的力矩，一般可用手动拉杆等办法，活动阀座使其密封。若仍不能止漏，应停用拆下检修。

(4) 若安全阀达到启始压力而仍没有排放时，应用手动提升杠杆使其排放之后，再调整启始压力，试验能否排放。当动作达不到要求时，应停用，拆下检修。

(5) 非专业人员拆修调节有困难的安全阀，应定期请专业人员指导。

2. 安全阀定压

(1) 定压标准

锅炉在运行中,安全阀的启始压力应稍高于锅炉正常工作压力,且应有一定的幅度。否则,安全阀反复频繁跳动,容易造成泄漏,使阀芯与阀座接触面腐蚀或产生凹槽。蒸汽锅炉在正式投入运行前,必须对锅筒和过热器上的安全阀,按表7—4规定的压力进行调整和校验。对省煤器上的安全阀,应按装置地点工作压力的1.1倍进行调整和校验。热水锅炉安全阀启始压力为1.12倍工作压力,但不小于工作压力+0.07 MPa及1.14倍工作压力,但不小于工作压力+0.1 MPa。

表 7—4

额定蒸汽压力 MPa (kgf/cm^2)	安全阀的启始压力
<1.27 (13)	工作压力+0.02 MPa (0.20 kgf/cm^2)
	工作压力+0.04 MPa (0.40 kgf/cm^2)
1.27 (13) ~3.82 (39)	1.04倍工作压力
	1.06倍工作压力
>3.82 (39)	1.05倍工作压力
	1.08倍工作压力

锅炉上必须有一个安全阀按表中较低的启始压力进行调整。对有过热器的锅炉,按较低压力进行调整的安全阀,必须是过热器上的安全阀,以便当负荷突然降低时,保证过热器上的安全阀先开启,使蒸汽不断流经过热器而不致烧坏。

(2) 定压方法

①在定压工作之前,先对安全阀的调压情况进行估算。例如对弹簧式安全阀,可用压力试验弹簧压紧力与长度的变化关系;

对杠杆式安全阀,按照力矩平衡原理计算重锤离支点的大概距离;对静重式安全阀,进行重片压紧力的计算,从而做到心中有数,争取一次调压成功。

②对弹簧式安全阀,要先拆下提升手柄和顶盖,用扳手慢慢拧动调整螺钉:调紧弹簧为加压,调松弹簧为减压。当弹簧调整到安全阀能在规定的启始压力下自动排汽时,就可以拧紧紧固螺钉。

③对杠杆式安全阀,要先松动重锤的固定螺钉,再慢慢地移动重锤:移远重锤为加压,移近重锤为减压。当重锤移动到安全阀能在规定的启始压力下自动排汽时,就可以拧紧重锤的固定螺钉。

④对静重式安全阀,要在减压或无压下调整铁盘:增加铁盘为加压,减少铁盘为减压。每次升压都必须把阀罩放上并固定好,严禁边升压边取出铁盘,以防铁盘突然飞出发生事故。

(3) 定压顺序

①先确定锅筒上安全阀的启始压力,并先调整启始压力较高的安全阀,而将启始压力较低的安全阀暂时调到超过较高的启始压力,待启始压力较高的安全阀校验完毕,再行降压校验启始压力较低的安全阀。

②调整过热器上的安全阀。

③省煤器上的安全阀可用水压试验校验。

④定压工作结束后,应在工作压力下再做一次自动排汽试验。如所有安全阀全部开启后,锅炉压力仍在上升,表明安全阀的总截面积不够,必须紧急停炉,然后采取增加安全阀排放能力的措施,以确保安全运行。

(4) 定压注意事项

①检查安全阀的质量是否合格,其铭牌规定的使用压力范围应与锅炉工作压力相适应,压力表的精度和校验日期应符合要求。

②锅炉内水位应保持在水位表最低安全水位线与正常水位线之间,以便在必要时向锅炉给水,降低压力。

③安排专人监视压力表和水位表,防止造成超压和缺水事故。

④戴好防护手套,放稳梯子,防止滑倒。关闭锅炉上所有出汽阀门,逐渐加强燃烧,使汽压缓慢上升。如蒸汽压力尚未升到安全阀规定的启始压力,安全阀即开始动作,则要在锅炉降压后,适当加大安全阀的启始压力;如蒸汽压力已经超过安全阀规定的启始压力,而安全阀还不排汽,则应迅速用手将弹簧式安全阀的提升手柄、杠杆式安全阀的杠杆、或者静重式安全阀的铁盘轻轻抬起,进行人工排汽,同时减弱燃烧,以降低锅炉压力,然后再适当减小安全阀的启始压力。

⑤定压工作完成后,必须将其安全装置固定牢靠,并封印或加锁。还应将每个安全阀的启始压力、回座压力、阀芯提升高度、调整日期和调整人员姓名等情况,详细记入锅炉技术档案。

3. 安全阀的排汽与泄放

安全阀的排汽管应符合如下条件:

(1) 为防止蒸汽喷出造成危害,排气管的出口释放位置,应高出附近操作台 2 m 以上。

(2) 排汽出口位置,应在炉前可以观察到排汽。若排到锅炉房以外时,应在安全阀附近的排汽管上,设一显漏孔,或者设一小支管,以便及时知道是否排汽。

(3) 排汽管不应装任何阀门。

(4) 在安全阀及排汽管的底部,应有泄水孔并接出泄水管。泄水管上不应安装阀门。

热水锅炉或省煤器上安全阀,应接出泄放管。泄放管应满足如下要求:

(1) 冬季运行中,应经常检查泄放管的防冻保温情况。

(2) 应能保证可以观察到泄放管管端出水。

(3) 由于管内可能因铁锈及水中杂物而阻塞，必须注意经常检查，定期清扫。必要时应更换。

十一、排污操作

由于水垢、水渣等有时引起排污装置的阻塞，故必须每天进行一次排污，以维持其正常操作。

1. 操作的注意事项

(1) 操作排污阀的人员，若不能直接观察到水位表的水位时，应与水位表的监视人员共同协作进行排污。

(2) 排污时不能进行其他操作。若出现有必须进行其他操作时，应先停止排污，关闭排污阀后再去进行。

(3) 排污操作结束，排污阀关闭后，并检查排污管道出口，确认没有泄漏。

(4) 排污管若完全固定死，则会在与锅炉连接部位产生应力。因此必须使排污管路有伸缩的自由。当埋设在地下时，应安放在大管、瓦管或暗沟内，不应直接埋入，并防止地下埋设管阻塞。

(5) 排污管的转弯处，会受到排污水汽的反向作用力，所以每隔适当距离应加固定支撑。

(6) 排污管位于烟道内的部分，应用石棉绳、耐火砖等进行可靠绝热，并经常进行检查。对于外燃式横烟管锅炉，尤其要注意。

2. 排污操作方法

(1) 定期排污操作方法

定期排污操作方法，有以下两种（其结构形式见图4—1）:

1) 先开启快开阀，再慎重地稍开启慢开阀，预热排污管道后再全开慢开阀，然后间断关、开快卅阀进行快速排污。排污结束，先关闭慢开阀，再关闭快开阀。这种操作方法，慢开阀容易磨损，排污后在两个阀门之间无积水。

2) 先开启慢开阀，再间断关、开快开阀，进行快速排污。排污结束，先关闭快开阀，再关闭慢开阀。这种操作方法慢开阀受到保护，当快开阀损坏时可以不停炉更换或修理，但排污后在两个阀门之间存有积水，使快开阀两端压力不平衡，容易泄漏。此外，由于积水的温度低于锅水温度，在下次排污时，又不能进行暖管，因此容易产生水击。为了防止水击现象，可在排污后，稍开快开阀放尽积水后再关闭。

上述两种操作方法都可采用（一般认为后者较好），其共同的要求是，先开启的阀门后关闭，后开启的阀门先关闭，重点保护先开启后关闭的阀门。否则，两个阀门均易磨损泄漏，既不经济又不安全。

（2）排污注意事项

1）排污前要将锅炉水位调至稍高于正常水位线。排污时要严密监视水位，防止因排污造成锅炉缺水。排污后管内不应再有水流动的声音，间隔一段时间后，最好再用手触摸排污阀以外的排污管道，如果感觉温度高，表明排污阀有泄漏，应查明原因后加以消除。

2）本着"勤排、少排、均匀排"的原则，每班至少排污一次。在一台锅炉上同时有几根排污管时，必须对所有的排污管轮流进行排污。如果只排某一部分，而长期不排另一部分，就会降低锅水品质，或者将部分排污管堵塞，甚至引起水循环破坏和爆管事故。当多台锅炉同时使用一根排污总管，禁止同时排污，防止排污水倒流入相邻的锅炉内。

3）排污要在锅炉压火后，或者负荷低时进行。此时锅炉水循环比较缓慢，渣垢容易积聚，排污效果好。

4）排污操作应短促间断进行，即每次排污阀开后即关，关后再开，如此重复数次，依靠吸力使渣垢迅速向排污口汇合，然后集中排出。如果一次排污时间过长，锅水中含渣垢的浓度先高后低，既降低排污效果，又增加了排污量，还可能造成局部水循环故障。

表面排污的调节操作，是由调节阀的开度来实现的，其数值由锅炉水质化验结果来确定。

第十节 锅炉的停炉和维护保养

一、停炉

锅炉按计划或遇异常情况停止运行的操作称为停炉,前者常称正常停炉,后者则称紧急停炉。

1. 蒸汽锅炉的停炉

(1) 正常停炉

1) 正常停炉一般按下述程序进行:

①停止供给燃料。

②先停止鼓风,再停止引风。

③降低压力,保持水位。

④冷却后关闭给水阀。

⑤关闭蒸汽阀,打开疏水阀。

⑥关闭烟道挡板。

不同燃烧设备的具体操作,见本章第七节。

2) 停炉后应作如下检查:

①电源是否真正关闭。

②有无炉膛余热引起压力上升的危险。

③给水阀、排水阀、蒸汽阀、截门等有无漏泄。

④停炉后,蒸汽压力的变化。

⑤停炉后,水位高度的变化。

⑥检查燃料输送管线、炉内、室内是否有残煤和煤尘。

⑦排出的炉灰渣,是否处理得当,周围是否有可燃物。

⑧油、气管、燃烧器管线,阀门、泵等有无渗漏。

此外不可忘记作锅炉操作的记录。

(2) 紧急停炉

1) 蒸汽锅炉运行中,遇有下列情况之一时,应立即停炉:

①锅炉水位低于水位表的下部可见边缘。
②不断加大给水及采取其他措施,但水位仍继续下降。
③锅炉水位超过最高可见水位(满水),经放水仍不能见到水位。
④给水泵全部失效或给水系统故障,不能向锅炉进水。
⑤水位表或安全阀全部失效。
⑥设置在蒸汽空间的压力表全部损坏。
⑦锅炉元件损坏且危及运行人员安全。
⑧燃烧设备损坏,炉墙倒塌或锅炉构架被烧红等严重威胁锅炉安全运行。
⑨其他异常情况危及锅炉安全运行。
2) 紧急停炉的操作步骤如下:
①立即停止给煤和送风,减少引风。
②必要时迅速扒出炉内燃煤,或用砂土、湿炉灰压在燃煤上,使火熄灭,但不得往炉膛里浇水。
③将锅炉与蒸汽母管完全隔断,同时停止引风机,必要时开启空气阀、安全阀和过热器疏水阀,迅速排放蒸汽,降低压力。
④炉火熄灭后,开启省煤器旁通烟道挡板,关闭主烟道挡板,打开灰门和炉门,促进空气流通,加速冷却。
⑤因缺水事故而紧急停炉时,严禁向锅炉给水,并不得进行开启空气阀或提升安全阀等有关排汽的调整工作,以防止锅炉受到突然的温度或压力变化而扩大事故。如无缺水现象,可采取排污和给水交替进行的降压措施。
⑥因满水事故而紧急停炉时,应立即停止给水,关小烟道挡板,减弱燃烧,并开启排污阀放水,使水位适当降低。同时,开启主汽管、分汽缸和蒸汽母管上的疏水阀,防止蒸汽大量带水和管道内发生水冲击。
⑦当水温降至70℃时,方可把锅水放净。
对燃油、燃气的锅炉,紧急停炉与前不同之处为停止燃烧器

的运行,打开烟道挡板、对炉膛与烟道内进行换气、冷却。

2. 热水锅炉的停炉

(1) 正常停炉

正常停炉时,先停止供给燃料,然后停止送风机,最后停止引风机;但不可立即停泵,只有当锅炉出口水温降到50℃以下时才能停泵。停泵时,为防止产生水击,也应先逐渐关闭水泵出口阀门,待出口阀门基本关闭后,再停泵。

(2) 暂时(压火)停炉

暂时(压火)停炉时,火床一定要压住,烟道出口挡板要关严。在压火期间,如发现锅水温度升高,应短时间开动循环水泵,防止锅水超温汽化。天气寒冷时,停泵时间不应过长,防止系统发生冻结事故。特别是在系统末端保温不良的地方,应格外注意防冻。

(3) 紧急停炉

热水锅炉运行中,有下列情况之一时,应紧急停炉:

①因循环不良造成锅水汽化,或锅炉出口热水温度上升到与出口压力下相应饱和温度的差小于20℃。

②出水温度急剧上升并已失去控制。

③循环泵或补给水泵全部失效。

④压力表或安全阀全部失效。

⑤锅炉元件损坏,危及运行人员安全。

⑥补给水泵不断向锅炉补水,锅炉压力仍然继续下降。

⑦燃烧设备损坏,炉墙倒塌或锅炉构架被烧红等严重威胁锅炉安全运行。

⑧其他异常运行情况,且超过安全运行允许范围。

紧急停炉时,应立即停止供给燃料,必要时扒出炉内燃煤或用湿炉灰将火压灭。应打开泄放管排出蒸汽,采取适当补水循环方式,降低水位。其他操作与正常停炉相同。

二、维护保养

为了使锅炉能够持久地安全经济运行，必须加强日常和定期的维护保养。这也是防止热效率降低、避免运行状态恶化和锅炉事故的重要措施。

1. 定期维护保养

在使用中，锅炉的内表面会生成水垢、泥渣，外表面会附着燃烧生成物。这样会腐蚀锅炉本体，降低热效率，危及锅炉的安全运行。为此，必须加强锅炉维护管理，除按规定进行定期检验和做好日常维护保养外，还应制订出检修计划，并付诸实施。

停炉检验前，应进行锅炉内、外部的全面清扫。为防止清扫时发生事故，必须注意如下事项：

(1) 要穿戴安全性能好的工作服。

(2) 使用的照明电路和机器设备，必须符合规定要求，特别注意绝缘性能。

(3) 必须切断与其他锅炉联通的蒸汽管、给水管。

(4) 对锅炉内及烟道内进行充分的通风换气。

(5) 蹬高作业，应确保蹬高处的牢固，梯子下端应严防滑动。

(6) 进行化学清洗作业时，产生的氢气必须及时扩散，并严禁烟火。

(7) 进入锅炉内部作业时，出入口处应有人监护。

内部清扫作业：

可用机械清扫法或化学清洗法。当水垢较厚或坚硬时，先用化学清洗法，后用机械清扫法。采用化学清洗法时，必须严格按照操作规程，防止乱洗造成对锅炉的腐蚀损伤。因此，化学清洗应由经过有关部门批准的专业单位进行。

机械清扫法就是用手锤等工具和铣管器等机械，铲除水垢。操作时要注意以下几点：

(1) 清扫前，对锅炉内部水垢、泥渣等情况进行检查，并做好记录,供确定下次清扫时间等参考。

(2) 安装在锅筒内的给水管、汽水分离装置等应全部取出清扫。

(3) 将安全阀、排污阀、水位表、给水阀、压力表弯管等拆开清扫,密封面应进行研磨。

(4) 锅筒的排污口与管接口等,在清扫时要用布或铁网等盖好,以防异物落入。

(5) 去除水垢时,不得损伤炉体。用铣管器作业时,对水管同一位置不得停留 5 s 以上。

(6) 直接受火辐射的受热面,对其接管或拉撑处及其角接处、搭接处,应特别注意清扫。

锅炉清扫之后的检查是一项很重要的工作。忽视这项工作,可能造成事故停炉,并有发生事故的危险,故要认真对待。

锅炉内部检查的内容如下:

(1) 清垢是否彻底,尤其对受高温处有无水垢残留。

(2) 检查水位表、压力表及自动控制的结点和各接管的出入口,是否已清洗干净,有无被杂物阻塞。

(3) 工具、螺栓等有无遗落在里边。

(4) 检查锅筒内的隔板、汽水分离装置等,安装位置是否正确。

(5) 检查各零部件有无腐蚀及损坏。如有则应记录损坏程度。

外部清扫作业:

外部清扫包括注意事项、方法、除灰及检查。

进入烟道应注意以下几点:

(1) 打开烟道闸板,使炉膛和烟道彻底通风换气。

(2) 锅炉烟道与其他锅炉烟道相通时,应将烟道闸板严密关闭,可靠隔绝,以防烟气串通。

(3) 烟道中常有发生煤气中毒的危险,进入烟道时,外面应有人监护，并挂牌表示。

(4) 对燃煤的锅炉，应格外小心以防烫伤。有时不注意将水洒到灰堆上，也会瞬间造成喷发。

(5) 为不致在高处积存热灰落下烫伤人，应先做好处理工作。

(6) 要对烟道各部位的积灰情况、受热面污损情况进行检测和记录，为确定以后清扫时间、吹灰方法提供依据。

外部清扫方法：

外部清扫分为人工清扫和机械清扫。人工清扫时，对于手达不到的烟火管群和狭缝处使用吹灰方法。此外，对不同结构的锅炉也采用如下的特殊方法，但不得弄湿砖墙及耐火材料等。

(1) 蒸汽浸透法。用蒸汽喷湿后，将灰除去。

(2) 水浸湿法。用水喷雾喷湿后，将灰除去。

(3) 水洗法。使用大量 pH 值为 8~9 的水进行水洗。采用这种方法，必须是不接触耐火砖墙而适合水洗的结构。

(4) 其他还有喷砂粒、喷钢珠等特殊清扫方法。

除灰作业：

清扫后要清除积灰（包括烟道内的积灰）。除灰作业应注意以下几点：

(1) 在除灰之前，打开烟道闸板充分通风。依次由高温区向低温区进行除灰作业。

(2) 对烟气流死角处，不易达到的地方和烟囱底部等积灰处，应特别注意操作。

(3) 刚扒出的灰不得在锅炉附近用水浇。放灰处应远离可燃物质。

炉膛及烟道内的检查：

外部清扫之后，应作如下检查：

(1) 受热面外表的清扫是否彻底，烟道内是否还残留烟灰烟苔。

(2) 对砖墙的破损、松动处是否进行了修补。

(3) 是否有挡板、隔墙等损坏，以致引起烟气短路之处。

(4) 锅炉本体与砖墙之间的填充物、膨胀间隙处的填充物，是否填充完好。

(5) 对烟道内排污管、横梁钢柱等的绝热防护措施是否完善。

(6) 锅炉本体安装有无缺陷，热膨胀的处理是否正确。

(7) 吹灰器的喷射方向与安装位置是否正确。

(8) 防爆门的框、活动板以及加压弹簧有无烧损、变形。活动板的功能是否正常。

(9) 烟道闸板开闭动作是否灵活。

(10) 砖墙耐火材料有无受潮湿。

(11) 锅炉本体的管接头、管路及支撑等处，有无泄漏痕迹。

对锅炉各部件的损坏原因分析及维护（排除）方法可参见第八章有关内容。

三、停炉保养

锅炉在停炉期间，受热面表面吸收空气中的水分而形成水膜。水膜中的氧气和铁起化学作用生成铁锈，使锅炉遭受腐蚀。被腐蚀的锅炉投入运行后，铁锈在高温下又会加剧腐蚀的深度和扩大腐蚀面积，并且氧化铁不断剥落，以致缩短锅炉使用年限，甚至严重降低钢板强度发生爆炸事故。因此，做好停炉保养工作，是保证锅炉安全经济运行必不可少的重要措施。

常用的停炉保养方法有压力保养、干法保养、湿法保养和充气保养等数种。

1. 压力保养

压力保养一般适用于停炉期限不超过一周的锅炉。是利用锅炉中的余压保持 $0.05 \sim 0.1$ MPa，锅水温度稍高于 100℃ 以上，即使锅水中不含氧气，又可阻止空气进入锅筒。为了保持锅水温度,可以定期在炉膛内生微火,也可以定期利用相邻锅炉的蒸汽加热锅水。

2. 湿法保养

湿法保养一般适用于停炉期限不超过一个月的锅炉。锅炉停炉后,将锅水放尽,清除水垢和烟灰,关闭所有的人孔、手孔、阀门等,与运行的锅炉完全隔绝。然后加入软化水至最低水位线,再用专用泵将配制好的碱性保护溶液注入锅炉。保护溶液的成分是:氢氧化钠(又称火碱)按每吨锅水加 8~10 kg,或碳酸钠(又称纯碱)按每吨锅水加 20 kg,或磷酸三钠按每吨锅水加 20 kg。当保护溶液全部注入后,开启给水阀,将软化水灌满锅炉(包括过热器和省煤器),直至水从空气阀冒出。然后关闭空气阀和给水阀,开启专用泵进行水循环,使溶液混合均匀。保护溶液的作用是,使锅炉受热面逐渐产生一层碱性水膜,从而保护受热面不被氧化腐蚀。在整个保养期间,要定期生微火烘炉,以保持受热面外部干燥;要定期开泵进行水循环,使各处溶液浓度一致;还要定期取溶液化验,如果碱度降低,应予补加。冬季要采取防冻措施。

3. 干法保养

干法保养适用于停炉时间较长,特别是夏季停用的采暖热水锅炉。锅炉停炉后,将锅水放尽,清除水垢和烟灰,关闭蒸汽管、热水锅炉的供热水管、给水管和排污管道上的阀门,或用隔板堵严,与其他运行中的锅炉完全隔绝。接着打开人孔使锅筒自然干燥。如果锅炉房潮湿,最好用微火将锅炉本体,以及炉墙、烟道烘干。然后将干燥剂,例如块状氧化钙(又称生石灰)按每立方米锅炉容积加 2~3 kg,或无水氧化钙按每立方米锅炉容积加 2 kg,用敞口托盘放在后炉排上,以及用布袋吊装在锅筒内,以吸收潮气。最后关闭所有人孔、手孔,防止潮湿空气进入锅炉,腐蚀受热面。以后每隔半个月左右检查一次受热面有无腐蚀,并及时更换失效的干燥剂。

4. 充气保养

充气保养适用于长期停用的锅炉。一般使用钢瓶内的氮气或氨气，从锅炉最高处充入并维持 0.05～0.1 MPa 的压力，迫使重度较大的空气从锅炉最低处排出，使金属不与氧气接触。氨气充入锅炉后，既可驱除氧气，又因其呈碱性反应，更有利于防止氧腐蚀。

对长期停用的锅炉，受热面外部在清除烟灰后，应涂防锈漆；受热面内部在清除水垢后，应涂锅炉防腐漆。锅炉的附属设备也应全部清刷干净。光滑的金属表面应涂油防锈。送风机、引风机和机械炉排变速箱中的润滑油应放尽。所有活动部分每星期应转动一次；以防锈住。全部电动设备应按规定进行保养。

冬季停炉后，应注意防寒，为此应监视锅炉房温度，维持室温在 10℃以上。应排尽热工仪表导管内的积水。

第八章 常见故障及锅炉事故

本章对锅炉运行中常见故障进行原因分析,提出排除方法,同时对锅炉的各种事故,阐述原因及处理方法。司炉人员在锅炉运行操作中遇到问题便于查找,及时排除故障和处理事故。

第一节 燃烧设备常见故障及改进措施

一、低质煤在燃烧过程中的结渣问题及处理措施

机械炉排最怕燃料在燃烧过程中结成大块焦渣,大块结渣物覆盖在炉排上,既影响通风,使燃烧情况恶化,也影响燃料在炉排上的移动和排渣。结渣是燃料灰分熔点低的缘故。为了防止低灰分熔点的煤造成结渣,一般可采用两个办法:

1. 作燃料分析

不仅要测定煤的化学成分和发热值等数据,同时还要测定灰分特性。对不同特性的燃煤按一定比例混合,送入锅炉燃烧。这样可以调剂不同的煤种,使燃料混合成最佳状态,适合锅炉燃烧,防止结渣。

2. 在炉排下送风中喷入蒸汽

蒸汽对炉排表面起着冷却作用,并和炽热的煤粒作用产生水煤气,这时即吸收部分热量,而水煤气在炉膛空间燃烧又放出热量,这一措施使用得当,对防止结焦有一定效果。而且使用蒸汽喷射时,具有使碳转化为易燃性碳的倾向,能促进未燃尽物的燃烧。

蒸汽应喷射在炉排上燃烧最旺盛区域的下部,喷入量通过试验确定,据有关资料介绍,每千克燃料喷射蒸汽 $0.01\ kg$。

二、下饲式炉排常见问题的改进措施

1. 花盆式炉排中部的煤层不容易烧透，会出现黑区。这主要是由于这一部位是火焰的燃烧中心，离通风口远，空气量不足，燃烧不完全，大大降低了炉排的热强度，对保证锅炉出力很不利。解决这一问题就要改进下饲炉排的给风系统，使主燃区的花盆式炉排中心部位的风量最大，而四周风量应逐步减小。必要时可在炉膛内增设二次风，以利于挥发物的充分燃烧。

2. 加煤斗处冒烟，有的螺旋式下饲炉排给的一次风没有完全透过煤层，有一些从螺旋输煤管返回加煤斗而冒出来，使大量煤烟污染了锅炉房空气，增加了气体不完全燃烧热损失。造成这一问题的主要原因是煤层阻力大，例如煤层较厚，煤层表面结焦等，迫使空气从煤斗处返出来。解决这一问题的办法主要有：使一次风至下饲炉排有两个进风口，一是仍从花盆式炉排外侧的风道进入；另一个是在螺旋输煤管上接一风管，使空气从此进入，吹向花盆式炉排，这部分空气的风压可以顶住炉排处另一处进风的回灌，防止煤斗冒烟。同时在操作上要注意及时清渣，防止结焦，减小煤层表面的通风阻力。

三、双层炉排常见的问题及改进措施

有的双层炉排锅炉达不到设计出力的要求。出现这种情况时可以在上层炉排的炉室内给以机械一次风，促使炉排表面煤的汽化过程更强烈，以此提高炉排热强度，增加锅炉出力。

四、倾斜往复炉排常见的问题及改进措施

1. 炉膛温度低的原因

有的锅炉排渣是人工进行的，排渣口大量漏风，从而使炉膛温度明显下降。有时当打开渣口清渣时，炉膛温度会下降200℃多。因此必须采用机械除渣，防止大量冷风从排渣口进入炉膛。

另外，加煤的厚薄不合适。有的单位，锅炉加煤时，煤层厚度仅为70~80 mm。致使炉排烧尽段由于灰渣层薄，大量的空气进入炉膛，降低炉膛温度。因此煤层厚度不能偏薄，一般均在

140 mm 左右。

2. 煤斗处冒烟时，要注意压火操作。使炉排保持合适的运转速度，这是防止燃料的燃烧段前移的重要措施。

3. KZW 型锅炉炉墙处及着火孔常有冒烟喷火现象产生，其原因是鼓、引风的风压、风量配合不正确所致。目前主要问题是引风机的风压和风量显得小了，应该选用风压和风量大一些的引风机。

4. 炉排偏火

倾斜往复炉排和水平链条炉排常常出现燃烧层的偏火毛病。有的炉排半侧火焰强烈，另半侧火焰很弱。有的炉排两侧火焰强烈，而中部的火焰很弱。这样不但使炉膛温度很低，而且还会使炉渣含碳量提高，浪费大量燃料。造成这些情况的主要原因，有的是风室内的布风装置有问题，或者根本没有布风装置；有的是炉排两侧防焦箱之间安装间隙太大，大量空气从此处进入。因此，调整好风室内的布风装置，使各个风室的各部风量均匀，另外要做好防焦箱的侧密封，这样就可以避免偏火的出现。

5. 炉排片易烧损，其原因是炉排冷却条件差，因此操作时，煤层不能过厚，压火时必须及时打开灰门，保持通风冷却炉排。

五、水平往复炉排运行中常见的问题、原因及解决措施

水平往复炉排是近期发展较快的燃烧设备。在广泛应用中，也存在一些问题，湖南大学对此做了许多调查分析，现将他们进行的现场情况分析、原因和解决措施汇总如表 8—1。

表 8—1

表现出的问题	现场情况分析	原　　因	解决的措施
煤着火较慢	1. 燃煤上方火苗很短，煤质分析的挥发分 V 低于 20%	1. 煤的挥发分含量过低	1. 可加厚煤层或与高挥发分煤种掺烧，也可增加中拱或延长后拱，加强对炉前端的热辐射

续表

表现出的问题	现场情况分析	原　　因	解决的措施
煤着火较慢	2. 炉渣量大，煤质发热量 $Q_y^y W <$ 16 747 kJ/kg	2. 煤的灰分大，发热量过低，进煤量大，速度快	2. 加厚燃煤层厚度，或与发热量较高的煤掺烧，也可增加中拱，或延长后拱
	3. 煤的含水量太高	3. 煤被雨淋湿，或本身含水量高	3. 搭煤棚防止淋雨，也可加厚燃煤层厚度或者增加中拱，也可延长后拱
	4. 采取间歇推动炉排的方式，推煤时脱火	4. 进煤时，速度太快，难着点	4. 改用炉排变速器，使炉排慢速，不停地推煤
	5. 炉排面上实际煤层厚度小于 70 mm	5. 煤层太薄	5. 加厚煤层，同时降低推煤变速器的频率，如煤质结焦结渣性强，适当加厚煤层的同时，还要加长炉排的往复行程长度，更加降低转速，以利破焦
	6. 煤不着火，但有煤粒脉动现象	6. 炉前端送风量过大	6. 调小甚至关闭一风室的进风风门
	7. 煤斗下口宽度比炉排面宽度窄，煤斗与墙之间的余缝将炉膛同风室连通	7. 经余缝由风室漏进炉膛一股空气流，降低了前拱的温度	7. 严堵漏风
	8. 炉膛高温烟气从后部引出，火不向前卷，炉前温度不高	8. 炉前温度低，对新入炉煤投射热量太少	8. 设法将高温火焰诱导至炉前，加强对前拱和新煤层的辐射传热，可采用加长中拱和向前延长后拱的方式

续表

表现出的问题	现场情况分析	原因	解决的措施
煤着火较慢	9. 火苗从中拱下向后引出,而不向前卷	9. 中拱太高,上方出火口太小,前拱下方温度低	9. 降低中拱的拱脚和起弧高度,将火苗引向前方
	10. 无中拱,后拱不长,前拱下温度低	10. 后拱太短	10. 增加中拱,或向前延长后拱,将高温火焰导向前下,加热刚入炉的新煤
	11. 前拱长度大于1 m,且高度比较低,拱下温度低	11. 前拱温度低,热辐射不强,火焰给入炉煤辐射热少	11. 增加中拱或延长后辐,让火床及火焰直接给前拱和入炉煤辐射热
烟色浓度大于一级	1. 炉排推动是间歇运行,推煤时冒烟	1. 推煤时速度偏快,挥发分逸出多,来不及完全燃尽	1. 换用炉排变速器,采用连续不停地慢速推煤
	2. 煤质的挥发分较高,燃煤层过厚	2. 挥发分高的煤,炉前端供应氧气应稍多点,煤层过厚,对风的阻力大	2. 适当减薄燃煤层厚度,适当调大炉前端进风量
	3. 煤的挥发分高,且结焦性强	3. 因结焦对风的阻力大,前端供风不足,燃烧不完全	3. 加长炉排的往复行程长度,降低往复频率,适当调大炉前端的进风量
	4. 炉膛过高,水冷程度偏大	4. 可燃气体燃烧温度低、速度慢,故燃烧不完全	4. 适当降低前端的炉膛高度和水冷程度或增加中拱并增大烟气的流程长度
	5. 未装除尘器,或除尘器下灰口漏风大,下灰很少	5. 排尘浓度较大	5. 密封下灰口,发挥除尘器的除尘作用,或安装集尘器

续表

表现出的问题	现场情况分析	原　因	解决的措施
排放初始尘浓度大于 2 g/m³	1. 煤很干，含水分很少	1. 干煤细粉末多，易于被烟气流带出煤层	1. 向煤内洒水，并堆放几小时，使之相互掺匀，维持煤的水分在 8%～10% 的范围内
	2. 煤层表面有煤粒沸腾或脉动现象	2. 炉前端进风较大，煤被烘干，易被气流吹动	2. 适当调小炉前端的进风量
	3. 炉排尾部进风量较大，甚至有冒灰烟的现象	3. 尾部因结渣，对风阻力小，故进风量大，把小灰吹起	3. 适当调小尾部进风量，当无红火苗或燃烧不旺时，可全关闭，借漏风，维持燃尽需要的空气
	4. 风室内风压不均匀，进风口的风速大于 8 m/s	4. 炉排面上进风不均匀，产生局部高风速，将灰吹起	4. 扩大进风口断面，降低入口风速，或采用均匀送风管，使风室内风压均匀
	5. 鼓、引风机选用风量过大，节煤率较低	5. 单位炉排面上进风量过大，风速偏高、将灰吹起	5. 更换风机
煤起堆移动不匀	1. 炉排往复行程长度小于 70 mm，有煤起堆现象	1. 行程太短，因推力小，炉排尾部渣块移动很慢，炉排面上在焦块或渣块前端，煤起堆	1. 加大堆煤行程长度，一般应大于 90 mm，并降低转速

续表

表现出的问题	现场情况分析	原　因	解决的措施
煤起堆移动不匀	2. 大块煤进入炉膛后，大块煤前端起堆，后端薄	2. 只有煤挤煤的力要大于煤的静摩擦力，才能挤动大块煤，故大块煤前端起堆，后端薄	2. 控制大块煤不进炉膛，如发现，则要挑出来打碎
	3. 燃煤区域内的侧墙上结渣，阻碍煤的移动	3. 因煤层中部温度高、易结渣，与墙粘连，使推煤力不够	3. 将高温煤层区域的砖墙改低，成为与炉排面平或加冷却装置，防止砖墙挂渣
	4. 拱脚前和拱下局部结焦，起堆	4. 拱下辐射太强，拱脚做法不妥而产生局部高温结焦、结渣	4. 扩大拱脚跨度，比炉排面宽 200 mm 以上，从护板面上起，做成能积灰的小坡，又要堵住风室漏风
	5. 煤易结焦，而采用间断进煤	5. 因停推时无扒拨煤层作用，故结焦，产生移动不匀	5. 采用慢速连续进煤方式
	6. 停风时，同时停止炉排推煤	6. 刚停风时，煤层温度高，无扒拨作用，便可能结焦和结渣	6. 先停推炉排，待燃烧 3~8 min 后，停止送引风机，然后再启动炉排向炉内推进一段黑煤，再临时压火，或长期压火
	7. 炉排面过长，大于 4.5 m	7. 推煤力衰减	7. 过长的炉排，改用前、后两个推煤机械

续表

表现出的问题	现场情况分析	原因	解决的措施
漏煤率大于 $3\%\sim4\%$	1. 采用老式炉排片结构形式		1. 换用新形炉排片（即六型炉排、七型炉排）
	2. 安装较松，两侧留有余缝	2. 余缝大，漏煤多	2. 安装时，只要将炉排片挤进去即可，不要特意留余缝
	3. 薄片炉排片掉后漏煤	3. 薄片炉排无榫头，容易掉	3. 安装时不用薄片炉排，再更换有、无缝炉排片的方法，调节余缝
	4. 推煤板及板炉排两侧漏煤	4. 两侧间缝过大	4. 将间缝填补好
	5. 煤斗下方漏煤成行	5. 煤斗口距推煤板的间缝偏大	5. 设法减小间缝，又不能阻碍推煤板的运动
	6. 炉排片烧坏	6. 穿孔大，漏煤	6. 更换烧损的炉排片
	7. 炉排片挠起	7. 安装过紧，难以复位，或拨焦时被司炉挠起	7. 安装不能过紧，操作要当心
	8. 煤太干	8. 易于漏下细煤	8. 在煤内适当加水，维持水分 $8\%\sim10\%$
炉渣含炭量偏高	1. 采用蜗轮蜗杆作炉排变速器，输出转速大于 2 r/min者，进煤快，着火慢	1. 进煤速度太快	1. 降低推煤机转速，应在 0.4～2 r/min 之内

续表

表现出的问题	现场情况分析	原因	解决的措施
炉渣含炭量偏高	2. 推煤机转速不可调,采用间歇进煤	2. 停推时结焦,推动时煤起堆,燃烧不完全	2. 改用慢速、连续进煤,不要间歇进煤
	3. 煤层厚,而推煤速度较快	3. 进煤速度大于燃烧速度,燃烧不完全	3. 降低进煤速度或炉排下喷蒸汽强化燃烧
	4. 煤起堆,或结焦结渣	4. 参考前述有关部分的分析	4. 参照前述有关部分措施,或在主燃风室内喷入蒸汽松渣和强化燃烧
	5. 尾部无红火,而渣中焦炭较多	5. 可能因尾部进风量大,炉温满足不了燃烧的需要,而熄灭成焦炭	5. 调小尾部及中部进风,在保证着火的前提下,适当加快推煤,提高尾部炉温,使焦渣燃尽
	6. 炉排下进风口小,出口风速大于10 m/s,两侧火旺,中间跑红渣	6. 因锅炉容量小,炉排宽度一般小于1.6 m,风速大,射流难以衰减、扩散,故压差不均匀,使给风和燃烧不均匀	6. 扩大进风口截面积,控制出口风速在6 m/s以下,使炉排面上进风均匀,燃烧均匀

续表

表现出的问题	现场情况分析	原因	解决的措施
炉渣含碳量偏高	7. 进风口偏于风室一角进入，炉排中间出现"死火"区，沿炉排横向，火苗长短不一致，渣的火色也不一样	7. 风室内一角进风可能形成旋涡风，使炉排面上进风不均匀，燃烧不均匀	7. 调整进风口位置，降低入口风速或采用"均匀送风管"，使送风均匀
	8. 风室隔风不严，主燃区燃烧不旺	8. 风室间窜风，主燃区给风不足，两端过大	8. 堵漏风的孔洞，调小两端送风量
	9. 炉内正压大，鼓、引风机不匹配	9. 有几种情况导致炉膛正压大： ①出渣口密封不严，漏入大量冷风 ②烟道阻力过大（如积灰，管径小） ③除尘器阻力过大 ④引风机叶轮磨损或皮带过松打滑	9. 对应的措施是： ①密闭出渣口，严防漏冷风 ②清理烟灰，增大风道减少弯头，或换用压头较高的风机 ③换用低阻除尘器 ④更换风机叶轮或收紧皮带
烧坏炉排片	1. 炉排片往复行程长度低于 80 mm	1. 炉排对煤层的扒拨作用不均匀	1. 加长炉排的行程长度，一般要求大于 90 mm

续表

表现出的问题	现场情况分析	原　因	解决的措施
烧坏炉排片	2. 用时间继电器控制，间歇推煤入炉，推煤机频率不能调节	2. 对于结焦性强，灰熔点低的煤，停炉时易结焦、结渣、妨碍送风，炉排片冷却风量减小，煤层内的高温区向炉排面偏移，使之过热烧坏	2. 降低推煤转速，改为慢速不间断推煤，防止结焦
	3. 风室送风量调节性能差，主燃区火不旺，两侧风大，中间跑红煤	3. 主燃区和炉排中间部位，供风不足，满足不了燃烧的需要，煤层高温区向下偏移而过热	3. 堵隔风板的孔洞，调小两端进风量，保证主燃区的通风，为降低出口风速，扩大进口截面积或采用均匀送风管
	4. 煤在煤斗内产生大小颗粒分离现象，炉排面上火苗长短不均匀	4. 由于大小颗粒分离，炉排面上大粒煤对风的阻力小，进风较多，细煤区域进风不足，使炉排片过热	4. 消除大小煤粒分离现象，可用多点下煤或加人字挡板，减小分离程度
	5. 煤层移动不均匀，有起堆现象	5. 煤层不均，则进风不均匀，使局部过热	5. 参考煤起堆的原因和解决措施部分

续表

表现出的问题	现场情况分析	原因	解决的措施
烧坏炉排片	6. 拱前方煤起堆，拱下煤结焦	6. 拱形尺寸不适宜，炉排中部产生局部高温区和卡渣现象，而阻碍煤层移动的均匀性	6. 炉拱跨度应比炉排面宽160 mm以上，炉排面上空煤层高温区域应向两侧敞开，做成小斜坡积灰，以免墙上结渣，卡渣阻碍煤层均匀移动，中拱下侧拱脚高度要大于270 mm，起弧要小，以免火从拱下窜出，使拱脚下温度过高而烧坏
	7. 炉膛内正压较大，不听人的调节，膛炉出力不足	7. 烟气引出不畅使炉排下进风量过小，即烟道截面过小，风速过高、或除尘器阻力过大，使炉排风冷却不佳而过热	7. 找到产生正压的原因，予以消除，使烟气畅通引出
	8. 鼓、引风机的风量不符合设计要求	8. 进风量或风量较小，不符合燃烧的需要	8. 更换鼓、引风机
	9. 炉排面上结渣、结焦，煤的灰熔点。低于1 200℃，结焦性强或含硫高，锅炉出力低	9. 结焦、结渣，阻碍通风，使结渣部位的炉排片的风冷却不好，而过热烧坏	9. 减薄煤层，加大往复行程，慢速连续推煤。在主风室送入少量蒸汽，既可松渣，大幅度降低炉排片温度，还可强化燃料燃烧，提高燃烧效率和锅炉出力

续表

表现出的问题	现场情况分析	原　因	解决的措施
烧坏炉排片	10. 材质太杂而差	10. 材质本身耐热性能差	10. 改用硅合金球铁，或其他耐温材质
烧坏煤闸门或炉门	1. 煤闸门处密封不严，运行时向外扑火正压燃烧	1. 火经煤闸门向外窜，把煤闸门烧坏	1. 在能稳定着火的条件下，维持负压运行并堵漏，不让火向外扑
	2. 煤闸门暴露面太高，受火焰强烈辐射而变形后，火向外窜	2. 前拱下沿太高	2. 降低前拱下沿高度，减小煤闸门的暴露面积
	3. 煤的挥发分高，在煤闸门外着火猛烈燃烧	3. 拱前端热辐射太早，使煤着火过早	3. 压低前拱，并控制前端的进风，减少烟气对炉前的辐射热
	4. 用时间继电器控制，间歇推煤，停推时火向煤斗内引燃	4. 因煤闸门前后都可能着火而烧坏	4. 改用慢速连续推煤，防止停推时引燃煤斗的煤
	5. 汽压升高时，采用同时停风和停炉排	5. 停风后，因炉温度高，火向煤斗内引燃	5. 停风后，不立即停炉排，继续运转，送进了一段黑煤后，再停推炉排，使火不能漫燃到煤闸门处

续表

表现出的问题	现场情况分析	原因	解决的措施
烧坏煤闸或炉门	6. 长时间压火,未向炉内送进一段黑煤	6. 压火期间,火引燃了煤斗的煤而烧坏煤闸板	6. 压火时,必须向炉内推进一长段黑煤,待第二次升火时,炉排面上的火刚慢燃到闸门处
	7. 炉内正压偏大,出渣口处严重漏风	7. 因烟气引出不畅,火扑向炉门和煤闸门,使之过热	7. 堵漏风,减小正压,变为负压运行
	8. 炉前端进风量较大,挥发分着火,空中燃烧。前段出现正压,向外扑火	8. 因炉前烟风引出不畅,向煤闸门和炉门扑火	8. 减小炉前端的送风量,控制前端的燃烧强度
	9. 煤斗中、大小颗粒有分离现象,煤斗两侧冒烟	9. 因煤斗两侧大煤粒多,阻力小,火由里引燃,使煤斗两侧着火冒烟,使煤闸板两端过热或因煤斗内煤层搭桥不下煤而引燃	9. 减少煤粒分离,大块煤不进煤斗,若煤斗冒烟要立即捅煤破桥,使之消除冒烟。不能捅煤破桥,只向上加煤,把烟暂时压起来
耗煤量大	1. 炉渣含碳量高,渣中有焦块	1. 参看炉渣含碳量高的原因和措施	1. 参看炉渣含碳量高的原因和措施

续表

表现出的问题	现场情况分析	原　因	解决的措施
耗煤量大	2. 鼓风机不匹配，风量大于1 500 m³/t$_{蒸汽}$，无空气预热器时，风压大于150 mm水柱	2. 送风量过大、过剩空气系数太大排烟损失大	2. 换用风量风压合适的鼓风机，风量平均每蒸吨约1 290~1 300 m³，风压约在120 mmH$_2$O (1.2 kPa)，低质煤应适当高些
	3. 出渣口或一二道隔火墙漏风，出力不足	3. 尾端严重漏风，降低烟温，降低对流传热温压，由于烟气短路、排烟温度高，损失大	3. 堵漏洞、严防短路现象
炉排面上燃烧不均匀	1. 炉排行程小，破焦与扒拨作用弱，只在行程区域内燃烧旺	1. 扒拨作用不均匀使燃煤不均匀	1. 加大炉排行程长度，一般应大于90 mm，使煤层受均匀扒拨作用。炉排越长，行程越要增大
	2. 间歇进煤，易结焦的煤移动不均匀，渣内有碳核被熔渣包覆	2. 停推炉排时，煤产生结焦结渣现象，使移动不均匀	2. 调间歇进煤为慢速连续进煤
	3. 炉排面上火床，呈三角形，一边有火，一边无火	3. 煤闸板开启高度不一致，或者推煤板推动两边不一致，或可能风不均匀，一边大一边小	3. 调整煤闸板和推煤板，使其开度和移动距离一致，或者降低进风口风速

· 375 ·

续表

表现出的问题	现场情况分析	原因	解决的措施
炉排面上燃烧不均匀	4. 炉排面上火苗呈三角形或两边黑，中间红火	4. 两边煤粒大，风也大，着火早，燃尽快。两侧墙挂渣阻碍运动	4. 克服煤斗大颗粒滚向两边，可加人字挡板或多点下煤。侧墙应向外做斜坡，避免挂渣阻煤
	5. 火床面上火色，火苗长短很不均匀	5. 参见"煤起堆移动不均匀"部分	5. 参见"煤起堆移动不均匀"部分
推煤电机过载	1. 安装质量太差——高低不平，不方正，对角线误差大	1. 拖动时摩擦力大	1. 注意安装质量
	2. 护板的拼接口位置在活动炉排头部活动区域内	2. 炉排头顶护板的拼接口	2. 调整护板的拼接位置，应放在固定炉排头部区域即活动炉梁附近
	3. 边炉排与护板的接触面带有凸缘	3. 边炉排片的凸缘顶撞护板拼接缝口	3. 边炉排与护板的接触面不能凸缘
	4. 断头炉片下沉，顶炉排片的尾部	4. 老式炉排断裂后，掉半截，留半截，下沉顶梁	4. 换用大型炉排片结构
	5. 护板伸出炉排面高度大于15 mm	5. 护板伸入高温煤层内过热熔化向下流，冷却后变为铁疤阻碍炉排片的运行	5. 降低护板的安装高度，只伸出炉排10~15 mm

续表

表现出的问题	现场情况分析	原因	解决的措施
炉排面上煤层薄调节失灵	1. 煤含水量高	1. 煤湿，在煤斗内起拱搭桥，使之不下煤	1. 加捅煤孔，破坏搭桥
	2. 大块煤进煤斗	2. 大块煤卡在煤闸板处，使之挡住不进煤	2. 控制煤的块度，大块煤打碎后进炉
	3. 煤斗两侧冒烟，间歇推煤	3. 停推煤机时，火蔓延到煤斗内，结焦阻碍下煤	3. 改为慢速不停地推煤，消除斗内结焦
	4. 推煤板与煤闸板的安装位置不妥	4. 每次推入炉内的煤不多	4. 推煤板尖端距煤斗或煤闸板内沿太近，每次推煤量少，若此距离太大，则煤被推得在斗内翻，而进炉的不多。此距离应控制在略大于1/2最大往复行程长度上即可，如果过小，可在推煤板尾端加一个槽钢，协助将煤斗内的煤向炉内推

六、链条炉排常见故障及处理

1. 发生故障的现象

（1）炉排断续停止或完全停止转动。

（2）变速箱或炉排发出碰击声。

(3) 炉排电动机电流非正常上升。
(4) 炉排传动机构的保险离合器动作或保险销折断。
(5) 火床烧偏，出现火口。

2. 发生故障的原因

(1) 炉排两侧的调整螺钉调整不当，前后轴不平行，使炉排跑偏。
(2) 链条太松，与链轮啮合不好，或链轮磨损严重，使炉排转动不正常。
(3) 炉排框架的横梁发生弯曲，使炉排转动不正常。
(4) 炉排片折断，或边条销子脱落后松动，将炉排卡住。
(5) 炉排被煤中的金属杂物或大块焦渣卡住。
(6) 炉排片因装配过长而拱起，或挡渣铁的尖端下沉，将炉排卡住。
(7) 两侧防焦箱距炉架的间隙不合适，将炉排卡住。
(8) 炉排片间隙宽窄不一，造成局部火口。
(9) 边炉条密封间隙太大或密封铁烧坏。
(10) 调风不当，造成风压不一样。
(11) 烧干煤或煤块过大。

3. 故障的处理

(1) 当炉排停转时，应立即切断炉排电动机的电源，然后找出故障原因予以消除。
(2) 使用扳手倒转炉排，根据用力的大小来判断故障的轻重程度。如倒退不困难，可再倒退若干距离，同时检查轴承温度和电动机电流，如无异常情况即可重新启动运行。如发现有铁件等卡住，在消除杂物后即可重新启动。如启动后再次卡住，应停止运转，并作详细检查。
(3) 小型链条炉必须停炉检修时，可用人工加煤维持短时间运行，以迅速做好停炉检修的准备工作。同时通知用汽部门采取相应措施。必要时也可进行压火停炉，组织抢修。

(4) 如果挡渣铁下沉或被焦渣顶起，可从两侧看火门处用铁钩拨正。如不能使其恢复正常位置，则应停止炉排运转，进行处理。

(5) 对火床烧偏或出现火口，可采取以下处理办法。

①煤中要适当加水，一般在10%左右，原则上块多的煤少加，末多的适当多加，以提前8 h加入为好，在煤堆上加为最佳，加好水的煤用手握团后能裂开几条纹为宜。加水对链条炉的燃烧是利多弊少。

②要采用长火床集中风力强化燃烧方式（见图8—1），它的优点是能发挥后拱的优势，加强火焰对预燃区的辐射作用和红煤粒的分离（即火雨），能防止火床前段吹孔（即火口）。

③在一定负荷下随时调正炉排速度使火床保持一定长度。要及时用火钩耙平，

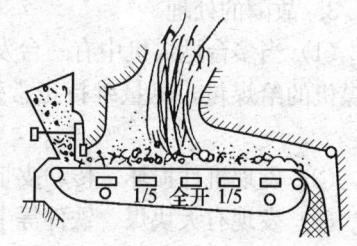

图8—1　长火床集中风力燃烧

对烧偏烧不透的要及时推开烧掉，前部有结渣应及时清除。

④一旦发生烧偏靠操作处理不了，可以在煤斗里用插阻力棒的办法来处理，阻力棒是用 $\phi 25 \sim 38$ mm的钢管做成，在煤斗的适当位置开些孔眼，阻力棒插入对应煤层通风不良处，可以使这部分煤层变松利于通风，或采用松煤器。

⑤煤块粒度大小，掺得是否均匀对燃烧影响很大，特别是采用皮带直接给煤斗上煤，最容易发生自流现象，引起火床烧偏，运煤人员要加强这一工作，以力求块粒分布均匀。

七、抛煤炉常见故障及处理

1. 发生故障的现象

(1) 抛煤机转子虽在转动，但无煤抛出，或只将煤抛在炉门口附近。

(2) 抛煤机发出异常声音或突然停转。
(3) 抛煤机万向联轴节折断，或电动机被烧毁。

2. 发生故障的原因

(1) 抛煤机被大块煤或煤中的铁件等杂物卡住。
(2) 传动机械润滑不良，或磨损严重，强度削弱，以致损坏。
(3) 传动轴的轴承、轴瓦冷却不良，以致过热损坏。
(4) 煤的颗粒度与温度不合适，煤在抛煤机中堵塞或自流。

3. 故障的处理

(1) 当多台抛煤机中有一台发生故障时，可以适当加大其余抛煤机的给煤量，尽量维持正常燃烧，同时对故障设备组织抢修。
(2) 发现机件损坏、传动皮带断裂等，应立即更换或修复。
(3) 发现有大块煤、铁件等卡住时，应立即取出。
(4) 对因煤的颗粒度或湿度造成的故障，应采取相应措施予以消除。
(5) 当传动机构发出异常声音或轴瓦超温时，应查明原因及时消除。如一时不能消除，可将锅炉压火备用，待消除后再恢复运行。

八、煤粉炉的结焦问题及其处理

1. 结焦后出现的现象

煤粉炉的结焦又称结渣（实际两者有区别，不含固定炭的为渣），是煤粉炉运行中普遍存在的问题。煤粉燃烧后的灰渣，被高温熔化后落在炉膛耐火砖或第一烟道对流管束的表面凝固，粘结成硬块的过程称为结焦。结焦后，锅炉蒸发量降低，过热器出口蒸汽温度升高，排烟温度和烟气阻力上升，不但使燃烧工况恶化，增加风机耗电量，降低热效率，而且造成局部水循环故障，甚至使管壁过热烧坏，被迫停炉。

2. 结焦的原因

(1) 供风量不足，燃烧不完全，产生一氧化碳过多，使灰的软化温度降低。

(2) 煤粉与空气混合不好，在炉膛内喷射不均匀，使火焰偏斜。如喷射速度过大时，火焰直射后墙，容易使后墙结焦。速度过小时，容易使前墙结焦。

(3) 由于运行调节不当，煤粉在炉膛中停留的时间过短，使未燃尽的熔融状小煤粒被气流带到受热面上，逐步黏结成焦。

(4) 吹灰、除焦不及时，或操作方法不当，造成受热面表面不光滑，容易使熔渣黏住，并且越积越多。

(5) 煤中灰分多，灰熔点低，特别是含硫化铁多的煤，灰熔点更低，很容易结焦。

3. 处理办法

在运行中一旦发现结焦，可通过增加过剩空气量，减低炉膛温度，降低锅炉负荷，减弱燃烧，使用吹灰器冲刷或用人力除焦等措施进行处理。如果结焦严重，影响正常运行时，应采用水力除焦。

水力除焦的水压，最高可达 1.5 兆帕。由于射入的水具有冲击作用，加之焦块温度很高，遇水后急剧冷却收缩，就会自行碎裂脱落。

水力除焦应该严格按照操作规程进行。水枪头的移动应呈锯齿形，水流要稍呈曲线形，不要将水直接喷射到受热面或砖墙上。当锅炉负荷低于额定负荷的 75% 时，不宜对水冷壁管进行水力除焦。因为此时往炉膛内喷水，会使原来已经较低的烟气温度更加降低，势必使水冷壁吸收的热量减少，从而降低流动压头，破坏水循环。每次除焦时间不宜超过 3 min。

九、流化床的结焦及其处理

1. 高温结焦

由于给煤过多或在启动后不久料层太薄等原因,可能使料层温度急剧超过 1 200℃,从而引起高温结焦。处理方法如下:

(1) 向风室中送入一定量的饱和蒸汽,使沸腾料层温度降低。

(2) 用超量风猛吹沸腾料层,使料层温度降低。但此法只对燃烧挥发分较多的煤种效果显著,而对无烟煤的效果不显著,有时反而使炉温继续升高。采用此法时,要相应加大引风,以防炉内出现正压喷火。

2. 低温结焦

料层温度低于 600~700℃时,容易引起低温结焦。处理方法如下:

(1) 对于布风板面积较小的小型沸腾炉,可用扒火钩子将剧烈燃烧的部分扒开。如果有小块焦,可用火钩扒出,再继续启动。

(2) 对布风面积大的沸腾炉,如出现火口,可在短期内加大风量,将已强烈燃烧的部分冲散,避免相互黏结,促使料层平均温度升高。

第二节 安全附件和阀门的常见故障及排除方法

一、压力表的常见故障及排除方法

压力表常见的故障有指针不动、指针回不到零位、指针抖动、表面模糊或有水珠出现等数种,其原因分析及故障排除方法见表 8—2~表 8—5。

1. 指针不动

表 8—2

原 因 分 析	排 除 方 法
(1) 旋塞忘开或位置不正确 (2) 旋塞、压力表汽连管或存水弯管的通道堵塞 (3) 指针与中心轴松动或指针卡住 (4) 弹簧弯管与表座的焊口渗漏 (5) 扇形齿轮与小齿轮松动、脱开	(1) 拧开旋塞或调至正确位置 (2) 清洗压力表，吹洗通道，必要时应更换旋塞或压力表 (3) 将指针紧固在中心轴上，或消除指针卡住现象 (4) 补焊渗漏处 (5) 检修扇形齿轮和小齿轮，使其啮合

2. 指针回不到零位

表 8—3

原 因 分 析	排 除 方 法
(1) 弹簧弯管产生永久变形失去弹性 (2) 中心轮上的游丝失去弹性或脱落 (3) 旋塞、压力表连管或存水管的通道堵塞 (4) 指针与中心轴松动，或指针卡住	(1) 更换压力表 (2) 更换游丝或重新安装 (3) 清洗压力表，吹洗通道，必要时应更换旋塞或压力表 (4) 将指针紧固在中心轴上，或消除指针卡住现象

3. 指针抖动

表 8—4

原 因 分 析	排 除 方 法
(1) 游丝损坏 (2) 弹簧弯管自由端与连杆的铰接螺栓，或连杆与扇形齿轮的铰接螺栓活动受影响，当弯管扩展移动时，扇形齿轮抖动 (3) 中心轴两端弯曲，转动时轴两端作不同心的转动	(1) 检修游丝 (2) 检修铰接螺栓 (3) 更换压力表

续表

原因分析	排除方法
(4) 旋塞或存水弯管的通道被局部堵塞 (5) 小齿轮、扇形齿轮或轴等传动机构中间有脏物或生锈 (6) 受周围震动的影响	(4) 吹洗通道 (5) 清洗压力表 (6) 消除震动因素

4. 玻璃内表面出现水珠

表 8—5

原因分析	排除方法
(1) 玻璃表面与壳体结合处没有橡皮垫圈，或垫圈破损，使结合面密封不好 (2) 弹簧弯管与表座的焊口有渗漏 (3) 弹簧弯管有裂纹	(1) 加装或更换橡皮垫圈 (2) 补焊渗漏处 (3) 更换压力表

当上述故障不能排除时，应按第四章第三节要求，停止压力表使用。

二、水位表常见的故障及排除方法

水位表常见的故障有旋塞泄漏、水位呆滞、玻璃板（管）内水位高于实际水位和玻璃管炸裂等数种，见表 8—6～表 8—9。

1. 旋塞泄漏

表 8—6

原因分析	排除方法
(1) 旋塞材质或加工有缺陷 (2) 塞芯与塞座接触面磨损或腐蚀 (3) 填料不足或变质，充填压力不均匀	(1) 更换旋塞 (2) 研磨或更换旋塞 (3) 增加或更换填料，拧紧填料压盖

2. 水位呆滞不动

表 8—7

原 因 分 析	排 除 方 法
(1) 水连管或水旋塞被水垢、填料等堵塞	(1) 冲洗水连管与水旋塞，或用细铁丝疏通
(2) 水旋塞被误关闭	(2) 拧开水旋塞

3. 玻璃板（管）内水位高于实际水位

表 8—8

原 因 分 析	排 除 方 法
(1) 汽旋塞被填料堵塞	(1) 冲洗汽旋塞
(2) 汽旋塞被误关闭	(2) 拧开汽旋塞
(3) 锅水因碱度偏高而起泡沫	(3) 加强排污

4. 玻璃管炸裂

表 8—9

原 因 分 析	排 除 方 法
(1) 玻璃质量不好，或在割管时造成管端裂纹	(1) 更换玻璃管
(2) 水位表上下管座中心线偏斜	(2) 对正上下管座中心线成一条直线
(3) 更换新玻璃管后没有预热	(3) 按规程操作
(4) 受热玻璃管上突然溅了冷水，或管面被油污染	(4) 加防护罩防止玻璃骤冷，清除油污
(5) 安装时未留膨胀间隙或填料压得过紧	(5) 预留膨胀间隙，适当压紧填料

三、安全阀的常见故障及排除方法

安全阀常见的故障有长期漏汽、超过规定压力值还未开启或不到规定压力值就开启，以及排汽后阀芯不回座等数种，见表

8—10～表 8—13。

1. 漏汽

表 8—10

原因分析	排除方法
(1) 阀芯与阀座密合面有水垢、砂粒或附着脏物	(1) 吹洗安全阀。如吹洗后效果不明显，应在停炉后拆开安全阀，取出附着物
(2) 阀芯与阀座磨损	(2) 更换阀芯与阀座，或在车床上车光后再研磨
(3) 阀杆弯曲变形或阀芯与阀座支承面偏斜	(3) 更换阀杆或重新调整水平
(4) 弹簧式安全阀弹簧产生永久变形，失去弹性	(4) 更换弹簧
(5) 杠杆式安全阀杠杆与支点发生偏斜，使阀芯与阀座受力不均	(5) 校正杠杆中心线，严格铅直

2. 到规定压力时不排汽

表 8—11

原因分析	排除方法
(1) 阀芯和阀座被黏住或生锈	(1) 吹洗安全阀。严重时应停炉后研磨阀芯与阀座
(2) 阀杆与外壳间隙过小，阀杆受热膨胀后被卡住	(2) 适当加大阀杆与外壳的间隙
(3) 调整或维护不当，使弹簧式安全阀的弹簧收缩过紧、杠杆式安全阀的重锤与支点间距离过长、静重式安全阀的铁盘过重	(3) 重新调整安全阀
(4) 阀门通道被盲板等障碍物堵住	(4) 除去障碍物

3. 不到规定压力时即排汽

表 8—12

原 因 分 析	排 除 方 法
(1) 调整或维护不当，使弹簧式安全阀的弹簧压紧度不够、杠杆式安全阀重锤与支点间距离过短、静重式安全阀的铁盘重量不够	(1) 重新调整安全阀
(2) 弹簧永久变形，弹力减弱	(2) 更换弹簧

4. 排汽后阀芯不回座

表 8—13

原 因 分 析	排 除 方 法
(1) 弹簧弯曲	(1) 更换弹簧
(2) 阀杆、阀芯安装位置不正或被卡住	(2) 重新安装安全阀

四、阀门常见的故障和处理

1. 阀门渗漏，其原因是：

(1) 阀芯与阀座的结合面被腐蚀、磨损、划痕或有脏物黏结。

(2) 填料未压紧、不匀实或已变质。

(3) 垫圈未压紧或已变质。

(4) 螺栓松紧程度不一，使阀体与阀盖压合不紧。

2. 阀杆不活动，其原因是：

(1) 填料压得过多、过紧。

(2) 阀杆与阀盖上的螺纹损坏。

(3) 阀杆弯曲变形，或者由于锈蚀被卡住。

(4) 手轮损坏，不能带动阀杆。

(5) 闸板卡死。

3. 阀体破裂,其原因是:
(1) 材质不好,内部有砂眼、气孔,或者在铸造时产生偏心,使局部强度降低。
(2) 阀门被碰撞产生了细小裂纹,继续使用后裂纹扩展。
(3) 拧紧螺钉时用力过猛,螺纹孔已损坏而未发现。
(4) 阀体内存水结冰后被冻裂。
(5) 铸铁阀门用强力安装,因受力不均造成破裂。
处理办法是根据实际原因,进行修理或更换。

第三节 辅助设备常见故障和原因

一、电动离心泵的常见故障和原因

1. 水泵启动后不出水的原因
(1) 吸水阀浸入水中的深度不够,或者被杂物堵塞。
(2) 引水未灌满,水泵内的空气未排净,或者吸水管接头处漏入空气。
(3) 叶轮反转,或者转速过低。
(4) 扬程过高或管道阻力过大,超过水泵的工作能力。
(5) 叶轮密封损坏。

2. 在运动过程中流量或扬程降低的原因
(1) 锅炉工作压力升高。
(2) 叶轮转速因电压下降等原因而降低。
(3) 吸水管密封性能差,产生漏气现象。
(4) 水源水位下降,吸水高度增加。
(5) 吸水阀局部受阻。

3. 轴承温度急剧上升的原因
(1) 润滑油质量不好,或者油量不足。
(2) 轴弯曲,或者轴承滚珠损坏。
(3) 轴承与轴承座间隙不当,或者水泵轴与电动机轴的同心度不符合要求。

4．产生振动和噪音的原因

（1）叶轮局部受阻，与壳体发生摩擦。

（2）轴弯曲，或者轴承磨损。

（3）水泵轴与电动机轴的中心线错动。

（4）吸水管或出水管的固定装置松动。

（5）吸水管内阻力增加，或者出水量过大。

（6）地脚螺丝松动。

5．压力表指针剧烈跳动的原因

（1）压力表的接头渗漏。

（2）泵体或管道发生振动。

（3）旋塞孔眼过大，水冲力过猛。

6．水泵消耗功率过大的原因

（1）填料过紧，或者叶轮与壳体发生摩擦，使转动部分发热膨胀，阻力增大。

（2）出水量或扬程超过设计值，水泵超负荷运行。

二、蒸汽往复泵的常见故障和原因

1．开启蒸汽阀门后水泵不能启动的原因

（1）滑动阀正好处于中间位置，进汽口和排汽口都被遮挡，蒸汽不能进入汽缸。

（2）蒸汽压力过低。

（3）给水管或排汽管上的阀门未开启。

（4）阀杆的密封过紧，或者机械部分被卡住。

2．水泵启动后不出水的原因

（1）给水管或排汽管上的阀门未开启。

（2）压垫或填料不严密，漏进了空气。、

（3）水缸或汽缸的活塞环损坏。

（4）给水温度过高，发生汽化。

（5）水箱内缺水。

(6) 吸水管太长太细,或者接口处泄漏,使管内产生气泡。
(7) 吸水管或吸水管底阀堵塞。
(8) 水源的水位过低,与吸水管下口脱离。

3. 水泵运行时有撞击声的原因
(1) 活塞的运动速度过快。
(2) 活塞或活塞连杆上连接螺母的销子脱落。
(3) 阀门损坏,或者水泵装配不当。

4. 传动零件温度急剧上升的原因
(1) 填料压盖过紧。
(2) 润滑油不足,或者油路被堵塞。

5. 水泵突然停止运转的原因
(1) 给水管上的阀门堵塞或被关闭。
(2) 活塞杆上的连接件损坏或者十字接头被卡在导槽内。

三、注水器的常见故障和原因

注水器最常见的故障是注水困难或不能注水,其原因是:

1. 蒸汽阀调节不当,喷射蒸汽量过多,或者进水量过少,致使蒸汽凝结水减少,混合水内含有蒸汽,水压难以提高,顶不开锅炉给水止回阀。

2. 进入注水器的水温过高,使蒸汽凝结水减少。此时如注水中断,可用冷水浇淋注水器,使其降温后即可恢复正常注水。

3. 吸水管漏入空气,注水器内不能形成真空。

4. 蒸汽压力超过或低于注水器的额定压力。

5. 注水器有故障,例如喷嘴弯曲变形、严重磨损或被水垢堵塞、溢水阀泄漏或被黏住等。

6. 进水管被堵塞,或者进水管路中有的阀门未开启。

7. 水源水位过低,吸水困难,甚至水位已低于吸水管的入口,根本吸不上水。

四、风机的常见故障和原因

1. 轴承箱振动的原因

(1) 风机轴与电动机轴的中心线错开,或者联轴器歪斜。
(2) 叶轮变形,或者叶轮上的铆钉松动。
(3) 基础不稳固,或者地脚螺栓松动。
(4) 转子不平衡造成摩擦。
(5) 密封过紧造成摩擦。
(6) 轴承损坏。

2. 轴承温度急剧升高的原因
(1) 润滑油质量差或被污染变质,油量不足。
(2) 冷却水管被堵塞。
(3) 轴承安装不当,或者内外钢圈滑动。
(4) 轴承磨损严重。
(5) 轴承压盖螺栓过紧。

3. 风量和风压不足的原因
(1) 转速没有达到额定值。
(2) 入风口或出风口被局部阻塞。
(3) 叶片脱落、变形或严重磨损。
(4) 壳体磨损、漏风严重。
(5) 叶轮机壳或密封圈磨损。
(6) 风机本身的功率小或效率低。

4. 风机叶片损坏的原因
(1) 飞灰磨损。
(2) 隔烟墙漏风,烟气短路。
(3) 烟温过高,烧坏叶片。

第四节 锅炉事故及分类

锅炉是一种受压设备,其承压部件经常在高温下运行,而且还受烟气中和锅水中有害杂质的侵蚀和飞尘的磨损。如果管理不严,使用不当,往往会发生事故,轻则停炉影响生产,重则发生爆炸，使厂房、设备毁坏，人员伤亡，后果十分惨重。对于燃烧煤粉、油和燃气锅炉，还有发生燃烧爆炸的可能，其后果仍然十分严重。但是，只要认识和掌握它的规律，严格执行操作规程，加强对锅炉的管理工作，事故是能够防止的。

一、锅炉事故的分类

锅炉事故分为特别重大事故、特大事故、重大事故、严重事故和一般事故。

1. 特别重大事故，是指造成死亡 30 人（含 30 人）以上，或者受伤（包括急性中毒，下同）100 人（含 100 人）以上，或者直接经济损失 1 000 万元（含 1 000 万元）以上的设备事故。

2. 特大事故，是指造成死亡 10~29 人，或者受伤 50~99 人，或者直接经济损失 500 万元（含 500 万元）以上 1 000 万元以下的设备事故。

3. 重大事故，是指造成死亡 3~9 人，或者受伤 20~49 人，或者直接经济损失 100 万元（含 100 万元）以上 500 万元以下的设备事故。

4. 严重事故，是指造成死亡 1~2 人，或者受伤 19 人（含 19 人）以下，或者直接经济损失 50 万元（含 50 万元）以上 100 万元以下，以及无人员伤亡的设备爆炸事故。

5. 一般事故，是指无人员伤亡，设备损坏不能正常运行，且直接经济损失 50 万元以下的设备事故。

二、锅炉事故产生的原因

造成锅炉事故的原因是多方面的，主要有以下四个方面：

1. 设计制造方面。结构不合理，材质不符合要求，焊接质量不好，受压元件强度不够，以及其他由于设计制造不良造成的事故。

2. 运行管理方面。司炉人员违反劳动纪律，违章作业；设备失修，超过检验期限，没有进行定期检验；司炉人员不懂技术；无水处理设施或水处理不好；其他由于运行管理不善造成的事故。

3. 安全附件和保护装置不全、失灵。

4. 安装、改造、检修质量不好，以及其他方面引起的事故。

为了预防锅炉事故的发生，应采取以下措施：

1. 设计、改造锅炉，应遵守锅炉有关的安全规程和技术条件要求，材质应合格，结构应合理，计算应准确。

2. 制造、修理、安装锅炉，应按有关法规和图纸施工，严格执行工艺和质量检验制度，确保质量。

3. 锅炉上的安全附件和保护装置必须齐全、灵敏、可靠，运行中不得退出，并定期校验。对失灵的附件应及时更换。

4. 搞好锅炉的水质处理，加强日常维护保养工作，以及定期进行停炉内外部检验，及时发现和消除隐患，防范事故发生。

5. 配备熟悉设备的专职或兼职人员管理锅炉，建立健全以岗位责任制为中心的各项规章制度，切实做好锅炉安全技术管理工作。

6. 司炉人员经安全技术培训、考核合格后方可独立操作。在工作时间内要严格遵守劳动纪律和安全操作规程，经常进行反事故演习训练，努力提高操作技术和判断事故、处理事故的能力。

三、对处理锅炉事故的要求

1. 锅炉一旦发生事故，司炉人员一定要保持镇静，不要惊慌失措。判断事故原因和处理事故时要"稳、准、快。"必须严格保护事故现场，并及时报告有关领导人员。

2. 司炉人员一时查不清事故原因时，应迅速报告上级，不得盲目处理。在事故未妥善处理之前，不得擅离岗位。

3. 发生严重及以上事故的单位，必须立即将事故报告主管部门和当地质量技术监督部门。若事故属于特别重大或特大事故，应直接报告国家质检总局。

4. 事故后，应将发生事故的部位、时间、经过及调查处理等情况详细报告，以便根据具体情况进行分析，找出主要原因，从中吸取教训，防止类似事故再次发生。

第五节 爆炸事故及防止措施

锅炉受压部件或燃烧爆炸后，形成强大气浪的冲击和大量沸水的飞溅，不仅锅炉本体遭到毁坏，而且周围的设备和建筑物也会受到严重的破坏，甚至引起人身伤亡，后果是非常惨重的。

一、锅炉受压部件爆炸的特征

锅炉爆炸时，大量的汽水从破口处急速冲出，使饱和水急剧汽化，蒸汽急剧膨胀压迫周围空气，形成强大冲击波，破坏周围的设备和建筑物，甚至造成人员伤亡。

二、锅炉受压部件爆炸的原因

1. 超压

运行压力超过锅炉最高许可工作压力，钢板（管）应力增高超过极限值，同时安全阀失灵，到额定的压力时不能自动排汽降压。

2. 过热

钢板（管）的工作温度超过极限值，不能承受额定压力而破裂。这主要是由于严重缺水或受热面水垢太厚等造成的。

3. 腐蚀

钢板（管）内外表面腐蚀减薄，强度显著降低，不能承受额定压力而破裂。

4. 裂纹和起槽

在长期运行中操作不当，使锅炉骤冷骤热，或者负荷波动频繁，钢材承受交变应力，产生疲劳裂纹，同时由于腐蚀的综合作用形成起槽开裂和强度下降。

5. 先天性缺陷

例如，设计时采用不合理的角焊结构，强度计算错误，用材不当，制造、安装及修理的加工工艺不好，特别是焊接质量不合格等隐患，在使用中扩大发展，直至发生爆炸事故。

三、防止锅炉受压部件爆炸的措施

为了杜绝锅炉发生爆炸事故，除了要对锅炉正确设计和选材，确保制造和安装质量，以及进行定期检验，保持设备完好外，在运行中还要特别做好以下几项工作：

1. 防止超压

(1) 保持锅炉负荷稳定，防止骤然降低负荷，导致汽压上升。

(2) 防止安全阀失灵，每隔一两天人工排汽一次，并且定期作自动排汽试验。如发现动作呆滞，必须及时修复。

(3) 定期校核压力表。如发现不准确或动作不正常，必须及时调换。

2. 防止过热

(1) 防止缺水。每班冲洗水位表，检查所显示的水位是否正确。定期清理旋塞及连通管，防止堵塞。定期维护检查水位警报器或超温警报设备，保持灵敏可靠。严密监视水位，万一发生严重缺水，绝对禁止向锅炉内进水。

(2) 防止积垢正确使用水处理设备，保持锅水质量符合标准。认真进行表面排污和定期排污操作。定期清除水垢。

3. 防止腐蚀

因炉因水制宜采取有效的水处理和除氧措施，保证给水和锅水质量合格。加强停炉保养工作，及时清除烟灰，涂用防锈油漆，保持炉内干燥。

4. 防止裂纹和起槽

保持燃烧稳定，避免锅炉骤冷骤热。加强对封头扳边等应力集中部位的检查，一旦发现裂纹和起槽必须及时处理。

四、燃烧爆炸

燃烧爆炸是炉膛或烟道中形成了煤粉、油蒸汽或燃气与空气的混合物,遇火源发生高速燃烧,其燃烧产生的高温烟气来不及扩散而转变成压力能量及冲击波而造成恶性事故。

经对燃烧爆炸的原因,锅炉安全监察规程规定了锅炉点火应设自动程序,熄火保护和有关的联锁保护装置。

第六节 缺水事故及处理

在锅炉事故中,由于缺水原因造成的占很大比例,锅炉爆炸的主要原因之一也是缺水。因此,对于锅炉缺水事故必须引起高度重视,并且坚决杜绝。

锅炉运行必须保持水位正常。当水位表中的水位低于最低安全水位时,称为缺水事故。对于水位表的水连管孔口高于最高火界的小型锅壳式锅炉,当水位表中完全看不到水位时,可采取"叫水"方法,以判断缺水的程度。如果水位虽然低于最低安全水位,但尚在水位表玻璃管(板)的最低可见边缘之上,或经"叫水"后能够使水位重新出现,则属于轻微缺水。如果经"叫水"后水位仍不能出现,则属于严重缺水。

一、缺水事故的现象

1. 水位低于最低安全水位线,或者看不见水位。
2. 虽有水位,但水位不波动,实际是假水位。
3. 高低水位报警器发出低水位警报信号。
4. 过热蒸汽温度急剧上升。
5. 蒸汽流量大于给水流量。但若因炉管或省煤器管破裂造成缺水时,则出现相反现象。
6. 严重时可嗅到焦味。

二、缺水事故的原因

1. 司炉人员疏忽大意,忽视对水位的监视;不能识别假水位,造成判断错误;违反劳动纪律,擅离岗位或打瞌睡。

2. 水位表安装位置不合理;汽、水连管堵塞;或冲洗水位表后,汽水旋塞未拧到正常位置,形成假水位。

3. 用汽量增加后未加强给水。

4. 给水设备发生故障;给水自动调节器失灵,或水源突然中断停止给水。

5. 给水管路设计不合理;并列运行的锅炉相互联系不够,未能及时调整给水。

6. 给水管道被污垢堵塞或破裂;给水系统的阀门损坏。

7. 排污阀泄漏或忘记关闭。

8. 炉管或省煤器管破裂。

三、缺水事故的处理

1. 先校对各水位表所指示的水位,正确判断是否缺水。在无法确定缺水还是满水时,可开启水位表放水旋塞,若无锅水流出,表明是缺水事故,否则便是满水事故。

2. 按照以下程序进行"叫水":先开启水位表放水旋塞,再关闭汽连管旋塞,然后缓慢关闭放水旋塞,观察水位表内是否有水位出现。此时,水位表的上部没有压力,只要水位不低于水连管孔,借助锅筒内的汽压就能将水位表内的水位升高,以至能够看到,表明是轻微缺水。如果经过"叫水"水位表内仍无水位出现,表明是严重缺水。

必须注意,"叫水法"不适用于水位表的水连管孔口低于最高火界的卧式锅炉,因为即使叫出了水,锅炉内的实际水位仍在最高火界以下,这是非常危险的。

3. 锅炉轻微缺水时,应减少燃料和送风,减弱燃烧,并且缓慢地向锅炉进水,同时要迅速查明缺水的原因,例如,给水管、炉管、省煤器管是否漏水或阀门是否开错等。待水位逐渐恢复到最低安全水位线以上后,再增加燃料和送风,恢复正常燃烧。锅炉严重缺水,以及一时无法区分缺水〔因为锅炉严重缺水后,钢板(管)已经过热,甚至烧红,此时必须紧急停炉],如果盲目进水,使灼热的金属突然受到冷却,由于温差极大,先遇水的部位急剧收缩而撕裂,当即发生爆炸事故。

第七节 满水事故及处理

当水位表中的水位超过最高安全水位时,称为满水事故。如果水位虽然已经超过最高安全水位,但尚未升到运行规程所规定的水位上极限时,称为轻微满水。如果水位已经超过运行规程所规定的水位上极限时,称为严重满水。此时,锅筒蒸汽空间缩小,促使蒸汽大量带水,造成过热蒸汽温度下降,过热器内积垢,严重时会发生蒸汽管道水击事故。

一、满水事故的现象

1. 水位高于最高安全水位,或者看不见水位。
2. 高低水位报警器发出高水位警报信号。
3. 过热蒸汽温度明显下降。
4. 给水流量大于蒸汽流量。
5. 严重时蒸汽大量带水,蒸汽管道内发出水击,法兰连接处向外冒汽,滴水。

二、满水事故的原因

1. 司炉人员疏忽大意,忽视对水位的监视。
2. 水位表安装位置不合理;汽、水连管堵塞,形成假水位。
3. 水位表的放水旋塞漏水;水位指示不正确,造成判断和操作错误。
4. 给水自动调节器失灵。
5. 给水阀泄漏或忘记关闭。

三、满水事故的处理

1. 先校对各水位表所指示的水位,正确判断是否满水。当看不见水位时应开启水位表放水旋塞，若有锅水流出，表明是满水事故，否则便是缺水事故。

2. 按照以下程序进行"叫水"：先关闭水位表水连管旋塞，再开启放水旋塞，观察水位表内是否有水位出现。如果看到水位从玻璃管（板）的上边下降，表明是轻微满水。如果只看到水向下流，而没有水位下降，表明是严重满水。

3. 锅炉轻微满水时，应将给水自动调节器改为手动；部分或全部关闭给水阀门，减少或停止给水；并且相应减少燃料和送风，减弱燃烧；必要时可开启排污阀，放出少量锅水，使水位降到正常水位线，然后恢复正常运行。锅炉严重满水时，应采取紧急停炉措施。

第八节 汽水共腾及处理

锅筒内蒸汽和锅水共同升腾，产生泡沫，汽水界限模糊不清，使蒸汽大量带水的现象，称为汽水共腾。汽水共腾时水位表内水位剧烈波动，很难监视。此时，蒸汽品质急剧恶化，使过热器积垢过热，降低传热效果，严重时会发生爆管事故。

一、汽水共腾的现象

1. 水位表内水位剧烈波动，甚至看不清水位。
2. 过热蒸汽温度急速下降。
3. 蒸汽管道内发生水冲击；法兰连接处漏汽、漏水。
4. 蒸汽的温度和含盐量迅速增加。

二、汽水共腾的原因

1. 锅水质量不合格，有油污或含盐浓度大。
2. 并炉时开启主汽阀过快，或者升火锅炉的汽压高于蒸汽母管内的汽压，使锅筒内蒸汽大量涌出。
3. 严重超负荷运行。
4. 表面排污装置损坏，定期排污间隔时间过长，排污量过少。

三、汽水共腾的处理

1. 减弱燃烧，减小锅炉蒸发量，并关小主汽阀，降低负荷。
2. 完全开启上锅筒的表面排污阀，并适当开启锅炉下部的定期排污阀，同时加强给水，保持正常水位。
3. 开启过热器，蒸汽管路和分汽缸门上的疏水阀门。
4. 增加对锅水的分析次数，及时指导排污，降低锅水含盐量。
5. 锅炉不要超负荷运行。

第九节 水击事故及处理

一、水击的现象

水击又称水锤，是由于蒸汽或水突然产生的冲击力，使锅筒或管道发生音响和震动的一种现象。例如，当输出的蒸汽与管道内的积水相遇时，部分热量被水迅速吸收，使少量蒸汽冷凝成水，体积突然缩小，造成局部真空，因而引起周围介质高速冲击，发生巨大音响和震动。当流水的管道被空气或蒸汽阻塞时，水不能畅通，也会发生音响和震动。水击多数发生在锅筒、省煤器和水汽管道内，如不及时处理，会损坏设备，影响锅炉正常运行。

二、锅筒内的水击事故原因及处理

1. 锅筒内水击的原因

（1）给水管道上的止回阀不严，或者锅筒内水位低于给水分配管，使锅水或蒸汽倒流入给水分配管与给水管道内。

（2）给水分配管上的法兰有较大泄漏。

（3）下锅筒内的蒸汽加热管连接法兰松动，或安装位置不当。

2. 锅筒内水击的处理

(1) 检查锅筒内水位，如过低时应适当提高。

(2) 向锅筒内进水应均匀平稳。对于升火时为了减轻热应力而向下锅筒通入蒸汽的锅炉，应迅速关闭蒸汽阀。

(3) 如经采取以上措施，故障仍未消除，则应改由备用给水管路给水，并且适当减低锅炉负荷。

(4) 停炉检修时，应注意消除上锅筒内给水分配管和下锅筒内蒸汽加热设备存在的缺陷。

三、给水管道内水击事故原因及处理

1. 给水管道内水击的原因

(1) 给水管道内存有空气或蒸汽。

(2) 给水泵运行不正常或给水止回阀失灵，引起给水压力波动和惯性冲击。

(3) 长时间未向锅炉给水，在非沸腾式省煤器通向锅炉的管道内产生蒸汽泡。

(4) 给水温度剧烈变化。

2. 给水管道内水击的处理

(1) 启用备用给水管道，继续向锅炉给水。如无备用管路时，应对故障管道采取相应措施进行处理。

(2) 开启管道上的空气阀，排出空气或蒸汽。

(3) 非沸腾式省煤器内有可能产生蒸汽时，应改用旁路烟道。

(4) 检查给水泵和给水止回阀，使其正常工作。

(5) 保持给水温度均衡。

四、蒸汽管道内水击事故原因及处理

1. 蒸汽管道内水击的原因

(1) 在送汽前未进行暖管和疏水。

(2) 送汽时主汽阀开启过快或过大。

(3) 锅炉负荷增加过急或发生满水、汽水共腾等事故，蒸汽严重带水进入管道。

2. 蒸汽管道内水击的处理
(1) 开启过热器集箱和蒸汽管道上的疏水阀,进行疏水。
(2) 锅筒水位过高时,应适当排污,保持正常水位。
(3) 加强水处理工作,保证给水和锅水质量,避免发生汽水共腾。

五、省煤器内水击事故原因及处理
1. 省煤器内水击的原因
(1) 锅炉升火时未排除省煤器内的空气。
(2) 非沸腾式省煤器内产生蒸汽。
(3) 省煤器入口给水管道上的止回阀动作不正常,引起给水惯性冲击。
2. 省煤器内水击的处理
(1) 开启旁路烟道挡板,关闭主烟道挡板,适当延长锅炉升火时间。
(2) 开启空气阀,排净空气。
(3) 严格控制省煤器出口水温,提高给水流速。
(4) 检修止回阀,使其正常工作。

第十节 爆管事故及处理

管子爆破是锅炉运行中性质严重的事故。一旦发生爆管事故,会损坏邻近的管壁,冲塌炉墙,并且在很短的时间造成锅炉严重缺水。使事故扩大。

一、管子爆破事故
1. 管子爆破的现象
(1) 水冷壁管或对流管束破裂不严重时,可以听到汽水喷射的响声,严重时会发出明显的爆破响声。
(2) 炉膛由负压变为正压,蒸汽和炉烟从炉墙的门孔及漏风处大量喷出。

(3) 水位、汽压、排烟温度迅速下降,烟气颜色变白。

(4) 给水流量增加,蒸汽流量明显下降。

(5) 炉内火焰发暗,燃烧不稳定,甚至灭火。

(6) 炉排上有黑煤堆,灰渣斗内有湿灰,甚至向外流出水汽。

(7) 引风机负荷增大,电流增高。

2. 管子爆破的原因

(1) 水质不符合标准。没有水处理措施或对给水和锅水的质量监督不严,使管子结垢或腐蚀,造成管壁过热,强度降低。

(2) 水循环破坏。锅炉设计、制造不良,水循环不好;在检修时,管子内部被脱落的水垢堵塞;由于运行操作不当,使管外结焦,受热不均匀,破坏了正常水循环。

(3) 机械损伤。管子在安装中受较严重机械损伤,或在运行中被耐火砖或大块焦渣跌落砸坏。

(4) 烟灰磨损。处于烟气转弯、短路或被正面冲刷的管子管壁被烟灰长期磨损而减薄。

(5) 吹灰不当。吹灰管安装位置不当,使吹灰孔长期正对管子冲刷。

(6) 质量不合格。管材未按规定选用和验收,如有夹渣、分层等缺陷,或者焊接质量低劣,引起破裂。

(7) 升火速度过快,或者停炉放水过早,冷却过快,管子热胀冷缩不匀,造成焊口破裂。

(8) 严重缺水时,管子缺水部分过热,强度降低。

(9) 给水温度低,给水导管位置又不合适时,给水不能与炉水充分混合,而集中进入炉管,使炉管因温度不匀而发生变形,造成胀口处漏水,甚至发生环形裂纹。

3. 管子爆破的处理

(1) 管子轻微破裂,如水位尚能维持,故障不会迅速扩大时,可短时间减负荷运行,至备用锅炉升火后再停炉。

(2) 管子爆破后，不能维持水位和汽压时，应紧急停炉。特别要注意的是，当水位表中已看不到水位，炉膛温度又很高时，切不可给水，以免导致更大事故发生。但引风机必须继续运行，待排尽炉烟和蒸汽后方可停止。

(3) 如有数台锅炉并列供汽，应将故障锅炉与蒸汽母管隔断。

二、过热器管爆破事故

1. 过热器管爆破的现象

(1) 过热器附近有蒸汽喷出的响声。

(2) 蒸汽流量不正常地下降，严重时过热蒸汽压力下降，过热温度发生变化。

(3) 炉膛负压降低或变为正压，严重时从炉门、看火孔向外喷汽和冒烟。

(4) 排烟温度显著下降，烟气颜色变白。

(5) 引风机负荷加大，电流增高。

2. 过热器管爆破的原因

(1) 由于水质不符合标准，水位经常过高，发生汽水共腾，以及汽水分离装置效果不好等原因，造成蒸汽大量带水，管内积垢，使管壁过热。

(2) 在点火、升压或长期低负荷运行时，过热器内蒸汽流量不够，造成管壁过热。

(3) 过热器上的安全阀截面积不够或排汽压力偏高，使过热器长期超压运行。

(4) 运行中，由于风量不当，使火焰偏斜或延长到过热器处；或者由于吹灰、除焦不彻底，使水冷壁管或第一烟道发生堵灰、结焦，造成烟气温度升高，过热器长期超温运行，管壁强度降低。

(5) 停炉或水压试验后，未放尽管内存水；特别是垂直布置的过热器管弯头处容易积水，造成管壁腐蚀减薄。

(6) 管材质量不合格，制造质量不好，或管内被杂物堵塞。

（7）蒸汽吹灰器安装位置不当，使吹灰孔长期正对管子冲刷。

（8）结构有缺陷，如管距不均匀，管间有短路烟气，蒸汽分布不均匀，流速过低等造成热偏差，使局部管壁过热烧坏。

3. 过热器管爆破的处理

（1）过热器管轻微破裂，不致引起事故扩大时，可维持短时间运行，待备用锅炉投入运行后再停炉检修。

（2）过热器管爆破较严重时，应紧急停炉。

三、省煤器管爆破事故

1. 省煤器管爆破的现象

（1）锅炉水位下降，给水流量不正常地大于蒸汽流量。

（2）省煤器附近有泄漏响声，炉墙的缝隙及下部烟道门处向外冒汽漏水。

（3）排烟温度下降，烟气颜色变白。

（4）省煤器下部的灰斗内有湿灰，严重时有水往下流。

（5）烟气阻力增加，引风机声音不正常，电动机电流增大。

2. 省煤器管爆破的原因

（1）给水质量不符合标准，水中含氧量较高，在温度升高时分解出来腐蚀管壁。

（2）给水温度和流量变化频繁或运行操作不当，使省煤器管忽冷忽热产生裂纹。

（3）给水温度偏低，排烟温度低于露点，省煤器管外壁产生酸性腐蚀（又称低温腐蚀），或者因飞灰磨损，使管壁减薄。

（4）管子材质不好或在制造、安装、检修过程中存在缺陷。

（5）非沸腾式省煤器内产生蒸汽，引起水冲击。

（6）无旁路烟道的省煤器，再循环管发生故障，使管壁过热烧坏。

3. 省煤器管爆破的处理

（1）对于沸腾式省煤器，如能维持锅炉正常水位时，可加大给水量，并且关闭所有的放水阀门和再循环管阀门，以维持短时间运行，待备用锅炉投入运行后再停炉检修。如果事故扩大，不能维持水位时，应紧急停炉。

（2）对于非沸腾式省煤器，应开启旁路烟道挡板，关闭主烟道挡板，暂停使用省煤器。同时开启省煤器旁路水管阀门，继续向锅炉进水。

（3）如省煤器烟气进出口挡板很严密，省煤器被隔绝后，不停炉便可进行检修。

（4）锅炉在隔绝有故障省煤器运行时，排烟温度不应超过引风机铭牌的规定，否则应降低负荷运行。

四、空气预热器管损坏事故

1. 空气预热器管损坏的现象

（1）烟气中混入大量空气，锅炉负荷明显降低。

（2）引风机负荷增大，排烟温度下降。

（3）送风量严重不足，燃烧工况突变，甚至不能维持燃烧。

2. 空气预热器管损坏的原因

（1）由于烟气温度低于露点，使管壁产生酸性腐蚀。

（2）长期受飞灰磨损，管壁逐渐减薄。

（3）烟道内可燃气体或积炭在空气预热器处二次燃烧，或者管子积灰严重，管束受热不均匀，造成局部过热烧坏。

（4）材质不良，如耐腐蚀和耐磨性能差。

3. 空气预热器管损坏的处理

（1）如管子损坏不严重，又不致使事故扩大，可维持短时间运行。如有旁路烟道，应立即启用，然后关闭主烟道挡板，待备用锅炉投入运行后再停炉检修。

（2）如管子严重损坏，炉膛温度过低，难以继续运行，应紧急停炉。

（3）锅炉在隔绝有故障空气预热器的情况下运行时，排烟温度不应超过引风机铭牌的规定，否则应降低负荷运行。

第十一节　二次燃烧与烟气爆炸事故及处理

烟道尾部二次燃烧与烟气爆炸事故，多发生于燃油、燃气和煤粉锅炉，在点火、停炉或处理其他事故的过程中。烟气爆炸后，会造成炉膛、烟道和炉墙损坏，被迫停炉；严重时会使炉墙炸毁坍塌，造成重大伤亡事故。

一、二次燃烧与烟气爆炸的现象

1. 烟道尾部二次燃烧时，使排烟温度急剧上升，严重时伴有轰鸣响声。
2. 烟道内负压急剧下降，或者形成正压。
3. 烟囱冒浓黑烟，严重时会向外冒火星。
4. 烟气爆炸时伴有巨大响声，并将防爆门冲开向外喷出火焰和烟尘。严重时炉墙坍塌，炉顶掀开，砖头等物飞散。

二、烟道尾部二次燃烧与烟气爆炸的原因

1. 由于燃料与风量调整不当，炉温较低，二次风供给不足等原因，使煤粉和燃油及可燃气体未能完全燃烧，而被带出炉膛，积存在烟道内，一旦具备了燃烧条件时，就会重新燃烧或发生烟气爆炸。
2. 由于点火或停炉的操作方法不当，使炉膛或烟道内积存大量煤粉和油雾等可燃气体，在再次点火时容易发生烟气爆炸。

三、烟道尾部二次燃烧与烟气爆炸的处理

1. 立即停止向炉内供给燃料，停止送风、引风，严密关闭烟道门。必要时，可向烟道内喷入蒸汽，或者使用二氧化碳灭火器灭火。
2. 事故消除后，认真检查设备，如确认可以继续运行，必须先开启引风机 10～15 min 后，方可按操作规程重新点火运行。
3. 如果一次点火未成功，不可连续点火，只有在经过一段时间的通风，确认炉膛和烟道内没有积存可燃物时，方可重新点火。

4. 如果炉墙坍塌或有其他损坏，影响锅炉正常运行时，应紧急停炉。

第十二节 热水锅炉汽化及处理

一、锅水汽化的现象

1. 锅内有水击响声，管道发生震动。
2. 压力突然升高。
3. 水温急剧上升，超温报警器发出报警信号。
4. 压力表指针摆动，由安全阀和膨胀水箱排出蒸汽。

二、锅水汽化原因

1. 由于突然停电停泵，锅水停止循环后被炉内大量余热继续加热。
2. 由于锅炉结构和燃烧工况不良，造成并联回路之间热偏差，或使锅水流量不均匀。
3. 由于水管内严重积垢或存有杂物，水循环遭到破坏。
4. 先点炉升火，后启动供热系统循环水泵，使锅水汽化。
5. 热水系统严重失水，导致压力下降，发生汽化。

三、锅水汽化的处理

1. 打开集汽阀或抬起安全阀放汽，防止压力急剧上升。
2. 突然停电后接通备用电源，或者启用由内燃机带动的备用循环水泵。
3. 若无备用电源，应切断通外管线；有条件时，可向锅炉内加自来水，并且通过锅炉出水口的泄放阀缓慢排出，使锅水一面流动，一面降温，直至消除炉内余热为止。同时打开炉门和省煤器旁路烟道，使炉内温度迅速降低。
4. 当自来水来源无保证，而系统回水能由旁路引入锅炉时，也可将有静压的回水引入，再由泄放阀排出，使锅炉逐渐冷却。
5. 当锅水温度急剧上升，出现严重汽化时，应紧急停炉。